华 章 图 书

一本打开的书，一扇开启的门，

通向科学殿堂的阶梯，托起一流人才的基石。

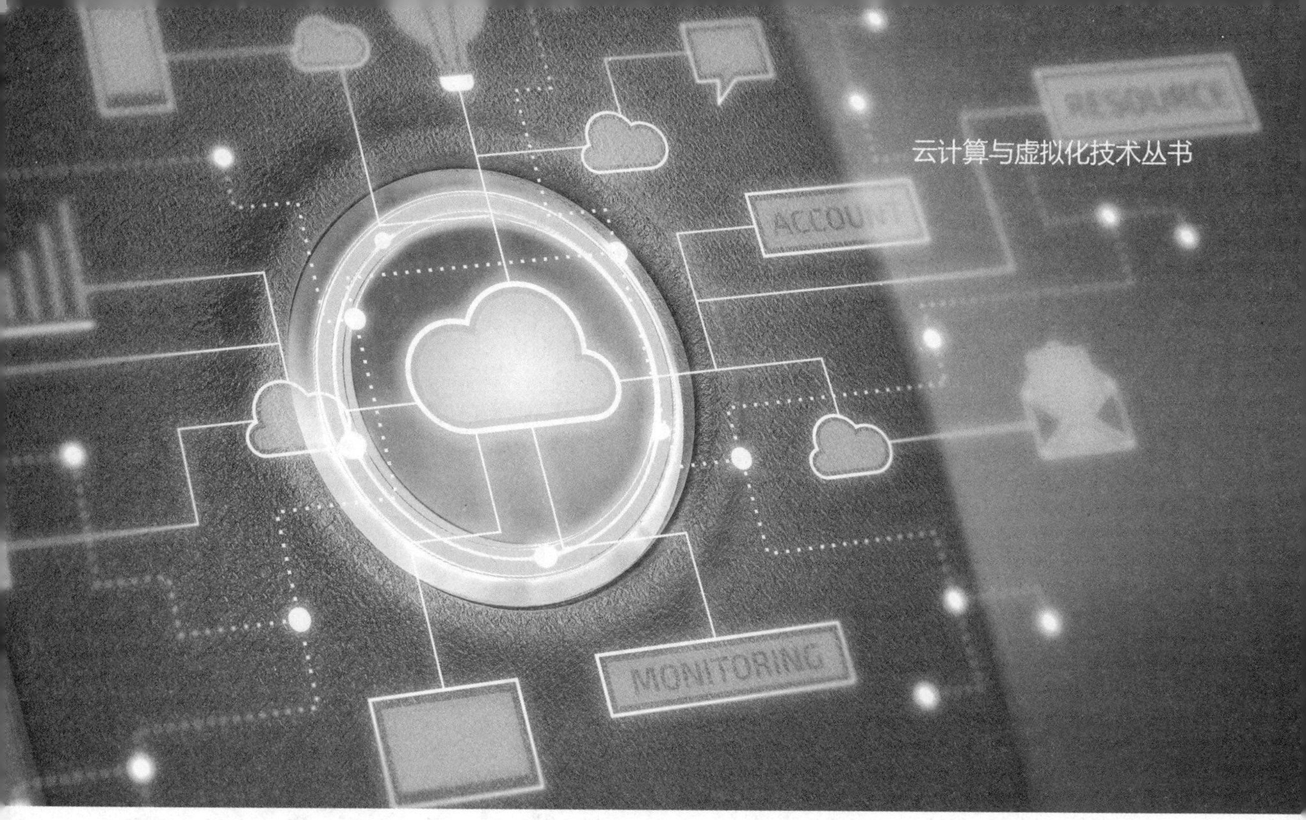

云计算与虚拟化技术丛书

Cloud Data Management in Action

# 云数据管理实战指南

魏磊 张聪 邬小亮 张远 刘春义 编著

图书在版编目（CIP）数据

云数据管理实战指南 / 魏磊等编著 . -- 北京：机械工业出版社，2021.2（2021.11 重印）
（云计算与虚拟化技术丛书）
ISBN 978-7-111-67539-6

I. ①云… II. ①魏… III. ①数据管理 IV. ①TP274

中国版本图书馆 CIP 数据核字（2021）第 029239 号

云数据管理实战指南

出版发行：机械工业出版社（北京市西城区百万庄大街 22 号 邮政编码：100037）
责任编辑：张梦玲 责任校对：殷 虹
印 刷：三河市宏图印务有限公司 版 次：2021 年 11 月第 1 版第 2 次印刷
开 本：186mm×240mm 1/16 印 张：19.25
书 号：ISBN 978-7-111-67539-6 定 价：89.00 元

客服电话：（010）88361066 88379833 68326294 投稿热线：（010）88379604
华章网站：www.hzbook.com 读者信箱：hzjsj@hzbook.com

Cloud
Data Management
in Action

# 推荐序一

“数据就是生产力”已经成为业界的共识。作为企业的重要资产，数据是企业数字化转型过程中的关键要素。无论是技术创新或业务模式优化，还是企业决策和新产品开发，所有的一切都将围绕数据展开。

但这里需要的数据并不是杂乱无章的原始数据，也不是放在存储设备里多年却难以利用的数据。要让数据发挥更大的价值，首先必须让数据“活”起来，变得更加有序、可用，从而更具生命力；其次要让数据“聪明”起来，即更加智能化，并且可以借助外脑和工具，构建强大的开放数据生态。

在传统的概念里，数据孤岛很常见，IT 决策和数据管理相对独立，数据备份一放好多年，主要是为了满足监管与合规要求，但想要使用的时候却困难重重。让数据更加可用，了解数据从哪儿来、到哪儿去，无论是云上还是云下，每一步流动都全局可视，更加贴近业务本身，才能让数据真正“活”起来，数据才有可能发挥更大的价值。

想让数据“聪明”起来，则需借助更多的外脑以及数据智能分析和挖掘工具，基于前期梳理好的数据源去进行深入挖掘。无论使用的是何种工具，它们都可以不用在意数据格式、存储介质、存储位置等外在因素，基于开放的 API，重用各类企业数据，最终形成自己的洞察。

而在云时代让数据更“活”、更“聪明”的核心基础就是本书的重要内容——云数据管理。

Veeam云数据管理平台可以帮助企业消除数据孤岛，重塑数据的价值，敏捷快速地抓住新机遇和防范可能的威胁，以数据为动力，始终如一地推动业务增长，获得竞争优势。本书凝聚了Veeam中国工程师团队的心血，从1000多个实践案例中提炼出关于云数据管理的具体方法和实践，也试图从新的角度，采用新的方法，结合实际的业务目标，务实、高效地帮助大家将数据治理的每一步、每一项核心技术真正落实到具体的应用场景中。

可以说，我们这代人是幸运的，见证了互联网的兴起，又将见证5G、人工智能、混合云、物联网等技术风起云涌的大时代。作为新型生产要素，数据将催生更强劲的生产力，即将开启一个新的时代。这次，数字文明的未来征途将会是星辰大海，我们愿和大家一道，有“备”而来，向云而生，为数字经济贡献一份小小的力量。

未来已来，有“备”无患。

张弘

Veeam Software中国区总经理

Cloud
Data Management
in Action

# 推荐序二

非常高兴能为本书作序。本书的作者们不仅是我的好朋友，同时也是与我朝夕相处的同事。我一直深信“取之社会，用之社会，还之社会”是科技发展的动力，知识共享和科技分享是科技发展的有效方式。我也深信，来自一线的实战经验对于用户来说是有效的借鉴，能够帮助更多志趣相投的技术人员完成更高水平的自我实现。本书的很多内容都来自一线的实际应用和最佳实践，读者读之会受益匪浅。

作者团队是云数据保护和管理领域的精英，他们在这个领域有多年的经验和知识积累。通过与他们的长期合作，我也获得了许多很有价值的想法和启示，涉及中国的数字化转型、人工智能（AI）、大数据分析和 IoT 等。当我看到这本书的最初版本时，感到非常兴奋。本书开场直接讲解云计算的起源，让读者很快了解云计算的发展。从云计算时代早期开始，就以非常有逻辑性的思维考量了数据管理的重要性，将读者带入所期待的云计算未来。成功的数字化转型是云计算未来的重点目标。如何在云计算时代迈向我们展望的数字化转型，当前要考虑的策略是如何结合云计算和数据管理，即本书着重探讨的策略——云数据管理。本书通过实际案例、详细步骤和真实图表，帮助读者轻松地了解云数据管理的原理和技术实现方法。各个章节通过条理化的阐述、连贯性的描述展现了云数据管理覆盖的内容及其相关性。另外，本书还整合了许多参考材料，以供读者更深入地学习云数据管理。

无论你正在规划数字化转型项目，还是在实施云数据管理解决方案，本书都能给你提供全方位的参考，还能帮助你制定混合云或多元化的策略，成功实施云数据管理，实现所需要的数字化转型目标。

感谢阅读！

吴孔煜

Veeam Software 亚洲区科技总监

# 推荐序三

放眼全球，由人工智能、云计算、大数据、物联网等新兴技术引领的数字化转型，正在助推第四次工业革命。它也是我国“新基建”战略坚实的技术基础。很多国家都把数字经济作为创新发展的重要动能，并上升为国家战略；我国则凭借互联网普及程度高、数据资源丰富、市场规模巨大等优势，处于全球数字经济高速发展的第一梯队。

随着“新基建”进程的加快，数据作为一种新型可共享的资源，将在行业间不断交互循环，碰撞出新的应用价值。所有的企业和机构都将数据作为重要的核心资产，对其重视程度与日俱增。不过需要强调的是，这些海量、多元、多形态的数据需要更科学的数据管理策略和支撑体系，才能实现其最大的价值。如何更加高效地管理和使用这些数据，是各行各业的数据管理者面临的巨大挑战。

尤其是企业所面临的混合云环境越来越复杂，对于云数据管理的要求也更高。根据 IDC 的预测，2018～2023 年私有云建设市场规模的年复合增长率将达到 18.9%，会超过公有云（11.4%）和传统数据中心（7.5%）的增速，多态融合云成为主流。现代化企业需要根据日渐复杂的云生态，改革现有的数据管理和治理体系。

企业为挖掘数据的深度应用，在对海量、多元、多形态的数据进行管理和治理的过程中，将会面对数据多态化、数据多样性和数据适配性的发展趋势。

**数据多态化**。越来越多的企业在公有云和私有云之间转换，以提高企业利用云服务的能力和多样化，探索合理的云化，以及保证核心应用的安全与稳定。云的多态化必然会带来数据分布的多态化，而数据分布的多态化又会对数据在不同云之间的流动和转换提出更高的要求。

**数据多样性**。在云计算时代，人工智能、物联网、边缘计算的出现，带来了大量的非结构化数据，其增长速度远远大于结构化数据的增长速度。在不远的将来，多种多样的非结构化数据将成为主流，对多种多样的非结构化数据进行管理和治理将成为数据管理的重点。

**数据适配性**。在云计算时代，大多数应用平台需要实现海量数据与应用所需数据的分离。充分利用机器学习等人工智能技术对海量数据进行关联分析、深度挖掘和可视化展现，以洞察可共享数据的经济价值和管理价值，并解决好共享数据与企业其他数据的适配性后，才能将其嵌入企业应用中。

对于如何顺应以上趋势，本书给予了详细分析，并且以企业云数据管理为主要对象，描述了其中的若干关键性技术。对于如何提高管理效率，如何实现可管可控，如何提高风险防范能力，如何发挥数据的价值等，本书也做了全面解答。

数字经济时代，企业的数字化能力就等于企业的生存能力。企业正面临着比以往任何时候都更快的业务变革和技术变革，从数据到信息、从知识到决策，灵活可靠的云数据管理需要释放出更大的价值。装备专业的数据管理能力，能够从根本上为企业赋能，也将成为“新基建”的底层能力。

本书可以作为云数据管理的“深科普”读物，为面临转型的企业提供新的思考。

王新川

河北省科学院应用数学研究所所长、河北省机电一体化中试基地主任

中国计算机学会理事、河北省科协委员、河北省计算机学会理事长

河北省自动化学会常务副理事长、河北省电子学会副理事长

河北省信息技术领域学会联合体主席团主席

河北省软件与信息服务业协会专家组长

# 推荐序四

我并不喜欢“数据管理”这个词，因为概念太大，反而不知道要做的事情是什么，要解决的问题是什么。从5G、AI、大数据，到数据存储、数据中台、数据保护，都可以说成数据管理，跨度之大，让人不明就里。

应Veeam之邀为本书作序，首先要搞清楚这里说的数据管理是什么。本书将数据管理分成五个阶段：数据可用性、数据聚合、数据可视化、数据使用流程编排、数据交付自动化。不同的企业可能处于不同的发展阶段。这五个阶段听起来复杂，但在我看来其实可以用数据保护来概括。

数据保护看上去简单，就是用一个硬盘，将需要保护的对象，整个拖进去就搞定了。然而事情没有那么简单，一来需要保护的对象很多，涉及本地系统，也涉及多云环境，二来牵扯数据一致性。我们应该有这样的体会，将数据拖进盘里简单，但是查找数据并不简单，即使有数据文件，系统加载也未必能够成功，其中涉及复杂的数据恢复问题。

针对数据保护，需要考虑备份、恢复、容灾、RPO/RIO，涉及两地三中心、多云环境，以及自动编排和交付、AI应用，事情并不简单。专业的事情需要由专业的技术公司来完成，我想这也是Veeam Software技术团队编写本书的初衷。如果你关注数据保护，那么不可错过本书。

如今，数据保护也并非单纯意义上的数据备份、恢复、容灾、复制、归档等，毕竟数据保护不是目的，数据创新才是更多用户关注的内容。二级数据存储、数据再利用、对于数据应用提供全方位支持、开拓数据应用和管理的视野等，这些才是当今时代的追求！

推荐大家认真阅读本书！

宋家雨

DOSTOR 总编

# 前 言

本书所讲的云数据管理中使用的工具和软件均来自卫盟软件（Veeam Software），其中包括 VAS（Veeam Availability Suite）和 VAO（Veeam Availability Orchestrator）。VAS 软件主要包括两个部分：云数据保护软件 VBR（Veeam Backup & Replication）和可视化集成管理软件 Veeam ONE。VAO 是基于 VAS 的灾备流程自动化引擎。书中所介绍的示例、图片以及功能实现均以 VAS v10 为蓝本。

另外，本书并非 Veeam 软件的使用手册，有关 Veeam 软件的详细参数和选项说明，请参考官网的在线使用手册。

## 本书亮点

- 本书的作者均为一线资深架构师和技术顾问，具有丰富的云数据管理实践经验。因此，本书具有很好的实践指导意义。
- 本书从数据保护解决方案出发，结合云时代数据管理的特点，基于来自 Veeam Software 的工具和软件详细阐述了在云数据管理中各种新技术的实现方法和应用方式。针对云数据管理所面临的挑战和问题，通过一些工具的组合使用给出了相应的实践步骤和参考建议。
- 结合工具的功能和实际应用环境，本书总共给出了 20 个实践示例，通过一步一步的配置操作，帮助读者切实体会 Veeam 工具和软件在云数据管理中的应用方法。

## 本书内容

- 第 1 章主要介绍了云时代对数据管理带来的影响和提出的要求，点明了下一代数据管理平台需要具备的能力。
- 第 2～5 章详细介绍了如何使用 Veeam 工具和软件实现云数据管理中的第一个关键步骤，即数据可用性。
- 第 6～9 章详细介绍了数据的使用方法。在云数据管理中，要求数据可以被使用，可以被自助使用，还可以被自动化地使用。另外，这部分还包括数据的管理方法和安全加固方法。

## 本书读者对象

本书适用于需要了解在云和虚拟化架构下如何保护和管理数据的读者，如 CIO、CTO、企业架构师、应用开发架构师、基础架构管理员和 IT 工程师。

## 本书编写团队

本书的编写分工如下：第 2 章、第 3 章由魏磊编写，第 4 章、第 8 章由张聪编写，第 6 章、第 7 章由邬小亮和魏磊共同编写，第 1 章、第 9 章由刘春义和张聪共同编写，第 5 章由张远编写。全书由魏磊统稿。

由于时间仓促，书中难免存在错误和疏漏，希望各位读者多多包涵，也欢迎指正。

# 示例列表

Cloud
Data Management
in Action

# 目　录

# 第1章 云计算和云数据管理

随着企业数字化转型的逐步推进，由私有云、公有云、混合云组成的多云架构正逐步成为企业选择基础架构的新标准。数据资产作为支撑企业业务的核心资产，也将被承载在多云环境中。因此，对数据的管理也将从企业内部的私有云延伸到多云环境中。云数据管理是传统数据管理在云时代的新形态，有效地进行云数据管理不仅要搞清楚数据管理，更要明白其在云时代的存储、处理和使用方式。在云时代，各种各样的设备都在不停地产生各种数据，存储这些数据已经不采用传统的方式，仅将其存储在数据库中，而是将更多有价值的数据存放在终端设备、私有云甚至是公有云中。云数据管理要求有效地处理数据、保护数据并利用数据，这要求充分了解云计算的特性，充分使用云计算技术为数据管理服务。在本章中，我们首先会分别讨论云计算和数据管理以及它们之间的关系，然后还会讨论数据管理的各个发展阶段，最后会提出当下数据管理的具体要求。

## 1.1 云计算概述

在这个信息技术新时代，云计算技术不仅承载着 IT 系统的基础架构，而且还被深入地使用在了数据管理的各个方面。在开始讨论云数据管理之前，我们先来看看当前云计算技术的一些基本形态和关键技术，以及它对数据产生的影响和能够发挥的作用。

### 1.1.1 云计算的形态

1961 年，斯坦福教授 John McCarthy 最先提出了一种观点：计算资源就像水、电、气和通信资源一样，也可以成为一种重要的基础架构资源。由此，云计算概念应运而生。之后，美国国家标准及技术研究所（National Institute of Standards and Technology，NIST）将云计算按照服务形态的不同，定义为以下三种类型：

- **基础架构即服务（Infrastructure-as-a-Service，IaaS）**。IaaS 是云服务的最底层形态，是指用户使用计算、存储、网络等各种基础资源，部署与执行操作系统或者应用程序等各种软件的云计算服务模式。用户无须购买服务器、存储、网络等设备，也不能管控这些底层基础设施，但可以任意部署和运行计算、存储、网络和其他基础资源。在这些基础资源上，用户可以安装和管控操作系统、存储装置，部署不同的应用程序，有时也可以有限度地控制特定的网络元件，如主机端防火墙、负载均衡器等。

  亚马逊是“基础架构即服务”的领导者。它为用户提供“基础架构的计算资源”，用户无须自己构建数据中心及其硬件设施，而可通过租用的方式，利用互联网从亚马逊获得计算机基础设施服务，包括服务器、存储和网络、防火墙、负载均衡等服务。用户仅需对资源的实际使用量或者占用量进行付费。亚马逊主营的是 B2C（Business to Customer）电子商务业务，由于基础架构资源有高峰时段和低谷时段，在低谷时段会闲置大量的基础架构资源，因此亚马逊将闲置资源利用起来，开发出弹性的云计算产品。2006 年，亚马逊推出 S3 存储服务（Amazon Simple Storage Service），通过 API 的方式为开发者提供存储图片、视频、音乐、文档等服务。现在很多厂商都以 S3 兼容存储协议作为通用的云端对象存储标准协议。无论是从云计算还是从云存储的角度，基础架构资源池是 IaaS 的灵魂。

- **软件即服务（Software-as-a-Service，SaaS）**。SaaS 是指平台供应商将应用软件部署在自己的基础架构平台上，用户只需跟平台供应商订阅所需的应用软件服务，按订购的服务数量和时间长短向平台供应商支付费用，并通过互联网获得平台供应商提供的服务。使用该模式的云计算用户无须管理或者控制底层的基础架构以及软件平台，包括部署网络、服务器、操作系统、存储设备和应用程序，只需做好应用程序的维护工作即可。

  Salesforce 是“软件即服务”的业界领袖，它是由前甲骨文高管马克·贝尼奥夫（Marc Benioff）于 1999 年 3 月创立的，这是一家客户关系管理（CRM）软件服务提供商，总部设于美国旧金山，为用户提供按需使用的客户关系管理平台，用户只需要每月支付软件服务费用即可。Salesforce 的核心理念就是“No Software”（软件终结者），但它并不是排斥所有的软件，而是排斥主要运行在企业数据中心内部的软件（On-Premises Software）。Salesforce 希望用户能直接通过互联网来使用 CRM 等软件服务。这样，每个用户只需要有一个虚拟实例，即可定制自己所需的功能。用户也无须自己构建和维护软件所需的硬件和系统资源。

- **平台即服务（Platform-as-a-Service，PaaS）**。PaaS 是指将一个完整的软件服务平台（包括应用设计、应用开发、应用测试和应用托管）作为一种服务提供给用户。在这种服务模式中，用户不需要购买硬件和软件，如网络、服务器、操作系统或者存储设备等基础设施，也无须管理或者控制底层的云基础架构，只需要利用该 PaaS，即可创建、测试和部署应用与服务。与传统的数据中心平台相比，采用 PaaS 的用户的成本和费用要低得多。采用该模式的用户在进行应用程序开发时，需要使用平台服务商所支持的开发语言、服务和工具。

谷歌是“平台即服务”的先行者。用户需要通过谷歌应用引擎（Google App Engine，GAE）使用平台的应用。GAE是一种用于在谷歌数据中心开发和托管Web应用程序的服务。用户不需要维护底层的基础架构服务器，并且可直接使用Node.js、Ruby、Java、Python、Go、Swift、Perl、Elixir、PHP语言构建自己的应用。

### 1.1.2 云计算的关键技术

构建云计算基础架构的核心技术是虚拟化技术。虚拟化技术是将物理资源进行池化，即将计算资源、网络资源、存储资源统一纳入资源池来进行管理，用户可以按照需求再细分资源池，从而将其弹性地分配给使用者，通常称这些使用者为租户。租户可以按需租用CPU、内存、设备与I/O、操作系统等资源。

虚拟化技术是由IBM在20世纪60年代发展起来的。在1961年，IBM在709主机上实现了分时系统，将CPU占用切分为多个时间片，每一个时间片都执行不同的任务。通过对这些时间片进行轮询，逻辑分割多个CPU，每一个虚拟CPU看起来都在同时运行，这就是虚拟机的雏形。后来的IBM System360主机都支持分时系统。在1972年，IBM正式将System370主机的分时系统命名为虚拟机。在1990年，IBM推出的System390主机开始支持逻辑分区，即将一个CPU分成多个逻辑CPU，而且每个CPU都是独立的，也就是一个物理CPU可以逻辑分割为多个CPU，在主机上可运行多个操作系统。到1998年戴安·格林（Diane Greene）将大型机的技术移植到x86计算机上，至此虚拟化以一日千里的速度发展。2006年，Intel和AMD又推出CPU内建的虚拟化技术，使得虚拟化的性能大幅提升。企业开始大量使用虚拟化技术，把物理的分散资源集中管理，让企业大幅缩减IT支出成本。目前主要的虚拟化厂商及其产品主要包括VMware的vSphere、Microsoft的Hyper-V、Nutanix的AHV、AWS的EC2和Azure的VM。而主流的虚拟化技术也发展出服务器虚拟化、应用虚拟化和桌面虚拟化等。

#### 1. 服务器虚拟化

服务器虚拟化是通过软件将物理服务器划分为多台独立且相互隔离的虚拟服务

器的过程。每台虚拟服务器可以独立地运行自己的操作系统。服务器虚拟化技术将服务器物理资源抽象成逻辑资源，让一台服务器变成几台甚至上百台相互隔离的虚拟服务器，不再受限于物理界限。

### 2. 应用虚拟化

应用虚拟化是将应用程序与操作系统解耦合，为应用程序提供一个虚拟的运行环境。在这个环境中，不仅包括应用程序的可执行文件，还包括它所需要的运行时环境。从本质上说，应用虚拟化是把应用对低层的系统和硬件的依赖抽象出来，可以解决版本不兼容的问题。

### 3. 桌面虚拟化

桌面虚拟化是指将桌面与 PC 分离，所有桌面在数据中心进行集中化保存和管理，并虚拟交付到终端用户的一种方式。用户可通过任何设备远程访问其虚拟桌面。因为大部分计算都在数据中心内进行。数据也存储在数据中心内而不是各台计算机上，这样可以提升数据安全性。

Veeam 对于上述虚拟化的数据管理都能提供良好的支持。

## 1.2　云计算对数据产生的影响

云计算全面发展，不仅影响信息系统资源的使用方式和商业模式，而且对数据本身也产生了深刻的影响。

### 1. 数据分布多态性

据 IDC 预测，2018～2023 年私有云建设市场规模的年复合增长率将达到 18.9%，会超过公有云（11.4%）和传统数据中心（7.5%）的增速。云计算成为数字化转型的基石。公有云、私有云、混合云多态融合，正逐渐成为用户的主流选择。企业内部的私有云向公有云延伸，公有云成为企业数据中心的一部分，另外，企业还考虑云服务商的可靠性，又会将业务在多个公有云之间进行转换，以提高企业利用云的服务能力，并以业务需求为导向，选择合理的云化方案，同时确保核心应用的安全与稳定。云的多态化必然会带来数据分布的多态化，数据分布的多态化必然会催生数据在多云之间流动和转换的需求。

### 2. 应用数据多样性

以前说数据更多是指结构化数据。结构化数据是指可以用关系型数据库表示和存储，以二维形式存在的数据。一般情况下，结构化数据是以行为单位。一行数据表示一个实体的信息，每一行数据的属性是相同的。传统的关系数据型模型以行或列数据存储于数据库，可用二维表结构表示。随着云计算时代的到来，人工智能、物联网、边缘计算的出现会产生大量的非结构化数据，如文本、图像、声音、网页都属于这类数据。而且非结构化数据的增长速度远远大于结构化数据。按照当前的速度发展下去，在不远的将来，多样化的非结构化数据将成为主流数据类型。对这些多样化的非结构化数据的管理和保护将成为数据管理的重点。

### 3. 数据平台的适配性

在云数据管理时代，大多数企业都会将每时每刻产生新数据的生产数据平台，与提供决策支持的数据分析平台进行解耦。数据管理部门利用云数据管理平台的特性，按照预定义的策略令数据从生产平台流向数据分析平台。通过这样的部署，企业可以用更灵活的方式快速获取和利用数据，缩短数据处理时间，充分发挥数据的价值。在此之后，再利用机器学习（Machine Learning，ML）的应用程序来分析数据，将数据洞察嵌入企业下一次的产品迭代中去。这种部署方式提升了企业的洞察力，帮助业务部门以 360° 的视角分析客户行为，使企业可以打造出客户更喜欢的产品。利用数据管理平台的适配性，充分发挥数据的价值，是云数据管理平台的显著优势。

## 1.3 数据管理的发展过程

近年来现代化企业都在改革现有的数据管理体系，优化原有的基于策略定义的数据管理模型，逐渐开始使用基于数据使用行为的数据管理方式。以确保数据不仅可用，而且保持活性，从而始终让数据资产充分发挥本身价值。从历史的视角看，数据管理是一个不断进化发展的过程。其发展路径大致可以分成五个阶段：数据的可用性、数据的聚合、数据可视化、数据服务可编排、由 AI 驱动的自动化。不同的企业可能处于不同的发展阶段。

### 1. 数据的可用性

在第一阶段，有关数据的一切活动都是基于数据的可用性的。数据保护是一切数据管理行为的基础，为之后的数据使用行为提供保障。数据备份、数据复制及安全保留是数据保护的核心要素，以保证数据的可用性。如今，云计算架构已经发生了翻天覆地的变化，从架构上来说，数据块的副本可以瞬时产生，为什么还需要备份呢？原因是：现在很多企业的数据备份架构还是像以前那样简单粗暴，即通过数据拷贝的方式，进行数据副本的存放。这并不能称之为备份，因为数据本身是有状态的，并且在进行数据保护的时候，要保证数据的一致性、有效性以及可恢复性。这与应用在使用被恢复的数据时的行为强相关，为了使数据在被恢复以后可以灵活地被应用所使用，在第一阶段要对数据管理平台进行面向应用的适配与优化。

### 2. 数据的聚合

在第二阶段，企业开始深入了解数据，利用它们为企业创造价值。此阶段的目的是确保在多态的数据中心，即跨物理、虚拟、云等架构与应用平台，以与云环境适配的数据格式和松耦合的方式存储数据，从而使企业更容易进行云化的集中管理。同时，这不仅仅发生在基础架构层面，还涉及与多种应用的适配。通过集中控制，企业可以在各种基础架构上更流畅地工作，并快速访问数据。为今后数据的利用和应用的读写分流提供基础。

### 3. 数据可视化

在第三阶段，企业已经进入数据使用行为可视化阶段，被动的数据管理转变为主动的关注数据使用行为的方式。相对而言，数据管理早期阶段的重点是始终保持业务在线与数据安全。在第三阶段，企业更加关注数据的使用行为是否合规，并且已经在数据管理平台之上为数据使用行为定义了入口与服务目录，这使企业在数据管理与使用的竞争中保持领先。在此阶段，数据管理为企业提供了更广泛的策略支持。

### 4. 数据服务可编排

在第四阶段，企业更加注重数据管理与使用效率。数据管理与使用的重复性与复杂性，以及由人工误操作带来的潜在风险，使关注执行效率的企业更偏向于将企业频繁使用的数据服务形成可编排的流程，这也为数据使用的合规性提供了重要的保障。在数据管理越发复杂的今天，我们需要简化数据管理的界面，统一服务端口。

### 5. 由 AI 驱动的自动化

在第五阶段，数据管理的多数场景会转为由人工智能和机器学习来驱动，机器学习引擎会根据企业的实时业务需求自动备份、恢复和迁移数据。尽管对于大多数企业而言，数据管理完全自动化还需要几年的时间，但有些企业已经开始利用新技术来支持其数据管理策略。例如：十年前，地震可能会导致关键数据不可逆转地丢失。在现代化的数据管理平台之下，一方面，通过物联网传感器捕捉震颤迹象来保持数据中心的安全已经被定义为日常运维事件，这将触发数据复制与切换机制；另一方面，不同级别的灾难恢复所需的花费不同，AI 系统会在风险较低的情况下减少灾备中心的资源配置，从而控制企业的灾备总体成本。如果将数据管理的五个阶段视为每个企业都会走过的旅程，企业更应该关注的是数据管理目前所在的位置与阶段，并设定下一步发展目标，科学地设定里程碑与关键的复盘时间点，保证设定的目标可以实现。在这段旅程中，企业更应该注意数据管理当前的发展情况，以及在当前状态下如何有效地利用现有环境实现数据的资产化。

## 1.4 Veeam 和云数据管理

一直以来灾备软件在数据管理领域都扮演着非常重要的角色，Veeam 作为一款灾备软件，天然具备了数据提取和存储的能力。随着现代化企业的云计算和数字化转型进程的不断推进，在这个过程中不断出现的有关数据管理的要求和核心能力同样影响着灾备软件的发展。因此，像 Veeam 这样的灾备软件开始逐渐具备丰富的数据管理能力。它们不仅可在云数据管理之旅中为企业保驾护航，更是这个旅程中不可或缺的重要工具。

围绕着数据保护解决方案不断丰富的能力包括以下这些。

### 1. 基础架构与应用适配

基础架构对于应用层的有效适配，是当今企业衡量 IT 系统建设是否成功的标准之一。随着时代的发展，为企业提供业务支撑的应用建设复杂多样。从数据中心应用的多态化可以看到，虚拟化、云计算和容器等技术同时被企业接纳并广泛使用。企业通常从运维管理角度将应用分为有状态与无状态两种。对于有状态应用的数据保护要保证数据的一致性，而对于无状态应用的数据保护则需要注重镜像的保护。先进的数据管理平台应该能够适配多种基础架构，原生地从多种平台获取数据，并以多副本的形态安全地存放数据，从而在灾难发生时保证企业的业务连续。

### 2. 高效地备份

应用的多态分布要求数据管理平台应具有灵活的架构，目前基于软件定义的数据管理平台已经成为主流。用户不需要对不同的应用进行独立的数据管理，而可在统一的界面下管理云端、虚拟化、物理存储以及数据库一体化应用。利用不同平台的快照与日志复制技术，在不影响生产环境性能的前提下，打破备份时间窗口的限制，实现备份系统的 7×24 运行，保证数据的一致性与可恢复性，从而高速有效地完成数据备份。

### 3. 敏捷快速地恢复

公有云、私有云和混合云之间的界线正变得越来越模糊。企业希望通过确保数据和应用在多云环境中随时随地可用，从而提高运营的敏捷性和可靠性。混合云架构已渐渐成为主流，企业对业务的可用性需求越来越高，要求在保证数据的可恢复性的基础上，恢复时间和恢复点目标（RTPO）可以达到分钟级别，确保在几分钟之内实现应用和数据的快速恢复，同时希望能够实现工作负载在混合云架构下的业务永续。

### 4. 自由地迁移与转换

现代化的数据管理要求能够实现工作负载在多云之间移动，企业正在以多种方式将灾备云或者公有云作为数据快速恢复的目的地，达成按需利用数据的效果。比如，利用云存储实现企业的数据扩展服务，将云基础架构作为灾备的目标端，为业务快速接管提供按需使用、按需付费的体验。从某种意义来说，让数据在不同云之间自由地移动，是有效利用数据的先决条件之一。

### 5. 数据可视化

现代化的数据管理平台的监控和分析功能可帮助企业实现对数据使用行为的管理与监控，能够提供基于用户行为的基础架构与对数据管理变更的监控和诊断，不仅包括自动修复关键备份和灾难恢复过程中的意外问题，也可以跟踪虚拟化平台的基础架构配置变更。现代数据管理需要时刻保持警觉，并智能化地对突发事件进行有效反应，以便在灾难问题发生之前解决隐患。企业通过完善的监控和分析机制提高数据可视化，可以防患于未然，降低数据管理的风险。

## 1.5 下一代数据管理平台的核心能力

下一代数据管理平台在保证数据可用性和集中管理的前提下，为了提高数据的使用效率，必须考虑数据的生命周期，以保证随时可以自动地利用数据，并将灾备和安全性融入数据使用的每一个环节。

### 1. 数据的再利用

现代化企业要求随时随地都能有效地使用数据，以实现全面数据驱动的企业模型。无论数据在何种基础架构或者应用架构之中，有效地利用数据副本，为企业提供数据决策支持已成为现代化数据应用的核心。数据管理平台建设的目标就是提供数据即服务，将数据依赖型的应用分流到数据管理平台，为企业提供多态化的数据接口，缩短数据提供时间，降低数据使用成本。以强大的 API 端口进行数据发布，为新业务数据访问提供绿色通道，使企业可以利用人工智能与机器学习来改善与优化流程，让用户更专注于业务发展，提高客户的满意度。

### 2. 自动化

数据管理平台的自动化可帮助各种规模的组织高效地完成数据管理任务，为业务连续性和数据管理操作提供智能的自动化手段。通过自动化流程编排，企业可确保数据管理操作的效率。按照计划自动完成数据测试与灾备验证，可提升企业的服务响应级别。利用集成的 DevOps 能力，企业可跨任何平台部署和提供应用程序，按需在虚拟实验室中打造多种开发环境和测试环境。作为持续集成 / 持续开发过程的一部分，将多种运维操作有机地进行集成，可使运维与开发过程中的数据使用效率显著提升。

### 3. 灾备即服务

灾备即服务（Disaster Recovery-as-a-Service，DRaaS）是一种云计算和备份服务形态，利用云资源来使应用和数据避免因灾难造成的意外中断。在云上保留数据的镜像，可为企业提供一个完整的系统备份，使其在系统出现故障时保持业务连续性。企业使用自建的或第三方提供的灾备即服务平台，可按需制定自身的灾难恢复计划（Disaster Recovery Plan，DRP）或业务连续性计划（Business Continuous Plan，BCP）。

## 1.6 本章小结

本章介绍了云计算和云数据管理的关系。云时代正在影响着 IT 的方方面面，数据管理也不例外。我们把云时代的数据管理称为云数据管理。从下一章开始，我们将利用 Veeam 的软件和工具详细讨论云数据管理中的数据可用性、数据利用以及数据深度管理的话题。

# 第2章 云数据保护基础

数据的可用性是进行云数据管理的基础条件，数据本身一旦出现了任何问题，比如被恶意破坏、逻辑错误、遭受病毒攻击，那么云数据管理也就无从谈起了。实现数据可用性的基础是为数据创建一份副本，这可以通过数据备份和复制来实现。副本创建完成后，又可以通过发布和恢复技术使用数据。

然而IT发展至今，数据种类繁多，应用系统复杂，因此在数据保护领域出现了各种各样的技术和方法。随着云计算技术的深入使用，镜像级的数据保护逐渐成为最有效、最全面的数据保护方法。作为辅助手段，文件级的数据保护方法是镜像级保护的最佳补充。在镜像级数据的处理过程中，一般来说，需要全自动地感知并处理应用程序，以确保数据的一致性。同时还需要考虑将数据备份多份来确保备份数据的可用性，避免因为备份存储系统故障造成备份数据彻底丢失。

本章首先会讨论数据可用性的实现方式——云数据保护。在讨论完技术原理之后，我们会通过两个示例详细解析实战中的数据可用性。

## 2.1 系统镜像级数据备份

对于运行于公有云、虚拟化或者物理机平台上的操作系统，根据它们的运行形态和特性，镜像级数据保护方法也会略有不同，这些平台主要有 VMware vSphere、Microsoft Hyper-V、Nutanix AHV、AWS EC2、Azure VM、KVM 和物理服务器。

以 Veeam 的 VBR 为代表的新一代云数据保护软件能够为这些平台创建备份副本，将数据从生产系统中提取出来，存放在其所管理的备份存储库中或者异地灾备平台上。这些提取出来的数据虽然以压缩、重删及加密的形式存放在备份存储库中，但是借助 VBR 软件却能以原生的形式提供给用户使用。在详细说明 VBR 针对各个平台的数据提取和备份机制之前，我们先来看看它的组成。

VBR 由以下三个主要角色组成。

1）备份服务器——整个备份系统的大脑，它是整个系统的配置和操作控制中心，负责调度任务和分配资源，设置和管理备份基础架构的各个组件。

2）备份代理（Backup Proxy）——负责处理原始数据，它根据 VBR 备份服务器的指令处理任务，传输备份数据。所执行的任务包括从生产系统获取数据、重删和压缩数据，以使备份基础架构能够更好地扩展。

3）备份存储库（Backup Repository）——保存数据的仓库，它用来存储备份，可以是各种存储设备，例如本地磁盘、文件共享、重删设备、云存储等。

在 VBR 的工作过程中，会涉及大量的数据传输，其依赖于 Veeam 数据搬运工（Data Mover）服务来实现，本章中将会频繁出现这一服务，关于这一服务的详细工作原理，将会在 4.2.1 节中详述。

接下来将针对业界主流的虚拟化和云平台，如 VMware vSphere、Microsoft Hyper-V、Nutanix AHV、AWS EC2、Azure VM 等，来展开说明 VBR 的数据提取和备份机制。

### 2.1.1 VMware vSphere

VBR 在处理 VMware vSphere 的虚拟机时，采用无代理的镜像级方法备份数据，这个方法在虚拟化系统管理程序层面处理数据，因此不需要在每一个虚拟机的操作系统内安装任何用于数据提取的代理程序。VBR 在备份过程中会利用 vSphere 快照完成备份，在备份开始前，VBR 会向 vSphere 请求一个虚拟机快照，这个 vSphere 快照包含了这台虚拟机的配置信息、操作系统、应用程序、用户数据以及系统的状态。VBR 在备份时，会将这个快照作为数据源来抽取数据。

VMware vSphere 虚拟机的备份过程如下：

1）备份作业启动后，VBR 会查询数据库中作业的配置信息，读取所有需要备份的虚拟机以及与它们相关的虚拟磁盘的列表，见图 2-1 中的步骤①。

2）VBR 会为后续的备份过程准备一系列资源，如合适的备份代理和备份存储库，并为它们建立 Veeam 数据搬运工的数据传输连接，见图 2-1 中的步骤②。

3）接下来，VBR 会向 vCenter 或者 ESXi 请求虚拟机快照，在执行快照前，如果需要对应用程序进行一致性处理，VBR 还会和客户机操作系统通信来处理应用程序，见图 2-1 中的步骤③。

4）备份代理上的数据搬运工从虚拟机快照中读取数据，如果是增量备份，则还会使用 CBT（Change Block Tracking）技术获取增量的数据块。VBR 在备份代理上对读取到的数据进行一系列处理，这些数据包括填零的数据块、交换文件、被排除的数据文件等，处理完成后，根据重删和压缩条件的设定，对数据完成重删和压缩，并把数据传递到备份存储库中，见图 2-1 中的步骤④。

5）数据传输完成后，VBR 向 vCenter 或者 ESXi 发起快照合并请求，vSphere 上的快照被删除，备份作业完成，见图 2-1 中的步骤⑤。

#### 1. 备份代理

在 VMware vSphere 备份中，备份代理用于从 vSphere 中提取、压缩、重删、加密并发送数据至备份存储库。对于数据的传输，VBR 支持以下三种模式：

- Direct Storage Access

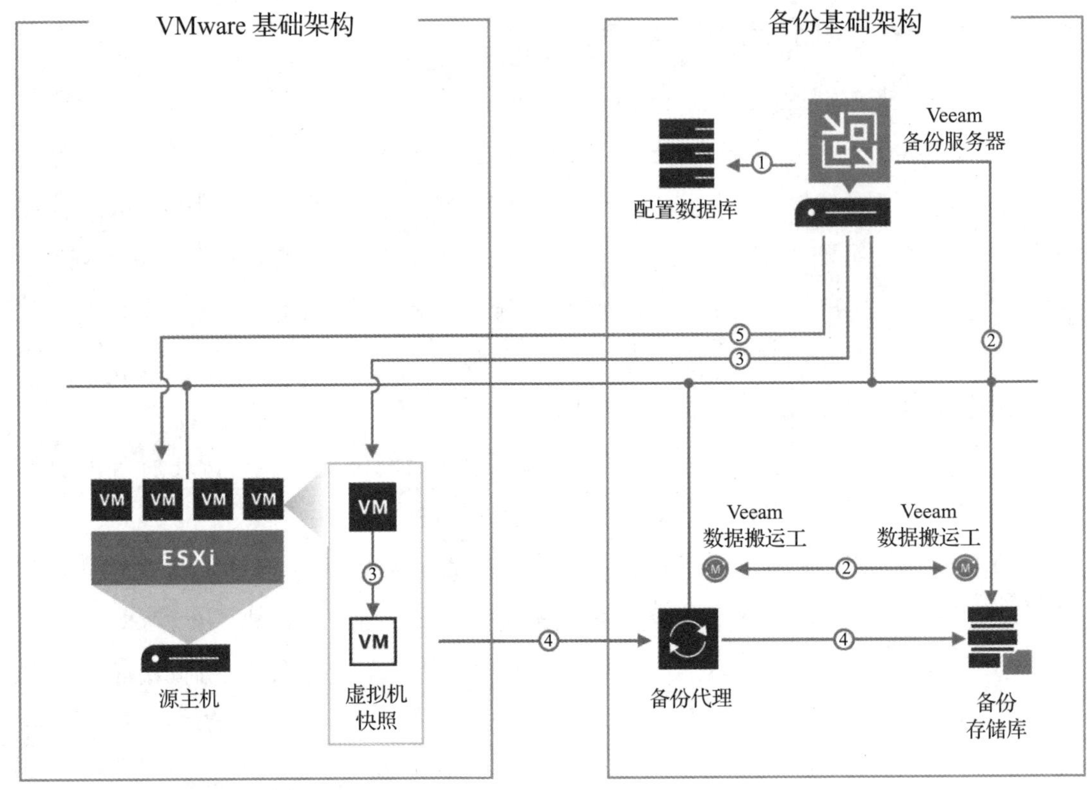


图 2-1

- Virtual Appliance
- Network

这三种数据传输模式各有优劣势，在实际中，通常会选择一种最适合基础架构的模式来使用，如表 2-1 所示。

表 2-1　VBR 支持的三种传输模式

| 传输模式 | 优　势 | 劣　势 |
|---|---|---|
| Direct Storage Access | 效率高 | 配置复杂，需要硬件支持 |
| Virtual Appliance | 效率高，配置简单 | 容易出现快照堆积 |
| Network | 配置简单 | 影响虚拟化管理网络性能 |

在 VBR 中，任意一台受管理的 Windows 或者 Linux 服务器都可以配置为备份

代理角色，但是根据数据实际传输路径和架构的不同，数据传输模式可能不同。

### 2. Direct Storage Access 模式

这种传输模式下，VBR 会直接通过存储网络从存储卷中提取数据，也就是通常所说的 LAN-Free 备份。由于 VMware vSphere 存储有两种使用方式——VMFS 和 NFS，因此对应的直接存储访问也有两种方式——Direct SAN Access 和 Direct NFS Access。这两种方式本身对于代理部署并没有太多要求，然而在存储网络中，光纤存储和 FCoE 等设备无法通过虚拟化的硬件直接被虚拟机访问（硬件直通（Passthrough）在备份场景中受限制）。这时候，为了能够从这些存储网络中提取数据，备份代理必须配置为物理服务器，并且配置合适的硬件，比如 HBA 卡，能够访问的存储网络才能够使用这种方式。

对于 iSCSI 和 NFS 来说，完全依赖于标准以太网环境即可让备份代理访问到相关存储，因此通常情况下物理机和虚拟机皆可使用。

配置 Direct SAN Access 时，需要为代理配置存储必要的读写权限，这一般会通过光纤网络的 ZONE 划分或者配置 iSCSI 来完成。在配置完成后，会在备份代理的 Windows 磁盘管理器中看到一组状态为健康、分区格式未知的离线磁盘卷。

配置 Direct NFS Access 时，需要在 NFS 存储上为代理配置合适的白名单，允许备份代理直接访问这些存储的 NFS 路径。

Direct Storage Access 模式不仅对于备份有效，而且对于数据恢复来说，如果配置了写入权限，VBR 可以通过 Direct Storage Access 来完成数据的恢复，但是这个数据恢复仅限于 VMDK 格式为厚置备的磁盘。

### 3. Virtual Appliance 模式

这是一种纯虚拟化的部署模式，备份代理必须配置为虚拟机才能使用这种模式。对于纯虚拟化环境来说，这是一种非常受欢迎的模式，并且由于 VBR 的特殊优化，这种模式的数据提取效率完全不输于 Direct Storage Access 模式的。这种模式会采用 VMware HotAdd 技术，在线将源虚拟机的虚拟磁盘挂载到代理虚拟机上，通过虚拟磁盘控制器，从 vSphere 虚拟磁盘堆栈中提取数据，在备份完成后，VBR 会通知 vSphere 将源虚拟机的 VMDK 磁盘从代理上卸载。

这种模式下，通常对于每一块 VMDK 磁盘来说都会额外增加 1～2 分钟的磁盘附加和卸载时间。那么，如果一个备份作业包含 100 个以上的需要通过这种模式来操作的 VMDK，将会额外需要 2～3 小时的时间，因此并行处理和多个备份代理分担 VMDK 挂盘操作对于 Virtual Appliance 模式来说非常重要。实际使用中需要合理配置足够多的虚拟机来承担代理任务，同时预留足够的备份窗口。

Virtual Appliance 模式对于无法使用 Direct Storage Access 模式的本地数据存储、VVOL（Virtual Volumes）和 vSAN 来说是一种非常合适的数据传输模式，不仅性能优异而且配置简单，通常来说是这些存储配置的首选模式。

对于 NFS 数据存储来说，由于 NFS 本身的限制，在跨主机 HotAdd 卸载磁盘时，会产生不必要的虚拟机停滞，一般来说，在这种情况下，不推荐使用 Virtual Appliance 模式来提取和恢复数据。

### 4. Network 模式

Network 模式通常又被称为 NBD 模式，它是一种万金油式的数据提取方式，配置最简单，只要网络能够通信，VBR 就能使用这种模式从 vSphere 中把数据提取出来，完全不需要额外的配置，唯一的条件是：备份服务器和代理能访问 ESXi 主机的 443 和 902 TCP 端口。但是，这种模式会消耗虚拟化平台管理网络的带宽资源，虚拟机的所有数据会通过 VMware vSphere 的管理网络传输到备份代理上进行处理。

为了避免影响日常的 vCenter 管理，通过 DNS 解析的切换，NBD 模式下，VBR 能够利用独立的管理网络进行数据提取。在每台 ESXi 主机上设置独立的、10Gbps 以上的备份专用物理网卡，再为独立的网卡配置独立的 vSphere 管理网络，这些网络和正常的 vCenter 管理 ESXi 主机时所使用的网络完全分离，这样的配置类似于 vSphere 中独立的 vMotion 网络或者独立的存储访问网络。

将 ESXi 主机通过 DNS 域名的方式添加至 vCenter 中，VMware API 在 NBD 模式下将主机对象返还给备份代理时会以域名的方式呈现，这时候只需让备份代理的 Hosts 文件指定独立的备份管理网络即可实现备份数据网络和日常管理网络的分离。

```
172.0.4.10      vcenter      vcenter.example.com
```

```
# 172.0.4.21    esx1    esx1.example.com # 屏蔽常规管理接口地址
# 172.0.4.22    esx2    esx2.example.com # 屏蔽常规管理接口地址

10.10.1.21    esx1    esx1.example.com    # 10Gbps专用的备份网络管理地址
10.10.1.22    esx2    esx2.example.com    # 10Gbps专用的备份网络管理地址
```

NBD 模式在 10Gbps 以上管理网络中的表现非常突出。在使用 NBD 进行备份作业时，可以完全避免 Direct Storage Access 模式的复杂配置和 Virtual Appliance 模式的额外备份窗口开销，而且在 NBD 模式下工作比在以上两种模式下工作更加稳定和可靠。因此，为了确保备份作业顺利进行，VBR 采用了多种数据提取方式混合使用并智能切换的方式。VBR 会自动地智能感知当前的环境配置，根据当前的配置优先选择最优的数据传输方式。NBD 模式通常作为 Direct Storage Access 和 Virtual Appliance 数据传输模式的备选方案，当这两种数据传输模式失败时，VBR 会在备份作业进行中自动切换成备选的 NBD 模式，以确保在无人干预的情况下完成备份和恢复作业。

### 5. 数据传输配置建议

#### （1）微型环境

通常来说，具有 3 台以内物理服务器的环境被定义为微型环境。这样的环境架构很简单，群集数量有限，通常可能只有 1 个群集，在这样的环境中使用 Virtual Appliance 模式是最理想的，NBD 可以作为备选。

#### （2）中小型环境

网络和存储架构不复杂，但是 ESXi 主机和群集数量相比微型环境略多的情况被定义为中小型环境。这种环境下，Direct Storage Access 作为性能极为突出的备份数据传输模式，可以提供非常好的备份性能。在恢复时，如果虚拟化环境配置了精简置备模式，那么可以配置若干个备用的 Virtual Appliance 作为辅助，以提升恢复的灵活性。

在 vSAN 环境中，推荐 HotAdd 模式作为首选的数据传输方式。

NBD 模式可以保留在这样的环境中，并且只需要对 NBD 模式做一些监控，确保不要有会影响日常管理的大量备份吞吐量即可。

**（3）大型环境**

在这种环境中配置 Direct Storage Access 和 Virtual Appliance 模式往往都不容易，因此相对容易配置成功的是 NBD 模式。统一配置独立备份网络，通过高速的 10Gbps 以上的以太网进行数据传输，可以简化很多架构上的设计。

当然，如果条件允许，也完全可以配置 Direct Storage Access 和 Virtual Appliance 模式。

**（4）超大型环境**

可以参考上面的大型环境，但是需要平衡各方面的负载，这时候在备份网络上传输的吞吐量负载会变得非常重，因此合理地配置各个角色服务器的数量变得非常关键。在这里，可以采用多个 VBR 服务器的分布式部署模式，同时可以利用企业管理器（Enterprise Manager）的统一管理能力。一般来说，将 5000 台左右的虚拟机作为一个备份域进行管理是比较合适的，而进行多站点管理时，每 200 个分支站点也需要一个备份服务器来支撑。

### 2.1.2 Microsoft Hyper-V

VBR 在处理 Microsoft Hyper-V 虚拟机的时候，采用无代理的镜像级方法备份数据，这种方法在虚拟化系统管理程序层面处理数据，因此不需要在每一个虚拟机的操作系统内安装任何用于提取数据的代理程序。VBR 在备份过程中会利用 Hyper-V 快照完成备份，在备份开始前，VBR 会向 Hyper-V 请求一个卷快照，这个 Hyper-V 快照包含了相关虚拟机的配置信息、操作系统、应用程序、用户数据和系统的状态。VBR 在备份时，会将这个快照作为数据源来抽取数据。

Hyper-V 虚拟机的备份过程如图 2-2 所示。

1）备份作业启动后，VBR 会查询数据库中作业的配置信息，读取所有需要备份的虚拟机以及与它们相关的虚拟磁盘的列表，见图 2-2 中的步骤①。

2）VBR 会为后续的备份过程准备一系列资源，如相关的备份代理以及备份存储库，并为它们建立 Veeam 数据搬运工的数据传输连接，见图 2-2 中的步骤②。

3）接下来，VBR 会向 Hyper-V 请求卷快照，在执行快照前，如果需要对应用程序进行一致性处理，VBR 还会和客户机操作系统通信来处理应用程序，见图 2-2 中的步骤③。

4）备份代理上的数据搬运工从卷快照中读取数据，如果是增量备份，则还会使用 RCT 技术获取增量的数据块。VBR 在备份代理上对读取到的数据进行一系列处理，这些数据包括填零的数据块、交换文件、被排除的数据文件等，处理完成后，根据重删和压缩条件的设定，对数据完成重删和压缩，并把数据传递到备份存储库中，见图 2-2 中的步骤④。

5）数据传输完成后，VBR 向 Hyper-V 发起快照合并请求，Hyper-V 上的卷快照被删除，备份作业完成，见图 2-2 中的步骤⑤。

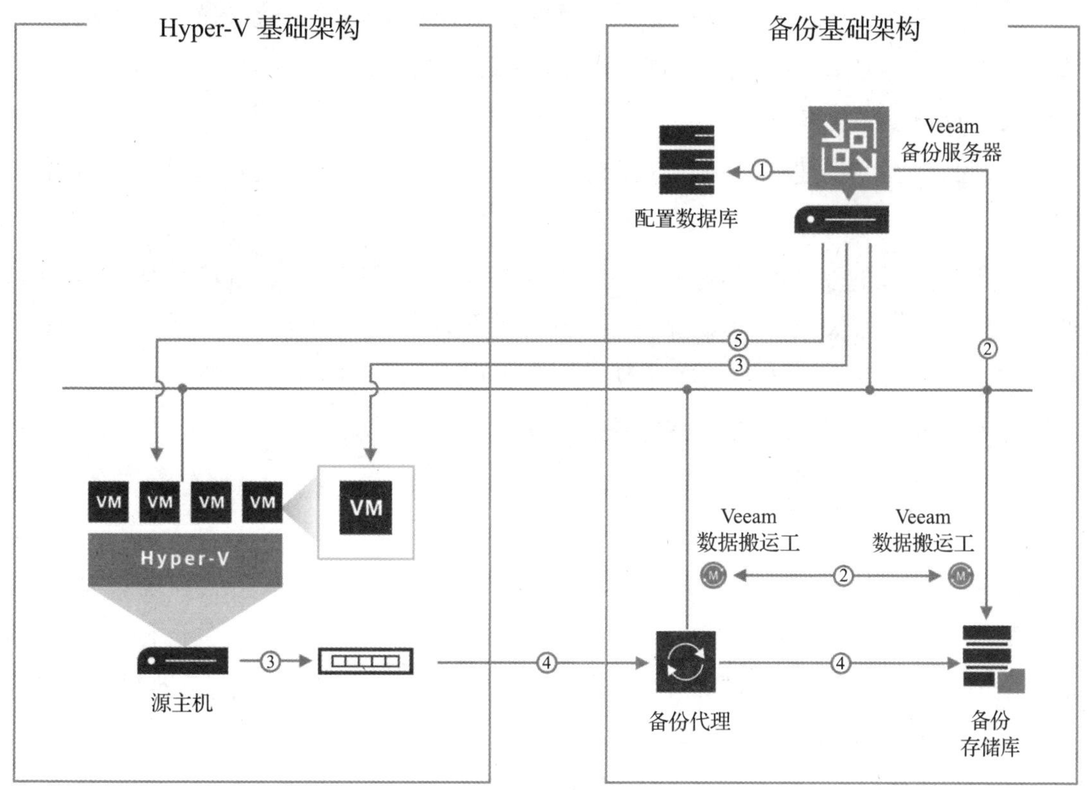


图 2-2

在 Microsoft Hyper-V 环境中，虚拟机会在本地存储或者 CSV（Cluster Shared Volume）上运行，备份这些虚拟机的时候，VBR 会借助 VSS（Volume Shadow copy Service）框架和 Microsoft Hyper-V 的专有组件来提取数据，VBR 在这里充当 VSS

请求者的角色。在与 VSS 框架交互中，VBR 先获得有关基础架构的信息，识别虚拟机文件所在的卷，然后触发 VSS 协调器以创建卷快照。

在备份过程中，在对卷创建快照时，需要确保该卷上的虚拟机处于静默状态，这时候可以保证数据库的一致性，文件系统中的文件都已经处于关闭状态。VBR 会通过以下 3 种方式来处理这样的备份准备过程。

**（1）在线备份**

Microsoft Hyper-V 提供的创建应用一致性备份的方式，完全无任何停机时间。

**（2）离线备份**

另外一种备选的一致性备份方式，这时候 Hyper-V 会通过使操作系统休眠的方式冻结虚拟机的 I/O，这种方式会有短暂的停机时间。

**（3）崩溃一致性备份**

Veeam 专有的创建崩溃一致性备份的方式，这种方式不产生停机时间，不用冻结 I/O。

对于以上三种方式，VBR 会优先选择在线备份以尝试使虚拟机处于静默状态，如果在线备份方式失败，VBR 就会切换到另外两种方式以确保备份成功。默认情况下，VBR 会从在线备份转成崩溃一致性备份，如果这时候还是希望创建一致性快照，可以调整设置来让 VBR 通过使虚拟机休眠的方式做离线备份。

### 1. On-Host 备份

这是 Hyper-V 上默认的备份模式，也是最推荐的备份模式。这种模式完全不需要额外的配置，使用起来非常简单、稳定和高效。当备份开始时，运行着这台虚拟机的 Hyper-V 主机会处理所有虚拟机的数据，而拥有 CSV 卷的主机则被分配了 Veeam 备份代理的角色。

Hyper-V On-Host 模式的备份流程如图 2-3 所示。

1）VBR 向 Hyper-V 请求创建一份相关的卷快照。

2）VBR 的数据搬运工服务在 Hyper-V 主机上启动并挂载该卷快照，将虚拟机的数据传输到目的地，这个目的地可能是备份存储库或者在另外一套 Hyper-V 中。

3）在数据传输结束后，删除卷快照。

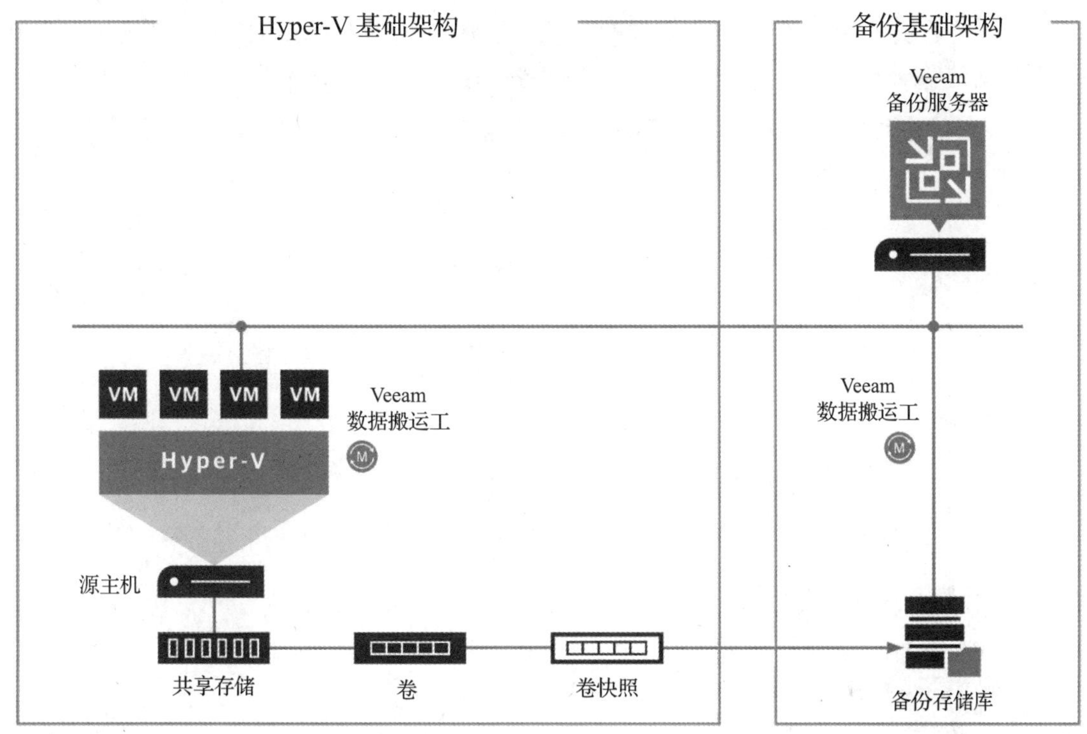


图 2-3

## 2. Off-Host 备份

这种模式并不常用。在这种备份模式下，备份操作并不在 Hyper-V 主机上进行，而是转移到了一台单独的物理服务器上，需要注意的是，这里必须是由一台物理服务器担当 Off-Host 备份代理角色。这台单独的物理服务器上同样运行着 Veeam 数据搬运工服务，它从原存储卷中通过"可传递的卷快照拷贝"获取虚拟机数据。这样的配置方式可以让 Veeam 在 Hyper-V 上通过存储网络实现备份数据的处理，也就是通常所说的 LAN-Free 备份。

这种备份模式的配置还需要用到第三方存储厂商的组件 VSS Hardware Provider。一般来说，各大存储厂商的官网软件包中都会有这个组件，以供应用程序使用。

Hyper-V Off-Host 模式的备份流程如图 2-4 所示。

1）VBR 在虚拟机所在的 Hyper-V 主机上触发对应的存储卷的快照。

2）在 Off-Host 代理上挂载这份卷快照。

3）VBR 的数据搬运工服务在 Off-Host 备份代理主机上处理该挂载的快照，将虚拟机数据传输到目的地，这个目的地可能是备份存储库或者在另外一台 Hyper-V 中。

4）在数据传输结束后，从 Off-Host 备份代理中卸载这份快照，并从存储系统中删除它。

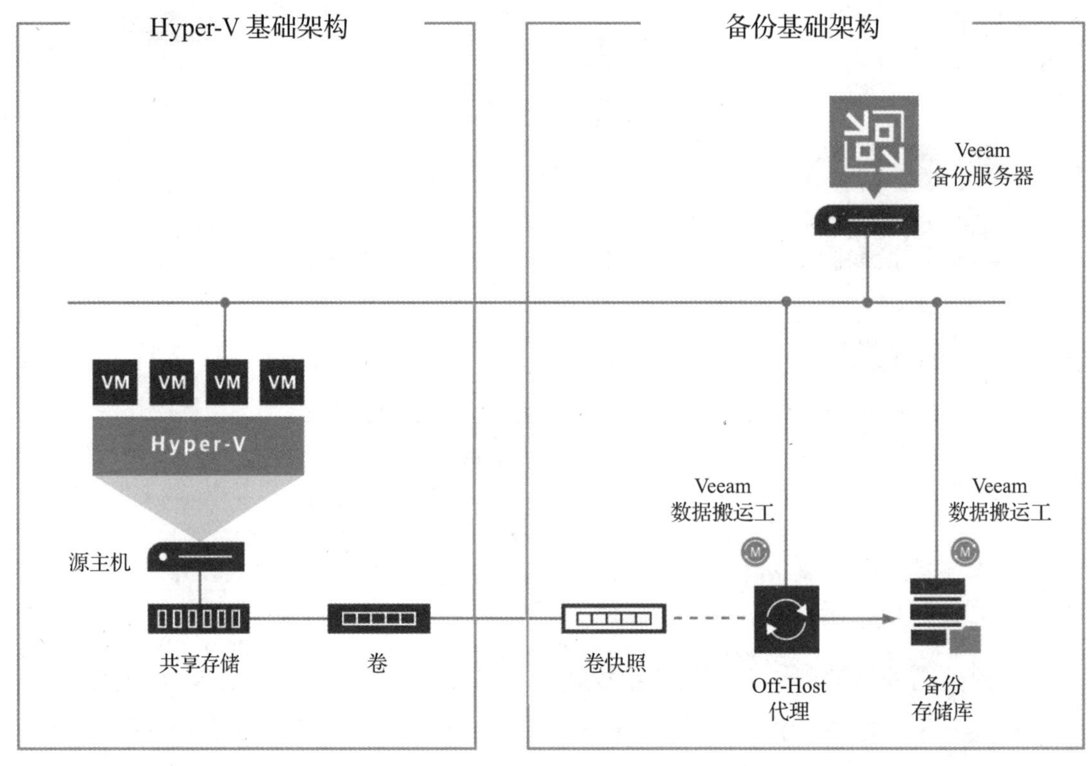


图 2-4

对 Hyper-V 来说，以上这两种备份模式略有差异，如表 2-2 所示。

表 2-2 On-Host 备份模式和 Off-Host 备份模式对比

| 备份模式 | 优　点 | 缺　点 |
|---|---|---|
| On-Host | 使用简单，不依赖第三方 VSS Provider，不需要额外的硬件支持，通用性强 | 在 Hyper-V 层面需要消耗系统的额外 CPU、内存和网络 I/O |
| Off-Host | 对于生产系统的 Hyper-V 主机完全没有任何影响 | 只有在使用 SAN 存储时才支持，并且需要第三方存储厂商的 VSS Hardware Provider |

## 2.1.3 Nutanix AHV

VBR 在处理 Nutanix AHV 的虚拟机时，采用无代理的镜像级方法备份数据，这种方法在虚拟化系统管理程序层面处理数据，因此不需要在每一个虚拟机的操作系统内安装任何用于提取数据的代理程序。VBR 在备份过程中会利用 Nutanix AHV 快照完成备份，在备份开始前，VBR 会向 Nutanix AHV 请求一个卷快照，这个 Nutanix AHV 快照包含了相关虚拟机的配置信息、操作系统、应用程序、用户数据和系统的状态。VBR 在备份时，会将这个快照作为数据源来抽取数据。

Nutanix AHV 的虚拟机的备份过程如图 2-5 所示。

1）备份作业启动时，AHV 备份代理控制台会下发备份作业配置。

2）AHV 备份代理会将备份作业会话重定向至 VBR 服务器上。

3）AHV 备份代理通过 Nutanix Restful API 和 AHV 群集进行通信，为备份作业中的虚拟机创建快照。

4）AHV 备份代理创建相关的卷组，接着通过 iSCSI 挂载虚拟机的磁盘，然后从中读取虚拟机的数据。

5）Veeam 数据搬运工服务压缩、重删这些数据，然后将这些数据发送到备份存储库，以 Veeam 专有格式存放。

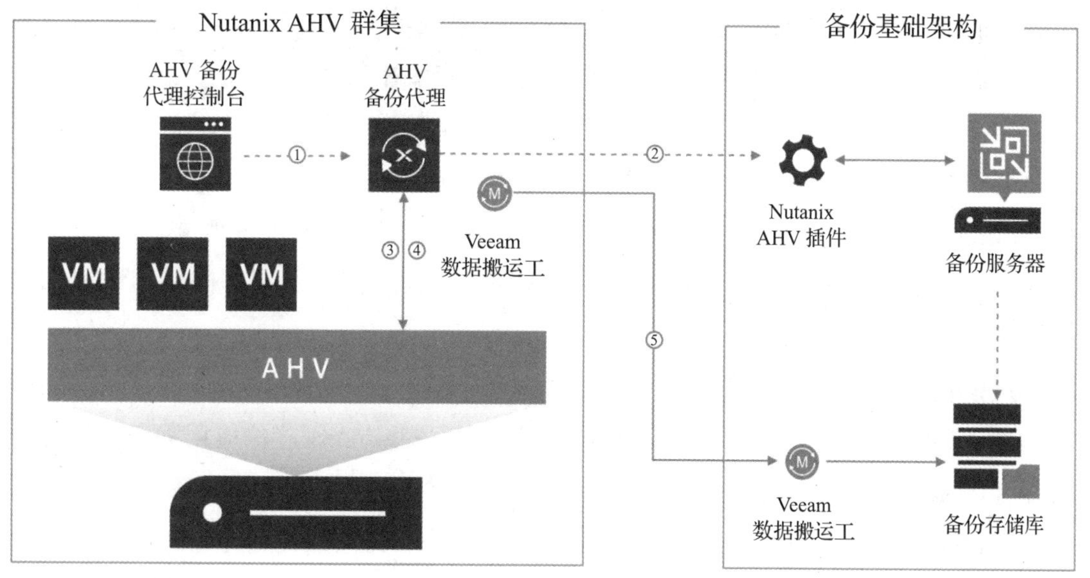


图 2-5

### Nutanix AHV 备份代理

这是 Nutanix AHV 备份的核心组件，它是一个位于 Nutanix 群集中的基于 Linux 的虚拟设备。这个设备用于进行 Nutanix AHV 备份和恢复的所有工作，同时还提供了 Web 控制台，以用于配置 Nutanix AHV 的备份作业。这个代理设备是通过 Nutanix Restful API 和 Nutanix 群集进行通信的。每个 Nutanix AHV 的备份代理仅在自己所在的群集内工作，也就是说，每个 Nutanix AHV 的群集对应一个 Nutanix AHV 备份代理，即它们之间是一一对应的关系。

部署 Nutanix AHV 备份代理的方法很简单，只需要在 VBR 管理控制台上，利用 Inventory 面板中 Backup Proxy 节点下的 Add 按钮，就可以打开 Nutanix AHV 备份代理的推送安装向导，根据向导填入必要信息即可。需要特别注意的是，这个推送部署需要完整的 DNS 解析环境支持，因此如果环境中 DNS 基础架构不是很完善，则需要手工完成所有 Hosts 文件的添加，这里包括 Proxy Appliance 的 Hosts。

## 2.1.4 镜像级备份中的快照问题

VBR 在备份时严重依赖虚拟化的基础架构，绝大多数的备份操作需要稳定可靠的虚拟化环境，因此在日常的备份过程中，最基础的条件是确保与虚拟化管理平台有稳定的连接。以 vSphere 为例来说明，建议通过 vCenter 管理所有的 ESXi 主机，这时候只需要将 vCenter 添加至 VBR 中就能进行单点集中管理了。

由于备份过程涉及虚拟化平台快照操作，因此所有基于虚拟化平台快照的限制都将会是备份过程的限制条件。比较常见的情况是，vSphere 上的虚拟机使用了物理 RDM 模式或者独立模式的 VMDK 磁盘，vSphere 不允许对这些磁盘执行快照操作，基于 vSphere 快照的无代理备份在这样的配置中也就无法进行了。同样的情况也会存在于 Hyper-V 平台。

虚拟化平台的快照操作或多或少会对生产环境产生一些影响，特别是在快照移除的那一刻，磁盘的 I/O 会显著增加，这时候对于一些 I/O 敏感的应用程序，影响就会尤为严重。另外在快照移除的最后一瞬间，通常伴有虚拟机的“假死”现象，这个假死通常持续 1～2 秒。有时候由于 I/O 负载太重，存储性能较差，假死时间会变长，这属于快照合并过程中的正常状态，基础架构管理员需要根据生产系统对“假死”现象的承受能力，合理调整存储的性能。

虚拟化平台快照的原理很简单，但是在实际使用过程中通常会产生各种各样的问题，在重度使用快照的备份环境中，这些问题会特别突出，为了避免快照影响生产环境运行，可以注意以下配置：

- 尽可能升级虚拟化平台至最新版本，同时升级虚拟硬件版本和虚拟化平台集成工具，如 VMware 工具（VMware Tools）和 Hyper-V 集成工具（Hyper-V Integration Tools）等。
- 确保每个数据存储上同时开启的快照数量尽可能少。VBR 默认配置了每个数据存储上同时存在的快照数量小于等于 4 个，虽然可以通过调整注册表增大这个数值，但是由于这个影响会以指数级增长，在实际使用中需要通过严格的测试，确定合理的数值，切勿盲目调大该数值。
- 在生产系统不太繁忙的窗口调度备份作业。
- 为快照预留足够多的磁盘空间，根据快照的机制，在快照被创建后，所有的变化数据都会被写入一个新的文件中，随着时间的推移这个文件会越来越大，直到它被整合回原始的虚拟磁盘。因此这部分数据通常放在不进行备份的环境中且并没有被计算在存储容量中。根据备份的最佳实践，一般建议普通虚拟机至少预留 10% 的数据存储容量作为快照临时空间；而数据变化量比较大的诸如 SQL Server、Exchange 等服务器，则建议预留 20% 的数据存储容量作为快照临时空间。

出于各种原因，虚拟化平台中有时可能会出现快照堆积现象，如果没有及时发现，这会对生产环境产生严重的影响。实际上，这个情况往往并不容易发现，除了使用正常的监控管理手段之外，Veeam 在软件中设计了快照猎手的功能，用于全自动地处理快照堆积问题。

通常，在每个备份和复制作业中会自动执行这个功能，因此对于一般用户而言，这个功能在后台全自动进行。VBR 会全自动处理可能碰到的一切快照问题，它的处理过程分为两大步：

1）检测是否有上次备份残留的 Veeam 辅助快照“VEEAM BACKUP TEMPORARY SNAPSHOT”。如果有，将在本次备份之前删除该快照。这个过程会确保处理干净历史任务中残留的 Veeam 快照。

2）检测是否存在孤立的快照。如果有，尝试将它整合。这个过程确保除了上一种情况之外的所有情况都会被正确修复。

而对于第二步，VBR 又会采用一组复杂的整合算法：

1）普通的快照整合方法。这种方法和虚拟化平台控制台菜单中的"整合"按钮的功能完全相同，如果能用 vSphere 菜单中的"整合"按钮完成整合，那么事情非常简单，VBR 会用这个功能立刻完成整合。

2）强制整合，不带静默。如果上一种方法失败，VBR 就会执行第二种方法，这种方法中，VBR 会借助快照技术创建一个新的快照，然后调用虚拟化平台的"删除所有快照"命令，一次性删除所有的孤立快照，恢复磁盘状态。

3）强制整合，带静默。如果第二种方法还是失败，Veeam 会执行第三种方法，这种方法会创建虚拟化的静默快照，然后再次使用"删除所有快照"命令。

4）如果以上 3 种方法都失败，VBR 会向用户发送失败警告，这时建议手工处理孤立快照，避免生产存储被耗尽。

## 2.1.5 AWS EC2 和 Azure VM

对于在 AWS EC2 和 Azure VM 的公有云上运行的虚拟机，Veeam 也提供了无代理的保护解决方案，与私有云的部署方式不同，对这两个公有云上的虚拟机的保护在云中进行，因此在云上部署备份服务器节点。

### 1. AWS EC2 备份

AWS 上的备份和灾备解决方案叫作 Veeam Backup for AWS，它能够创建 AWS EC2 实例的镜像级备份存档，并将数据存放在 Amazon S3 中，当然也可以创建并维护 EC2 原生的快照链。当需要恢复数据时，可以通过 Veeam Backup for AWS 从 S3 或者快照中恢复整个 EC2 实例、EC2 实例卷以及 EC2 实例中的客户机文件和文件夹。

在 VBR 上，由于 Veeam Backup for AWS 所创建的是 Veeam 专有格式的备份，因此这些备份可以像其他正常的镜像级备份一样被读取，并且可以使用 VBR 的备份拷贝作业创建云下的备份数据。利用这个数据可以实现云上、云下以及云间的迁移和使用，如图 2-6 所示。

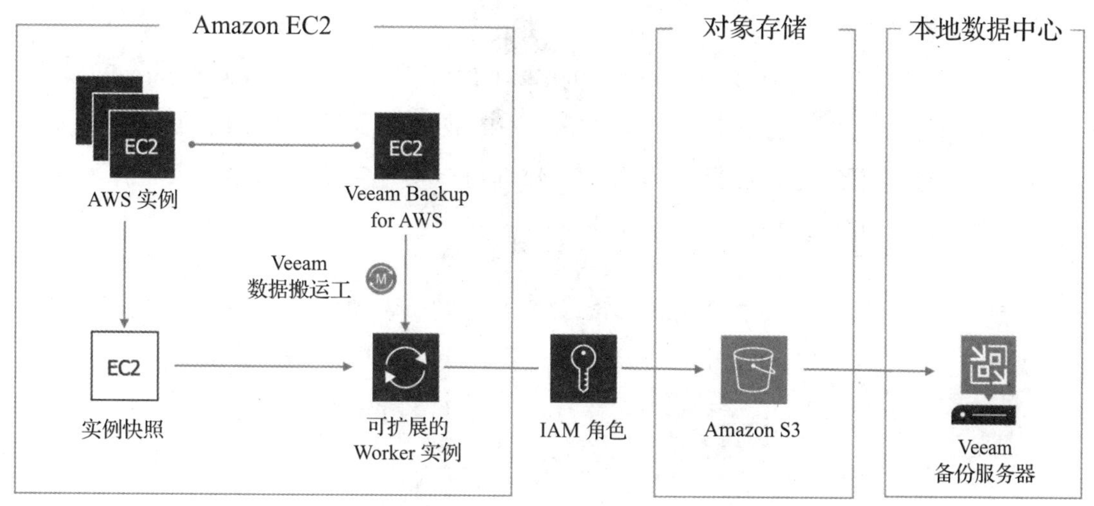


图 2-6

Veeam Backup for AWS 是一个基于 Linux 的 EC2 实例，从 AWS Marketplace 上能够很方便地搜索并部署这个备份服务器。它的主要功能是：管理所有备份相关的组件、快照、备份集以及备份和恢复策略。灾备管理员的所有操作都是通过访问这个备份服务器来实现的。

Worker 实例是备份架构中另外一个重要组件，它是一个非持久运行的 EC2 实例，非常类似于云下环境中的备份代理，是个数据搬运工，它挂载 EBS 快照并把数据直接存到 S3 存储库中。Worker 实例同样也具备云上工作负载按需使用和动态扩展的特性，只有在执行备份或恢复任务时，它才会根据实际的负载情况和工作要求出现并扩展，一旦任务结束，Worker 实例将会被自动终止并删除。

Amazon S3 存储库是备份的目标端，它利用 Amazon S3 来存储备份数据，Worker 实例中的数据搬运工会将处理后的备份数据发送到 Amazon S3 存储库中。

### 2. Azure VM 备份

Azure 上的备份和灾备解决方案叫作 Veeam Backup for Azure，它能够创建 Azure VM 的镜像级备份，并将数据存放在 Azure Blob 中，当然也可以创建并维护 Azure VM 的快照链。当需要恢复数据时，可以通过 Veeam Backup for Azure 从 Blob 或者快照中恢复整个 Azure VM 实例、Azure VM 实例卷以及 Azure VM 实例中的客户机文件和文件夹。

在 VBR 上，由于 Veeam Backup for Azure 所创建的是 Veeam 专有格式的备份，因此这些备份可以像其他正常的镜像级备份一样被读取，并且可以使用 VBR 的备份拷贝作业创建云下的备份数据。利用这个数据可以实现数据的云上、云下以及云间的迁移和使用，如图 2-7 所示。

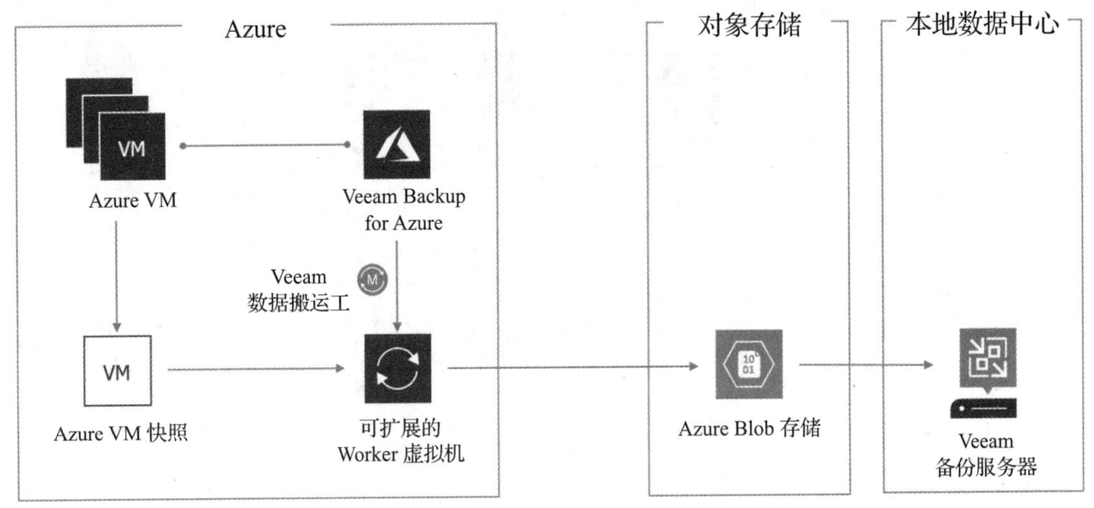


图 2-7

Veeam Backup for Azure 是一个基于 Linux 的 Azure VM，从 Azure Marketplace 上能够很方便地找到并部署这个备份服务器。它的主要功能是：管理所有备份相关的组件、快照、备份集以及备份和恢复策略。灾备管理员的所有操作都是通过访问这个服务器来实现的。

Worker 虚拟机是备份架构中另外一个重要组件，它是一个非持久运行的 Azure 虚拟机，非常类似于云下环境中的备份代理，是个数据搬运工，它挂载虚拟机快照并把数据直接存到 Blob 存储库中。Worker 虚拟机同样也具备云上工作负载按需使用和动态扩展的特性，只有在执行备份或恢复任务时，它才会根据实际的负载情况和工作要求出现并扩展，一旦任务结束，Worker 虚拟机将会被自动终止并删除。

Azure 的 Blob 存储是用于存放 Azure VM 备份的备份存储库，Worker 虚拟机中的数据搬运工会将处理后的备份数据存放到指定的 Blob 存储中。

### 3. 云上、云间、云下的互通

VBR 可以利用外部备份存储库（External Repository）的功能，分别将 Amazon S3 和 Azure Blob 存储添加至控制台中。通过这种方式，VBR 可以管理来自 Veeam Backup for AWS 和 Veeam Backup for Azure 的备份。对于这些备份，VBR 可以对其进行拷贝，将其拷贝至本地数据中心或者异地灾备站点；VBR 还能使用常规的恢复手段，对备份进行各种各样的恢复操作，这和其他所有的 Veeam 镜像级备份完全一致。

## 2.1.6 Windows 和 Linux 操作系统

除了以上提到的私有云和公有云上的工作负载之外，VBR 还支持备份任意的 Windows 和 Linux 操作系统，假如操作系统并没有运行在上述提到的云平台中，而是运行在物理机或者其他的 KVM 平台上，VBR 可以通过在 Windows 或者 Linux 操作系统中安装 Veeam 备份代理（Veeam Backup Agent）软件的方式实现数据的备份。

代理软件分为 Windows 版本和 Linux 版本，分别运行于不同的操作系统中。它们负责和备份服务器交互、调度和运行备份作业、处理备份数据并将其传递到备份存储库中。当然，这些备份代理软件也能够脱离 VBR 单独进行工作。

# 2.2 系统镜像数据的复制

除了数据备份之外，镜像级数据的复制技术也是一种非常便捷的数据保护手段。常见的复制技术都是基于存储来实现的，然而在虚拟化环境中，随着技术的发展和演进，虚拟机的镜像级复制技术也越来越成熟。VBR 提供了这样的复制技术并且不需要在虚拟机内安装任何代理程序，和镜像级备份一样，它也借助虚拟机的快照来实现。在第一次复制过程中，VBR 会将虚拟机完完整整地从一个位置复制到另一个位置，而在后续的复制过程中，变化的数据会被持续更新至新的位置。

这个功能的用途非常多，对于同一个站点的复制来说，可以认为是一种高可用（HA）的替代方案；而对于异地的第二个站点的复制来说，可以认为是一种数据灾备方案。异地传输的很大一部分挑战来自异地网络传输，广域网链路带宽通常很昂贵，在这种场景下，VBR 还提供了广域网加速技术来优化复制过程中的数据传输。

VBR 支持两种由系统管理程序管理的虚拟机的复制，一种是 VMware vSphere 的虚拟机，另一种是 Microsoft Hyper-V 的虚拟机，这两种平台没有太大的差别，下面以 vSphere 为例说明虚拟机的复制流程和原理。

### 1. 复制流程和原理

VBR 处理虚拟机复制的过程和备份过程非常相似，同样也是通过备份代理来处理所有的数据提取，只是在提取并处理数据后，直接将获取到的数据复制到虚拟机，而不是存放于备份存储库中。虚拟机的备份流程如图 2-8 所示。

1）复制作业启动后，VBR 会查询数据库中作业的配置信息，读取所有需要备份的虚拟机以及与它们相关的虚拟磁盘的列表，见图 2-8 中的步骤①。

2）VBR 会为后续的复制过程准备一系列资源，准备合适的源端和目标端备份代理和相关的备份存储库，并为它们建立 Veeam 数据搬运工的数据传输连接，见图 2-8 中的步骤②。

3）接下来，VBR 会向虚拟化平台请求虚拟机快照，在执行快照前如果需要对应用程序进行一致性处理，VBR 还会和客户机操作系统通信来处理应用程序，见图 2-8 中的步骤③。

4）备份代理上的数据搬运工从 VMware 快照中读取数据，如果是增量复制，则还会使用 CBT/RCT 技术获取增量数据块。VBR 在备份代理上对读取到的数据进行一系列处理，这些数据包括填零的数据块、交换文件、被排除的数据文件等，在处理完成后，根据重删和压缩条件的设定，对数据完成重删和压缩，并把数据传递到目标端备份代理上，见图 2-8 中的步骤④。

5）目标端备份代理将接收到的数据写入目标端虚拟化主机上，创建一个完整的虚拟机。如果是增量复制，则将变化的数据块叠加至一个虚拟机快照中，见图 2-8 中的步骤⑤。

6）数据传输完成后，VBR 向虚拟化平台发起快照合并请求，在虚拟化平台上，源虚拟机的快照被删除，复制作业完成，见图 2-8 中的步骤⑥。

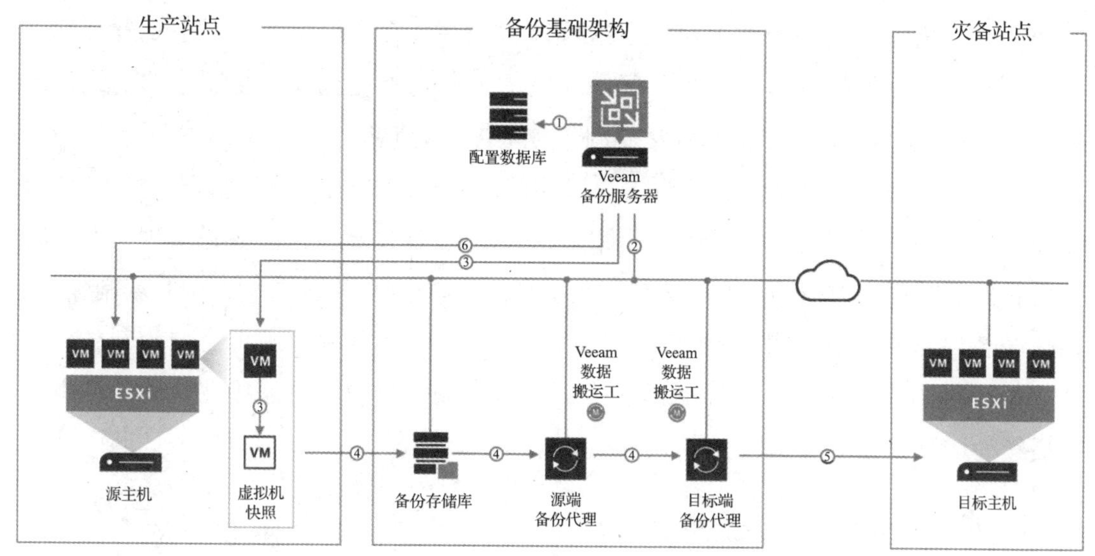


图 2-8

以上复制过程的原理非常简单，而实际上对于异地灾备，通常会有各种来自网络带宽、网络配置和 IT 条件限制的挑战。为了应对这些挑战，并更好地适应虚拟机的灾备环境，可以在复制过程中配置广域网加速器来提升广域网传输的效率及稳定性。

### 2. 种子副本技术

通过种子副本（Replica Seeding）技术，可以显著减少网络上的数据传输，这个技术先通过备份技术，将源虚拟机从源站点备份出来，这份备份的数据通过离线运输的方式被运送到目标站点。在目标站点建立虚拟机的复制关系时，VBR 可以指定从特定的备份存储库中读取这份数据，以用作目标站点虚拟机的基础数据源。而更新变化的数据则继续从原生产环境当前的最新虚拟机中提取。通过这种方式，网络上的数据传输将会大大减少，大量的虚拟机的数据都将会从目标站点的本地存储设备中获取。这种方式和异地播种非常相似，因此我们称之为种子副本技术。

### 3. 副本映射技术

有些情况下，目标站点上会存在源站点需要复制的虚拟机副本，这时候可以利用副本映射（Replica Mapping）技术，在建立复制作业的时候，指定将目标站点上的哪个虚拟机作为复制的副本对象。这可以避免在已存在副本的情况下重复传输不必要的数据。这种技术通常会用于复制作业的拆分场景，比如在复制作业的设计之初，在一个复制作业中设置了需要复制 5 台虚拟机，这时 5 台虚拟机使用同一个计划任务进行处理。在这个任务运行了一段时间后，管理员认为部分虚拟机的 RPO 等级需要提升，但是其他虚拟机还是要保持原来的 RPO 设定。这时候，管理员可以将需要提升 RPO 的虚拟机从这个复制作业中移除出去，然后创建一个新的复制作业，在这个新的复制作业中启用副本映射技术，将之前已经复制的虚拟机作为新的作业的初始映射副本，这样就无须重新进行完整的虚拟机复制，只需接着之前的任务进行后续的增量传输即可。

#### 4. 网络重映射和 IP 更换技术

在有些场景下，灾备环境的网络配置和 IP 架构与源环境完全不一样，这时候完整的虚拟机复制技术需要在目标端的站点上使用和源环境不同的网络端口组，甚至是不同的 IP 地址。

在 VBR 的复制技术中，可以为复制到目标端的虚拟机配置一个新的网络端口组，在每次复制作业运行时，VBR 会根据网络重映射配置表检查源虚拟机的网络配置。如果源虚拟机的网络变更需求在这个网络重映射配置表中，那么 VBR 就会将它的网络切换到新的网络端口组中。当需要进行灾备切换的时候，该虚拟机就会正确地连接至切换后的合适的端口组上。

对于一些 Windows 服务器，VBR 也支持在灾备环境中使用和源环境不同的 IP 地址配置，这是通过 IP 更换对应规则来实现的。在复制作业中，可以指定 IP 更换对应规则，每次复制作业运行时，VBR 会检测当前源环境中这个 IP 地址的信息，如果满足 IP 更换规则的设定，那么 VBR 会在灾备切换时挂载虚拟机的虚拟磁盘，然后通过注入 Windows 注册表的方式修改目标服务器的 IP 地址。

需要注意的是，虽然在复制作业中这个 IP 更换并不是发生在复制时，而是发生在灾备切换的那一刻，但是如果有 IP 更换的需求，请务必保证灾备切换操作是在 VBR 中进行的。如果灾备切换操作在虚拟化平台上执行，就像正常的虚拟机开机动作一样，那么 IP 更换技术不会生效，因为这时虚拟化平台上的虚拟机内的 IP 地址并未被更换。

### 5. 从备份存档文件中进行复制

在典型的灾备场景中，所有的业务系统都需要有一份备份存档文件，同时对于关键系统还需要有一份拷贝用于灾备切换，这时就需要备份系统和灾备系统用两种不同的方式去生产环境提取数据，创建备份和复制备份。如果管理员不希望从生产环境中重复提取相同的数据，当虚拟机的备份存档文件已经存在于备份存储中时，VBR 可以使用从备份存档文件中进行复制的功能，在不影响生产环境的情况下，从备份存档文件中提取数据创建合适的虚拟机灾备副本。这种操作方式不仅能够节省大量的系统计算资源，同时能够降低网络中大量的重复数据传输。

和种子副本不一样的是，从备份存档文件中进行复制不仅在第一次复制过程中从备份存档文件中提取所需要的数据，在后续的增量复制过程中，也都是从备份存档文件中提取数据。假如在复制任务启动时，并没有产生合适的备份还原点，这时复制任务将不会处理数据。

# 2.3 应用程序数据处理

和传统备份方式不一样的是，VBR 不单独处理应用程序，在 VBR 中不需要单独的备份应用程序代理（Agent），但是 VBR 的功能一样能够支持各种应用程序的备份和恢复，这也是在云环境下处理应用数据一致性的新发展要求。本节将详细讲述应用程序支持的方法，其中包括：

- 应用程序的代理和无代理备份
- 应用感知技术详解
- SQL Server 的备份
- Oracle 的备份

## 2.3.1 应用程序的代理和无代理备份

### 1. 代理

这个 IT 专业词汇其实在国内计算机术语中并没有给出很准确的定义，然而代理普遍存在于计算机世界当中。一般来说，代理具备以下特性：

- 持续运行——通常会保持运行状态，即使在空闲时也会处于等待状态。
- 自动自主运行——不需要人工干预和交互就能保持运行状态。
- 应用程序交互功能——能够和其他应用程序发生交互，激活其他模块、互相通信、协同工作。

传统的备份代理完全具有代理所具备的这些特性。因此普通代理程序面临的问题，备份代理一样会碰到：

- 需要不停地为新部署的虚拟机手工安装代理程序（推送虽然方便，但也是“手工”的一种，避免不了远程 / 本地的配置工作）。
- 软件更新的时候，需要为每一台机器升级代理。
- 在大规模环境的长期运行过程中，还需要考虑使用合适的软件监控这些代理，所谓的代理保姆，就是干这种事的，防止这些代理哪天突然不工作了而无人知晓。
- 以上这些都会长期消耗计算资源，包括 CPU、内存、网络、存储，并且很多时候是重复消耗。

#### 2. 无代理备份

VBR 的针对虚拟化平台的备份，是不需要在任何的操作系统内安装任何的代理程序（agent），因此备份不需要系统的运行状态。然而当应用系统处于运行状态时，这种无代理的备份技术还能够感知到应用程序，识别出应用程序的种类、保存应用程序的配置、同时存储应用程序创建的用户数据和应用数据。相比有代理的备份方式来说，这种方式的效率更高，使用起来更方便。

### 2.3.2 应用程序感知技术详解

#### 1. 应用程序备份

VBR 的应用程序备份是随着操作系统镜像级备份同时进行的。镜像的应用程序感知处理是 Veeam 特有的技术，能够以应用程序感知的方式创建镜像级备份存档文件。这里涉及很多步骤：

1）它会侦测在虚拟机内运行着什么应用程序。

2）使用 Microsoft VSS 处理应用程序，使其进入静默状态，确保每个应用程序的状态一致。

3）为受保护的应用程序赋予特殊的恢复设置，以准备对每个应用程序在下次虚拟机启动时执行 VSS 感知恢复。

4）如果备份成功，则对某些应用程序执行事务日志修剪。

以上整个过程完全自动化，不需要任何人工干预。

VBR 支持全自动感知 Active Directory、SQL Server、Exchange Server、SharePoint 和 Oracle 这些应用程序。如果虚拟机内部署了这些应用程序，VBR 能够在备份系统镜像的同时，用以上方法处理这些应用程序，确保这些应用程序的一致性，同时还能够提供特别的恢复方法，恢复这些应用程序的对象。

### 2. 静默方法

通常来说会有两种静默方法，一种是用 VMware 工具静默，另外一种则是通过应用程序感知处理来注入脚本。表 2-3 详细列出了两种静默方法的区别。

表 2-3　VMware 工具静默和应用程序感知处理

| 特　　性 | VMware 工具静默 | 应用程序感知 |
|---|---|---|
| Windows 操作系统一致性备份 | 支持 | 支持 |
| Linux 操作系统同步驱动 | 支持 | 不支持 |
| 应用程序感知备份支持 | 有限制的 | 支持 |
| 在使用 VSS 之前预处理应用程序（比如 Oracle） | 不支持 | 支持 |
| 支持应用程序日志截断（SQL 和 Exchange） | 不支持 | 支持 |
| 支持脚本 | 支持，需要预先将脚本放到客户机操作系统内 | 支持，可以集中管理所有脚本 |
| 需要客户手工在 UI 上交互操作 | 不需要 | 不需要 |
| 错误报告 | 在虚拟机客户机操作系统内 | 在 VBR 上集中管理 |

在这里可能会用到两个脚本：前脚本（Pre-Freeze Script）和后脚本（Post-thaw Script）。这两个脚本都会在客户机操作系统内执行，因此需要用到操作系统的本地管理员账号。

- 前脚本：用于冻结数据库事务日志或者创建应用程序的一致性快照。对于那些无法冻结的数据库或者创建一致性快照的应用程序，也可以使用这个脚本停止应用程序，当然这也会带来额外的服务中断时间。
- 后脚本：用于解冻数据库事务日志或者删除在前脚本中创建的快照。如果在后脚本中停止了服务，那么这个脚本重新启动服务。

对于一些常见的应用程序，VBR 已经内置了这些应用程序的感知方法，灾备管理员不需要为这些应用程序准备特定的脚本，这些应用程序包括 Active Directory、SQL Server、Exchange Server、SharePoint 和 Oracle。同时 VBR 提供这些应用程序的对象级恢复能力，可以从备份存档文件中直接恢复这些应用程序的对象。

在 VBR 的作业向导中，可以在“Guest Processing”步骤中设定应用程序感知的相关内容。图 2-9 展示了两部分内容，其中最上面“Enable application-aware processing”复选框就是应用感知部分。在这个复选框的右边有一个“Application”按钮，可以通过这个按钮为不同的应用程序做详细的设定。

为了能够和应用程序交互，必须为应用程序提供一个客户机操作系统本地管理员的账号，可以在“Guest OS credentials”中选择，也可以通过“Add”按钮添加新的账号，对于不同的操作系统 Windows 和 Linux，VBR 支持设定不同类型的账号。

对于一个有多个虚拟机的备份作业，VBR 支持为不同的虚拟机设置独立的管理员账号，以进行应用程序感知，图 2-9 中的“Credentials”按钮就能提供这个功能。

### 3. 客户机交互代理

在现实 IT 世界中，经常会碰到错综复杂的网络架构，为了更好地保障信息安全，网络管理员通常会分离一些功能不同、所属部门不同的应用程序的网络。然而为了能够统一管理这些系统的备份，往往又需要有备份专用网络或者接口，以和这些应用程序通信。在 VBR 应用程序感知镜像处理方法中，也会碰到这样的挑战，这时候可以通过客户机交互代理（Guest Interaction Proxy）来和这些特定的应用程序进行通信。引入了客户机交互代理之后，在备份架构中，VBR 只需要向特定子网（Subnet）开放少量的端口就可以完成数据的备份。备份服务器、客户机交互代理和生产系统需要开放的端口如图 2-10 所示。

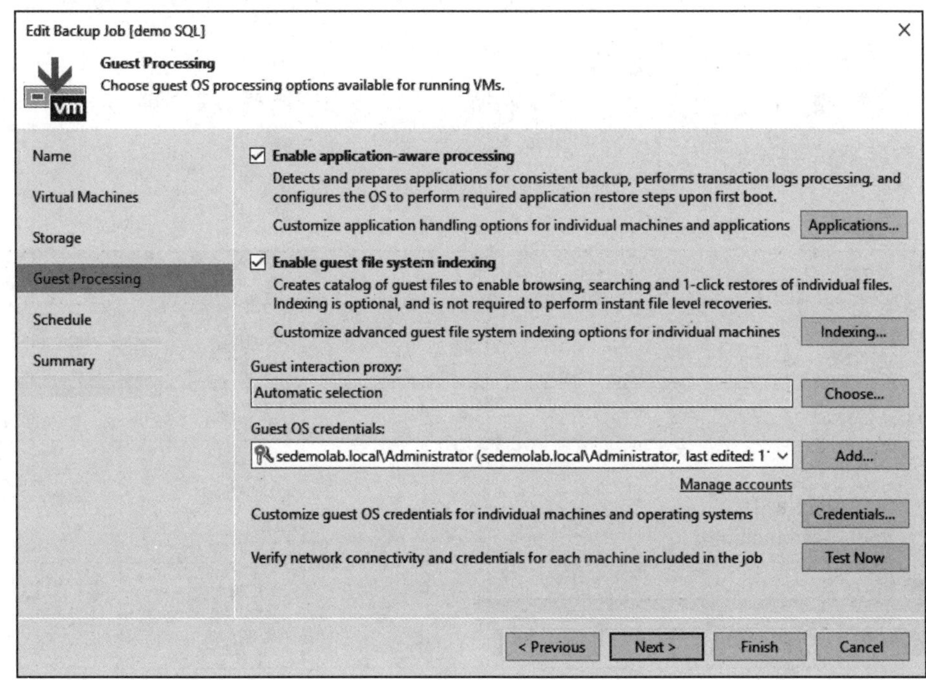


图 2-9

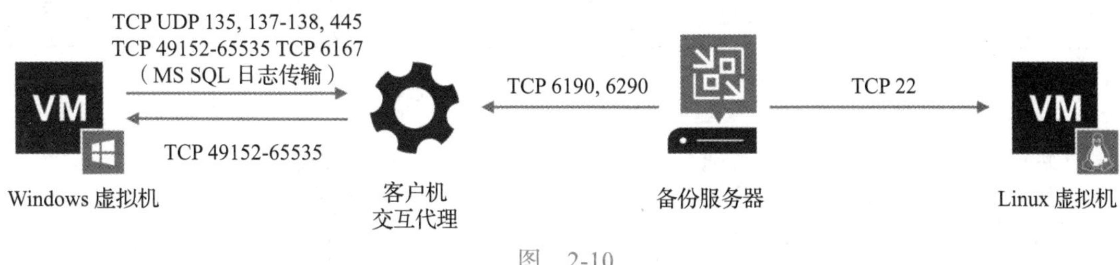


图 2-10

**注意**：客户机交互代理只适用于客户机操作系统运行的是 Windows 虚拟机的情况。而这个代理本身，也必须是一台 Windows 服务器。

除了使用客户机交互代理之外，VMware 环境下，VBR 还支持在无网络连接的情况下使用 VMware VIX API，来和操作系统进行交互。vSphere 6.5 之后，VMware

弃用了这个 API，启用了新的 API（名字为 vSphere API for guest interaction）。功能和以前的 VIX 基本一致，所以 VBR 还是沿用了以前的叫法——VIX。这个 API 同时支持 Windows 和 Linux 操作系统的应用程序感知。

对于 Microsoft Hyper-V，VBR 支持使用 PowerShell Direct 和客户机交互，这只在 Hyper-V 2016 以上版本中存在。

使用网络的方式和使用 API 的方式所需要的操作系统的权限略有不同。表 2-4 和表 2-5 详细说明了它们之间的一些差异。

表 2-4　使用网络的方式和使用 API 的方式需要的 Windows 操作系统的权限

| Windows 操作系统 | | | | |
|---|---|---|---|---|
| Windows 应用感知 | VMware 工具静默 | Veeam 的 VIX 方式 | Veeam 的 RPC 方式 | 禁用（crash-consistent） |
| 本地管理员组成员 | 不需要 | 不需要 | 需要 | 不需要 |
| 需要输入以下格式：<servername>\Administrator 或者 <Domain>\Administrator | 不需要 | 需要 | 不需要 | 不需要 |
| 可以启用 UAC | 可以 | 可以 | 可以 | 可以 |
| VMware 工具必须安装 | 需要 | 需要 | 需要 | 不需要 |

表 2-5　使用网络的方式和使用 API 的方式需要的 Linux 操作系统的权限

| Linux 操作系统 | | | | |
|---|---|---|---|---|
| Linux 应用感知 | VMware 工具静默 | Veeam 的 VIX 方式 | Veeam 的 SSH 方式 | 禁用（crash-consistent） |
| root 账户 | 不需要 | 需要 | 需要 | 不需要 |
| 需要 sudo 权限 | 不需要 | 需要 | 需要 | 不需要 |
| 基于证书的认证方式 | 不需要 | 支持 | 支持 | 不需要 |
| VMware 工具必须安装 | 需要 | 需要 | 需要 | 不需要 |

## 2.3.3　SQL Server 的备份

由于 SQL Server 的架构复杂，一些特殊的配置通常是没办法通过无代理方式来实现的，必须使用 Veeam Agent 来完成备份。表 2-6 列出了各种部署方式下的 SQL Server 可以使用的备份方式。

表 2-6 不同部署方式下，SQL Server 可以使用的备份方式

| 部署方式 | 备份方式 |
|---|---|
| 单独虚拟机 | 无代理应用程序感知 |
| 单独物理机 | Veeam Agent 应用程序感知 |
| 虚拟机配置了 RDM 卷 | Veeam Agent 应用程序感知 |
| 虚拟机 Always On 群集 | 无代理应用程序感知 |
| 物理机 Always On 群集 | Veeam Agent 应用程序感知 |
| 物理机故障转移群集 | Veeam Agent 应用程序感知 |
| 物理机和虚拟机混合的 Always On 群集 | 虚拟机无代理 / 物理机 Veeam Agent |

使用 VBR 进行 SQL Server 备份时，VBR 可以处理整个 SQL 服务器的镜像来实现整个数据库的备份，同时也支持对于 SQL Server 事务日志的备份。

### 1. 完整数据库的备份

这里没什么特别的配置，只需要启用 Guest Processing 即可。唯一需要注意的是：对于 SQL Always On 群集，请确保将所有的 Always On 节点添加在同一个备份作业中，因为只有这样，VBR 才理解这几台服务器的互相关系，保证所有的备份能正常感知，确保在恢复备份时能正常打开和执行恢复命令。

### 2. 事务日志处理和备份

除了备份完整的数据库之外，VBR 还能处理和备份 SQL 数据库的事务日志。

SQL 数据库的日志处理有三种，可以从这三种里面选取其中一种，图 2-11 为 VBR 上 SQL 应用程序的选项。

1）截断日志：防止数据库日志不断增大，相当于在备份后立刻清理数据库的日志。如果备份作业定时进行，此选项相当于定期清理日志。

2）不截断日志：适用于简单恢复模式或者 DBA 已经定义了事务日志截断方式

和计划任务，那么可以不用 VBR 来处理这个事务日志。

3）定时备份日志：这里要求 SQL Server 的恢复模式必须是完整恢复模式或者 Bulk-logged 恢复模式。VBR 首先会备份日志，备份完成后会进行日志的截断操作。这种处理方式可以令日志备份的时间间隔默认为十五分钟，最小为五分钟。备份后的事务日志会和备份存档文件放在同一个文件夹下，并且以 VLB 作为扩展名结尾。对于日志的保留策略，VBR 提供了两种选项，跟随镜像级备份的保留策略或按最近多少天为单位进行保留。

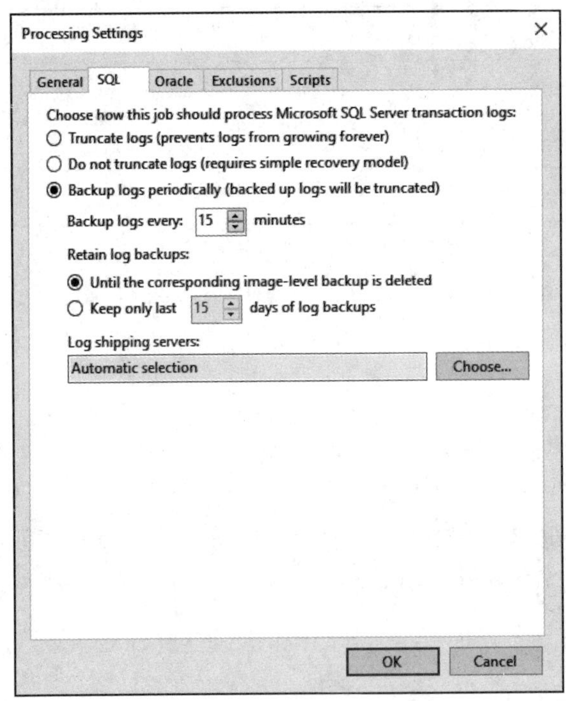


图　2-11

## 3. 日志传输服务器

对于定时备份日志，VBR 还提供日志传输服务器的选择。它并不是一台专用的角色服务器，任意一台由 VBR 管理的 Windows 服务器都可以充当日志传输服务器。

通常情况下，自动选择日志传输服务器能够让 VBR 最优化地决定使用哪个日志服务器，并且 VBR 还提供日志传输服务器的故障切换和负载均衡功能。

**日志备份的注意事项：**

在传输日志前，VBR 会把数据库的事务日志临时文件存放在一个临时文件夹当中，默认的文件夹位于 %allusersprofile% 下，在绝大多数情况下，这个默认的文件夹都会位于 Windows 系统分区下。这往往会给磁盘分区造成很大的困扰，当日志数据变化量非常大时，系统分区有可能会被占满。Veeam 提供了修改这一位置的方法，即通过调整 VBR 的注册表键值来完成：

```
路径：HKLM\SOFTWARE\Veeam\Veeam Backup and Replication
键值：SqlTempLogPath
类型：REG_SZ
默认值：未定义
```

可以根据实际需求，合理设置这个键值，设置完成后，需要重启 VBR 服务。

在 VBR 备份涉及 SQL Server 时，VBR 会将整个服务器的内容备份下来。假如这台服务器上有多个数据库或者多个实例，默认情况下，VBR 不会单独处理某个数据库。VBR 提供了通过注册表来排除 SQL 数据库的方法。

这个排除选项在默认情况下是不出现的，需要修改 VBR 控制台上安装的 Windows 操作系统的注册表来实现，在修改前需要关闭 VBR 控制台。

```
路径：HKLM\SOFTWARE\Veeam\Veeam Backup and Replication
键值：EnableDBExclusions
类型：DWORD
值：1
```

重新打开 VBR 控制台后，可以在左上角的主菜单下找到 Databases Exclusions 选项，打开后如图 2-12 所示。

## 2.3.4 Oracle 的备份

VBR 支持在镜像级备份过程中，同时处理 Oracle 数据库，但是其中有些特殊的 Oracle 架构是无法支持的：

- 运行在 64 位 Linux 服务器上的 32 位的 Oracle；

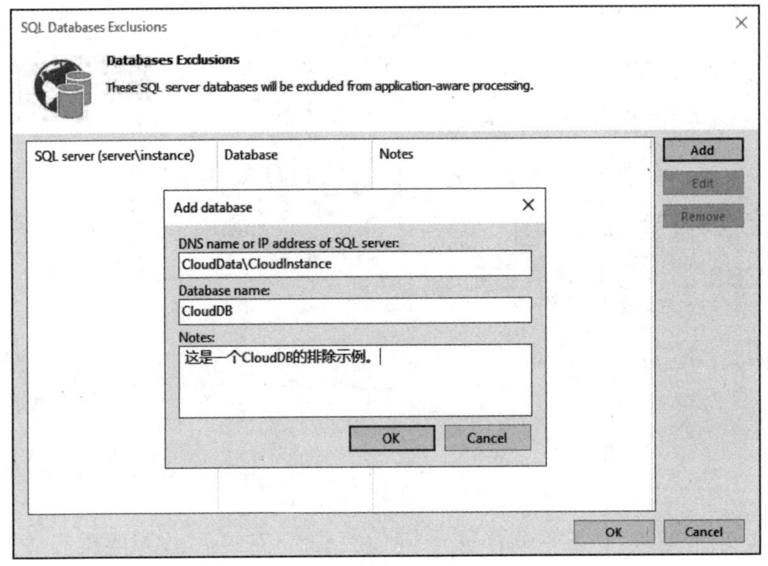


图 2-12

- Oracle RAC 架构；
- 早期的 Oracle 版本，比如 9i、10g 等。

## 1. Oracle 镜像级备份流程和原理

### （1）Linux 系统

1）在 Linux 系统中首先注入协调工作组件，这个组件会处理后续的所有作业步骤；

2）发现 Oracle 数据库实例，查询 /etc/oraInst.loc、inventory.xml，比较 /etc/oratab 信息；

3）查询并拿到 Oracle 实例的状态信息；

4）从 ASM 实例中获取磁盘组信息；

5）确定系统的日志模式，获取数据库文件位置、CDB 和 DBID 信息；

6）收集归档日志的必要信息，Veeam 开始执行真正的数据库备份，修改数据库状态，处理归档日志；

7）创建 PFILE 备份，写入备份元数据中；

8）记录额外的备份信息，包括当前的 DBID、SCN、Sequence ID、数据库唯一名称、域名、恢复文件位置、基础侦听信息以及当前的归档日志；

9）关闭协调工作组件，创建系统镜像快照，通知备份服务器进行镜像级备份。

（2）Windows 系统

在 Windows 系统上的 Oracle 根据版本、VSS 选项和类型的不同，会有所不一样，表 2-7 列出了它们的区别。

表 2-7　Oracle 11g 和 Oracle 12c 对比

| | VSS 已启用 | VSS 已停用 | 插入式数据库 |
| --- | --- | --- | --- |
| Oracle 11g | 使用 Oracle VSS | 和 Linux 机制相同 | 无此配置 |
| Oracle 12c | 使用 Oracle VSS | 和 Linux 机制相同 | 跳过 VSS 配置，和 Linux 机制相同 |

在配置 Oracle 备份时，可能会碰到一些问题，这时候需要检查 Oracle 的状态。Oracle 数据库备份常用的故障排除方法如下。

首先可以通过 sqlplus 命令连接至 Oracle 服务器查看状态：

```
[oracle@localhost ~/]  sqlplus / as sysdba
SQL> select Database_Status from V$INSTANCE;
DATABASE_STATUS
-----------------
ACTIVE
```

然后可以检查 /etc/oratab 文件的内容，如果 /etc/oratab 文件里面不存在内容，这时候就需要手工恢复 oratab 文件，确保里面的实例信息正确，才能继续进行 Veeam 备份。

## 2. 归档模式

在备份 Oracle 数据库时，VBR 会自动判断 Oracle 的备份模式，对于 NOARCHIVELOG 模式和 ARCHIVELOG 模式的实例，VBR 的处理方法不同。

（1）NOARCHIVELOG 模式

1）VBR 会在执行备份快照前对 Oracle 数据库执行关闭操作；

2）关闭后，执行虚拟机、物理机镜像级快照；

3）快照执行完成后，VBR 会通知 Oracle 数据库，执行重启操作；

4）开始正常备份流程。

因此，在这个过程中，数据库短时间内会不可用，通常建议开启 ARCHIVELOG 模式来避免这个停机时间。

（2）ARCHIVELOG 模式

对于这种模式下的虚拟机备份，可以实现 Oracle 的在线备份。

1）VBR 会在执行备份快照前，通知 Oracle 进入热备份模式；

2）执行虚拟机、物理机镜像级快照；

3）快照执行完成后，VBR 会通知 Oracle 数据库退出热备份模式；

4）开始正常的虚拟机备份。

查询归档日志的方法：

```
[oracle@localhost ~/]  sqlplus / as sysdba
SQL> select name,log_mode from v$database;
NAME      LOG_MODE
--------- -----------
orcl      NOARCHIVELOG
```

开启 ARCHIVELOG 模式的方法：

```
SQL> shutdown immediate;
Database closed.
Database dismounted.
ORACLE instance shut down.

SQL> startup mount
ORACLE instance started.
Total System Global Area 6415597568 bytes
Fixed Size                  2170304 bytes
Variable Size             905970240 bytes
Database Buffers         5502926848 bytes
Redo Buffers                4530176 bytes
Database mounted.

SQL> alter database archivelog;
database altered.
SQL> alter database open;
database altered.
```

### 3. 账号和权限

对于 Oracle 备份来说，这部分通常是最复杂的，Windows 和 Linux 稍微有一些不同，在做镜像级和应用程序处理时会涉及操作系统的文件访问权限和 Oracle 系统的 DBA 权限。VBR 提供两种设置方式，这两种方式的实现效果没有区别。

- 方法一：操作系统和 Oracle 使用同一个账号，都使用操作系统的账号。在设置备份作业时，在 Guest Processing 界面中，Oracle 的账号需要配置为"Use Guest credentials"。多数情况下，Linux 系统都会选用这种方法。
- 方法二：操作系统和 Oracle 使用不同的账号，这时候需要满足以下两种条件。多数情况下，Windows 系统会选用这个方法。

对于 Linux 系统和 Windows 系统，下面举例说明如何进行账号设置。

#### （1）Linux 系统

- 条件一：需要使用 root 账号或者提权至 root 的账号。一般来说，在 Oracle 系统中，root 账号并没被加入 oinstall 组，通常不会使用 root 账号。
- 条件二：加入 oinstall 组，如果有 ASM，还需要加入 asmadmin 组；拥有 ora_dba 本地组的权限。

**举例说明：**

配置 Oracle 备份作业时，在 Guest Processing 中，添加操作系统的账号，如 oracle，并将该账号提权至 root。

在 Application 设定中，由于已经使用了 oinstall 组的账号，拥有了本地 Oracle 的完全访问权限，因此只需要选择"use guest credentials"即可。

#### （2）Windows 系统

- 条件一：需要拥有本地管理员权限，并且这个本地管理员需要能够读写 Oracle 数据库文件所在的文件夹。
- 条件二：拥有 ora_dba 本地组的权限。

表 2-8 总结了 Linux 系统和 Windows 系统各自的权限要求。

表 2-8　Linux 系统和 Windows 系统的权限要求

| | Windows | Linux |
|---|---|---|
| 使用操作系统账号统一认证 | 本地管理员组<br>ora_dba 组<br>ora_asmadmin 组 | OSASM<br>OSDBA<br>OINSTALL<br>提权至 root |
| 使用独立的 Oracle 账号，比如 sys | 拥有 SYSDBA 权限 | 拥有 SYSDBA 权限 |

## 4. 日志处理

除了备份 Oracle 的系统镜像之外，Veeam 还能够处理和备份 Oracle 的归档日志。

对于 Oracle 的日志处理，可以从以下选项中选择一种，图 2-13 为 Oracle 应用程序感知的设定主界面。

1）不删除归档日志；

2）删除超过一定时间的归档日志，默认为 24 小时；

3）删除超过一定大小的归档日志，默认为 10GB。

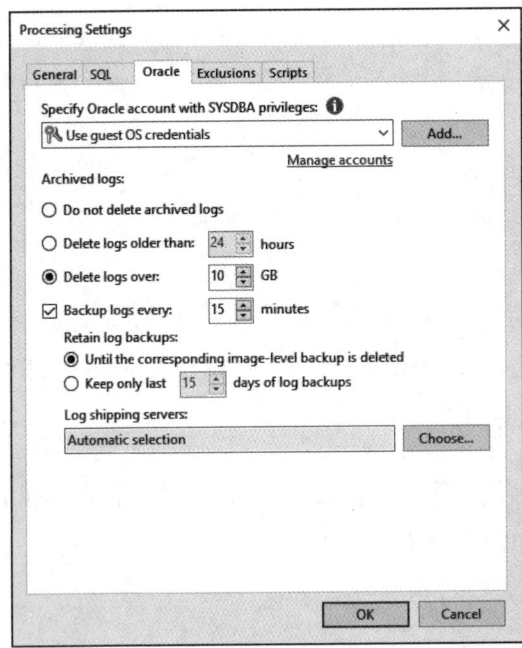


图　2-13

Veeam 还提供定时备份归档日志的功能，可以设定定时的日志备份子任务，定时间隔最小为 5 分钟。保留策略可以选择为跟随镜像级备份或者按天保留。

### 5. 日志传输服务器

和 SQL Server 一样，Oracle 的日志传输也可以选择“Log Shipping Servers”。它并不是一台专用的角色服务器，任意一台由 VBR 管理的 Windows 服务器都可以充当日志传输服务器。

通常情况下，自动选择日志传输服务器能够让 VBR 最优化地决定使用哪个日志服务器，并且 VBR 还提供日志传输服务器的故障切换和负载均衡功能。

**日志备份的注意事项：**

在传输日志前，VBR 会把数据库的事务日志临时文件存放在一个临时文件夹当中，默认的文件夹位于 /tmp 下，这往往会给磁盘分区空间造成很大的困扰，当日志数据变化量非常大时，系统分区有可能会被占满。Veeam 提供了修改这一位置的方法：

（1）Linux Oracle

在 Oracle 服务器的 /tmp 文件夹下创建 VeeamOracleAgent.xml 文件，其内容为：

```
<config OracleTempLogPath="/location"></config>
```

需要确保“location”为可读写。

（2）Windows Oracle

可以通过调整 Oracle 虚拟机的注册表键值完成位置的修改：

```
路径：HKLM\SOFTWARE\Veeam\Veeam Backup and Replication
键值：OracleTempLogPath
类型：REG_SZ
默认值：未定义
```

可以根据实际需求，合理设置这个键值。

## 2.4 文件级数据的保护

非结构化数据是云时代中非常重要的一种数据存在形态，它们通常以文件的形式存储在各种文件服务器里。随着云计算和大数据的发展，文件服务器的使用范围也越来越广，而存放于文件服务器中的数据无论是数量还是容量都在不断变大，这对数据保护带来了巨大挑战。文件服务器的备份标准协议 NDMP 是在 20 世纪 90 年代末由 NetApp 率先发明的，后来被很多企业级文件存储厂商广泛使用和优化，然而在最近的十年里这个协议就再也没有更新了。由于这个协议本身存在诸多限制和不够灵活，因此对云数据文件服务器的数据保护带来了巨大挑战。

文件级数据保护需要适应目前文件服务器的主流协议，包括 SMB 文件共享、NFS 文件共享、Windows 文件服务器和 Linux 文件服务器。VBR 的文件备份通过无代理的方式从这些对象中将文件备份出来，存放在 VBR 备份存储库中，当需要恢复的时候，VBR 提供多种灵活的恢复方式。

VBR 的文件备份流程如图 2-14 所示。

1）当备份作业开始时，VBR 会分配一个文件代理给对应的文件服务器来处理文件数据。

2）文件代理开始枚举文件服务器中的所有文件和文件夹，并且为所有的对象创建对应的 CRC 文件夹树。

3）文件代理将计算出来的文件夹的哈希值传输至缓存存储库。

4）缓存存储库存储接收到的哈希文件夹树。每当缓存存储库接收到一个新的哈希文件夹树结构时，它会将其与在上次备份会话中创建的哈希文件夹树进行比较，一旦发现不同，缓存存储库会通知文件代理开始读取这些变化的数据。

5）文件代理会从文件服务器中读取这些新的数据。

6）文件代理会重新打包并传输这些数据到备份存储库。

7）VBR 对备份下来的共享文件数据进行归档，存放第二份拷贝。

### 1. 缓存存储库

缓存存储库（Cache Repository）技术是一种非常特别的技术，它用于降低在文件共享上因为备份产生的访问压力，同时提升增量备份的速度。这个缓存存储库中存放了文件夹级别的哈希值。如果文件夹的哈希值发生了变化，缓存存储库能够快速准确地定位到哈希值改变的文件夹，从而从中快速获取到变化的文件。对于每一个添加到 VBR 中的共享文件，都会有一个唯一的缓存存储库与之一一对应。

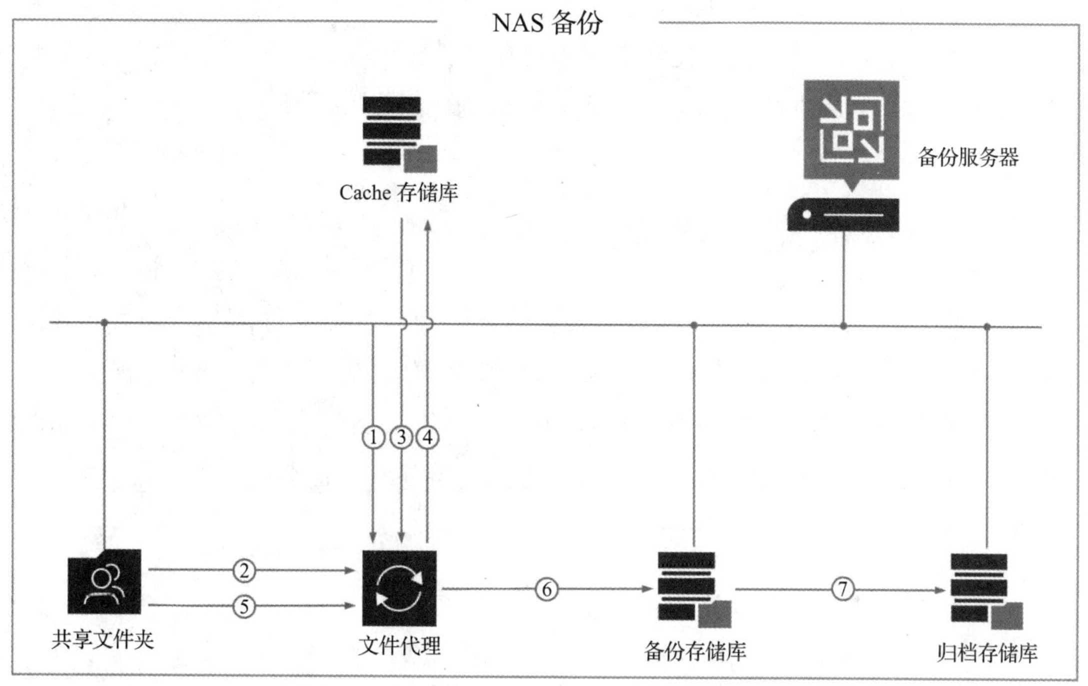


图 2-14

**注意**：因为缓存存储库并不用于常规备份数据的存放，因此缓存存储库必须是简单备份存储库，不能是横向扩展的备份存储库或者是重删设备。

缓存存储库的位置离原始共享文件越近越好，用于缓存存储库的磁盘的速度也是越快越好，因为增量数据的查询速度完全取决于存放于缓存存储库中的文件夹哈希值的比对结果。

## 2. 文件代理

文件代理（File Proxy）用于捕捉变化的文件，文件代理会从缓存存储库中获知哪些文件夹发生了变化，这时候，文件代理会访问这些变化的文件夹，从中找出变化的文件，并处理这些变化的文件，将它们备份至备份存储库。

文件代理对于每个共享文件来说，并不是固定的，它只会在备份作业发生时被分配给备份作业。通过这种方式，备份作业开始时，可以利用多个文件代理进行并行处理，备份作业智能地分配被改变的文件夹至文件代理，由文件代理快速定位并找到改变的文件，将其处理后存储到备份存储库。

在处理共享文件时，为了能够更好地处理文件锁问题，保证 NAS 文件一致性，VBR 支持 SMB v3 版本的 VSS 快照以及存储级别快照。

## 2.5 备份数据的拷贝

数据保护和灾备的首要目标是：无论是发生硬件或者软件故障，还是发生物理机或者虚拟机故障，确保数据不丢失。而单份备份数据的存放，不管从哪个方面来说，都会是一个风险点，在数据管理中，备份数据的拷贝可以应对这样的风险。VBR 支持使用备份数据的拷贝方式对数据进行多份存放，它支持以下这些备份集的拷贝：

- VMware vSphere 的备份集；
- Microsoft Hyper-V 的备份集；
- Nutanix AHV 的备份集；
- Amazon EC2 或者 Azure 虚拟机的备份集；
- 使用 Veeam 代理创建的物理机或者虚拟机的备份集；
- 使用 Oracle 和 SAP HANA 插件创建的备份集；
- HPE StoreOnce 的备份集；
- 文件服务器的备份集。

Veeam 的备份拷贝是实现数据保护 3-2-1 黄金法则的基础，也是 VBR 的基本功能之一。它非常简单，实现效果就是：将一个还原点（Restore Point）完完整整地拷贝一份，使其变成一个新的可以使用的还原点。什么是还原点？在 VBR 中，它是某个虚拟机或者服务器某个时间点的记录，利用还原点，可以从 VBR 的存储库中将数据恢复回该时间点。对于还原点来说，它可能包含一个文件，比如 vbk 全量备份存档文件，也有可能包含一组文件，一个 vbk 和一系列 vib，这取决于备份作业或者备份拷贝作业如何创建它们。关于更多还原点的详细说明，请参考第 5 章。

备份拷贝作业创建的备份链和普通的备份作业制作的备份链略有不同，备份拷贝创建的备份链通常是永久增量模型，也就是说，第一次传输中，备份拷贝会创建一个 .vbk 的全量备份存档，在第二次及后续传输中，备份拷贝会基于第一次的 .vbk 形成一份 .vib 的增量存档，并且一直创建下去。关于更多备份拷贝和备份链的内容，请参考第 5 章。

备份拷贝有两种模式，一种叫作 Immediate Copy，另外一种叫作 Periodic Copy，两种模式有一些区别，它们支持的内容不一样，如表 2-9 所示。

表 2-9　备份拷贝的两种模式 Immediate Copy 和 Periodic Copy 对比

| 支持的备份存档 | Immediate Copy | Periodic Copy |
|---|---|---|
| vSphere 和 Hyper-V 虚拟机备份 | 支持 | 支持 |
| VBR 集中管理的 Veeam 代理 | 支持 | 支持 |
| SQL 和 Oracle 的日志备份 | 支持 | 不支持 |
| 非集中管理的 Veeam 代理 | 不支持 | 支持 |
| Oracle RMAN 和 SAP HANA | 支持 | 不支持 |
| Nutanix AHV | 不支持 | 支持 |
| AWS EC2 | 不支持 | 支持 |
| Microsoft Azure 虚拟机 | 不支持 | 支持 |

除此之外，这两种拷贝模式在备份存档的创建上也有一些区别，对于 Immediate Copy 而言，它会根据主备份作业的设定，在主备份作业执行完成后，立刻创建一份备份拷贝存档。Immediate Copy 是主备份作业的 1∶1 的完全还原点镜像。但需要特别注意的是，它不是简单的备份存档的镜像，也不是备份存档 vbk 和 vib 的文件拷贝。举个例子来说，如果在主备份作业中设置了每个周六创建合成全量备份（Synthetic Full）的备份作业，那么会在周六创建全量备份存档，而在这个备份存档创建好后，Immediate Copy 作业会运行并创建对应的拷贝存档，这个创建出来的存档和主备份作业创建出来的 vbk 全量备份不一样，前者是 vib 增量备份。根据 Immediate Copy 的特点，它适用于所有需要进行应用程序日志复制的备份作业，因此在异地容灾时，对于关键的数据库系统，可以通过 Immediate Copy 提升数据库系统在灾备站点的 RPO 级别。

### 2.5.1 备份拷贝的工作原理

当备份拷贝作业开始时，VBR 访问存放源数据的备份存储库，从中读取指定的备份存档的数据块，将这个数据拷贝至目标备份存储库中。整个拷贝过程在后端的备份架构中进行，对前端的生产系统完全无任何影响，它不需要创建任何快照，拷贝任何数据。

备份拷贝的执行过程如图 2-15 所示。

1）备份拷贝作业开始后，VBR 分别从源备份存储库和目标备份存储库上启动两个 Veeam 数据搬运工。这两个数据搬运工的位置可能会因为备份存储库的类型不同有所不同。

2）如果这是第一次运行的作业，那么 VBR 会执行一个完整的全量备份拷贝，VBR 根据所选择的还原点，从源备份存储中提取该还原点的完整数据。根据主备份作业的不同备份模式，VBR 会用不同的方式从源备份存储库中提取备份数据。为了降低在网络中传输的数据，VBR 会在传输前对数据进行压缩和重删。

3）VBR 会传输所有的拷贝数据到目标备份存储库中，然后将这些数据写入一个完整的备份存档中。

4）在下一次备份拷贝开始后，VBR 会捕捉新创建的还原点，一旦有新的还原点，VBR 会将增量的变化数据传输到目标备份存储库中，创建一份增量的备份存档。

### 2.5.2 备份拷贝的传输方式

VBR 支持点对点的备份数据直接传输，这个非常适合数据中心内或者是高带宽的专线网络内的数据拷贝传输。这种方式的数据传输效率非常高，并且没有额外的组件要求，采用这种方式的配置不需要在备份架构中加入任何组件，可直接创建拷贝任务来使用，非常简便。

除此之外，VBR 还支持通过广域网加速器进行备份的异地传输。这种传输数据的方式能够借助广域网加速器来应对窄带宽、高延迟、高丢包的恶劣环境，对于长距离的数据传输效果特别显著。它的实现方式，需要在源站点和目标站点各部署一套广域网加速器，用来完成数据的传输。使用广域网加速器时，VBR 通过组合多种技术，极大地减少了网络中传输的数据，仅仅传输必要的数据块，从而提升了数据传输的效率。

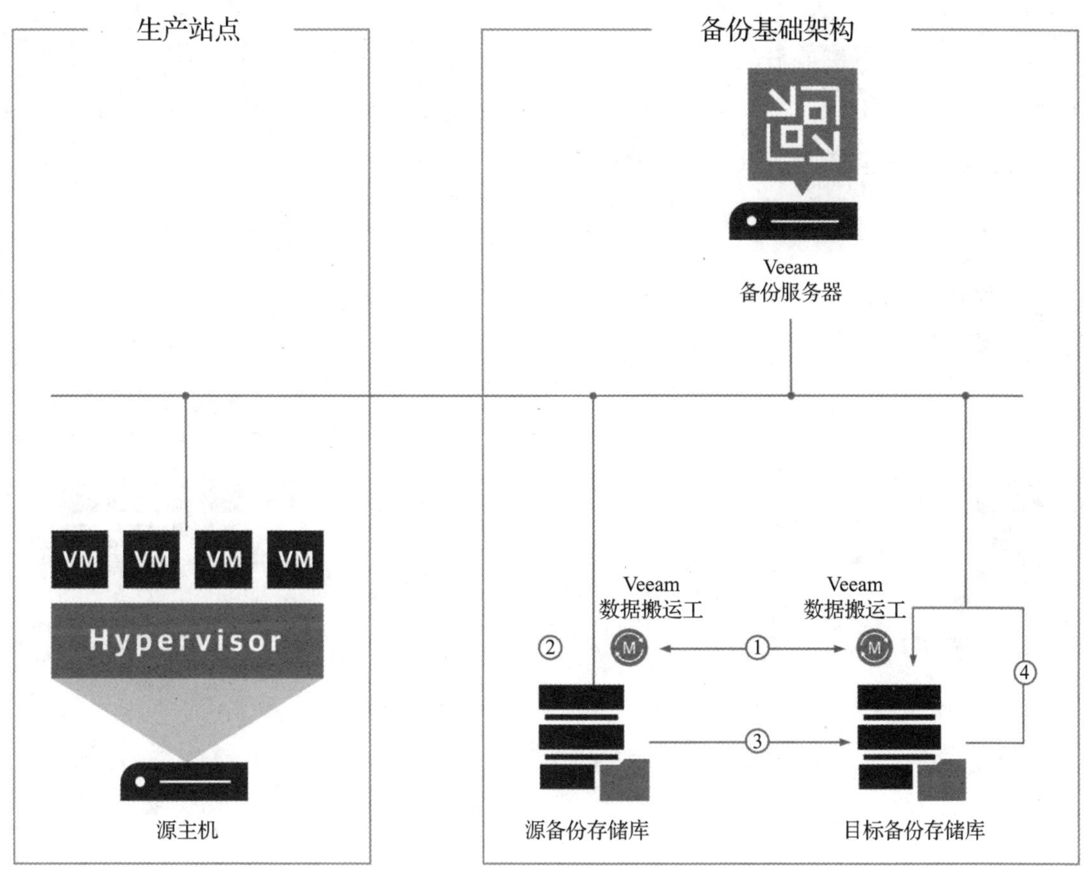


图 2-15

# 2.6 备份和容灾应用示例

## 2.6.1 示例一：主备数据中心一体化灾备

备份和容灾可以在同一个环境中使用 VBR 来实现，下面以一个 VMware vSphere 环境中的实际例子来说明整个实现过程。

有一台虚拟机，名称为 CloudData，灾备管理员希望对这台虚拟机实现每天一次的备份，备份存档存放于主数据中心 A 的主备份存储库中，这份备份存档将会被保留最近的 3 周；为了提升备份数据的可靠性，灾备管理员还要将备份数据在灾备数据中心 B 存放一份，这份数据希望能够存放 1 年以用于追溯。另外，由于灾备的需要，在灾备数据中心 B，灾备管理员还需要一个能够在短时间内立刻恢复的副本，用于系统的应急接管，这个接管需要有足够好的性能，来满足生产系统的运行。

灾备基础架构如图 2-16 所示。

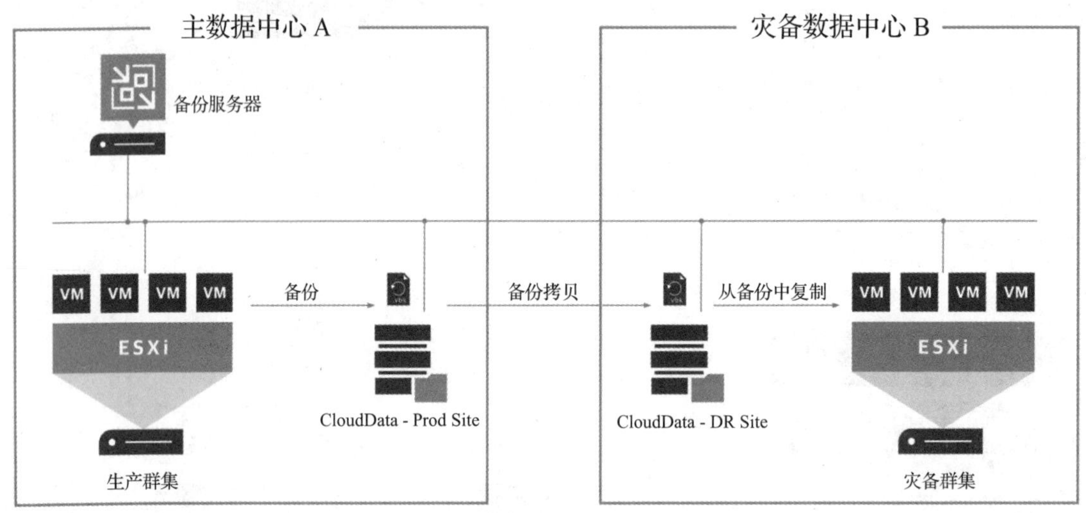


图 2-16

### VBR 的作业配置

1）首先为 Clouddata 创建一个本地的备份作业，还原点设置为 21 个，确保至少有 21 个以上的本地还原点。这个备份作业设置为每天晚上 10 点执行。

在 VBR 控制台中，找到“Home”面板，打开“New Backup Job”向导。在“Name”步骤中，输入备份作业的名称——Clouddata Backup，如图 2-17 所示。

2）在“Virtual Machines”步骤中选择添加名称为 CloudData 的虚拟机，如图 2-18 所示。

3）在“Storage”步骤中，令备份代理保持默认的自动选择（Automatic selection），备份存储库选择 CloudData - Prod Site。“Retention policy”中填入 21，并将后面的“restore points”修改为 days，其他选项都保持默认，如图 2-19 所示。

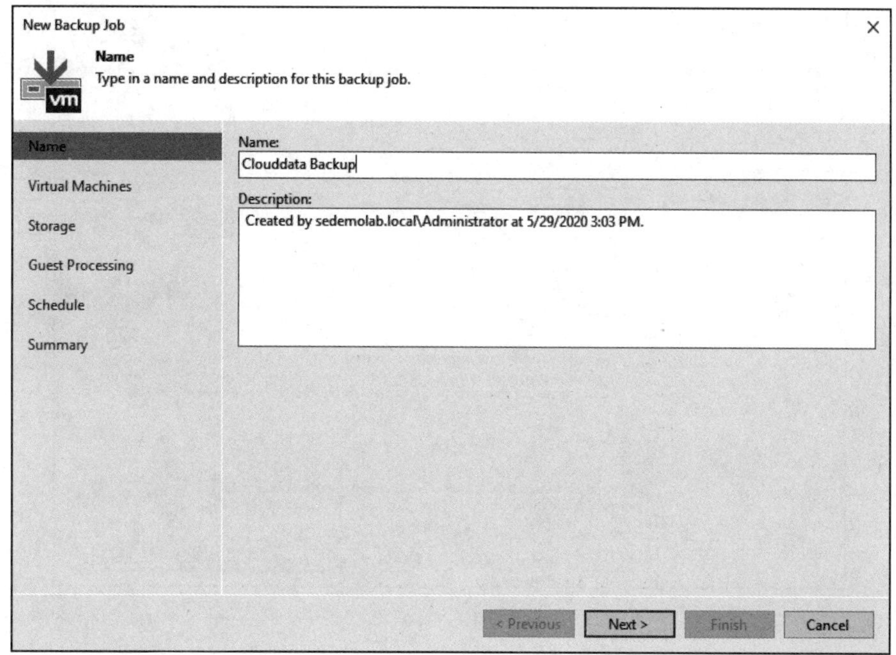
New Backup Job
Name
Type in a name and description for this backup job.
vm
Name
Virtual Machines
Storage
Guest Processing
Schedule
Summary
Name:
Clouddata Backup
Description:
Created by sedemolab.local\Administrator at 5/29/2020 3:03 PM.
< Previous
Next >
Finish
Cancel

图 2-17

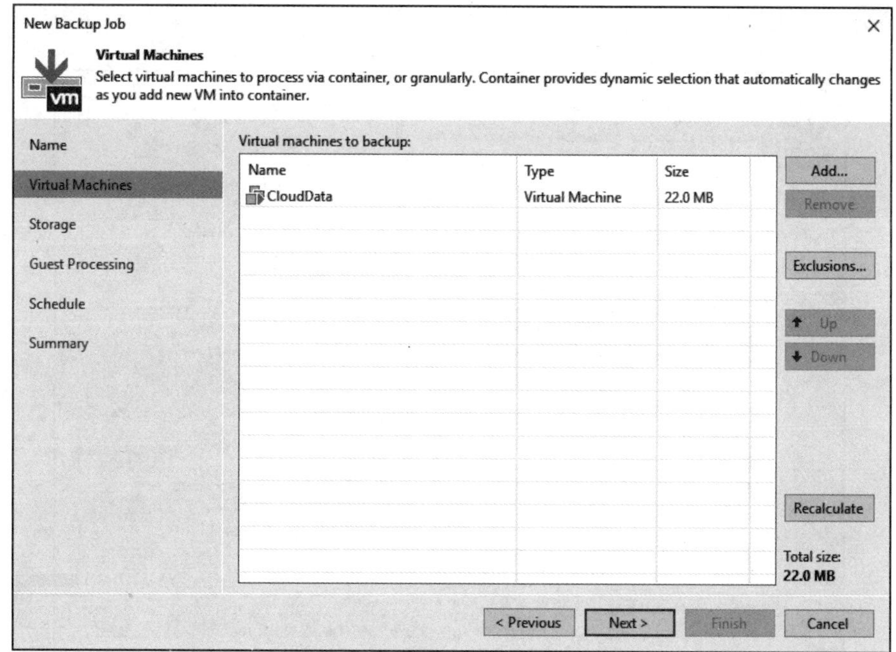
New Backup Job
Virtual Machines
Select virtual machines to process via container, or granularly. Container provides dynamic selection that automatically changes as you add new VM into container.
vm
Name
Virtual Machines
Storage
Guest Processing
Schedule
Summary
Virtual machines to backup:
Name
Type
Size
CloudData
Virtual Machine
22.0 MB
Add...
Remove
Exclusions...
Up
Down
Recalculate
Total size:
22.0 MB
< Previous
Next >
Finish
Cancel

图 2-18

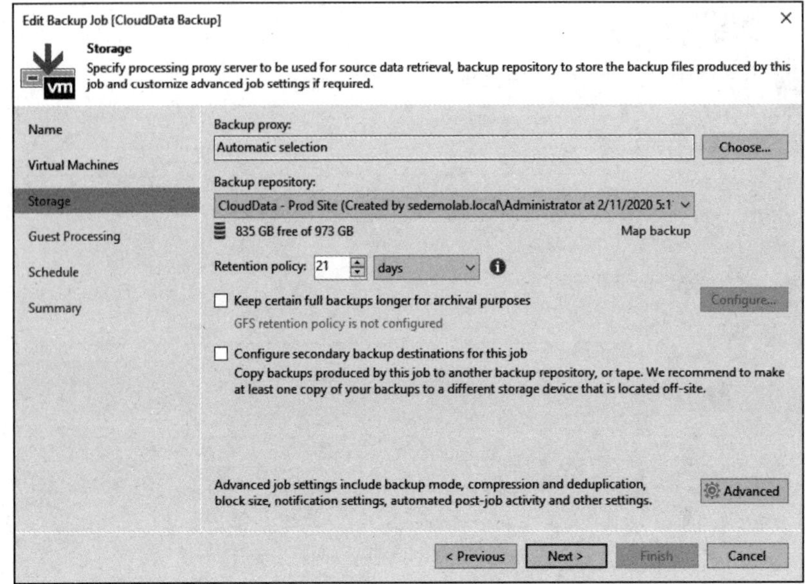


图　2-19

4）在“Guest Processing”步骤中，保持默认设置，对虚拟机不进行应用感知和处理，如图 2-20 所示。

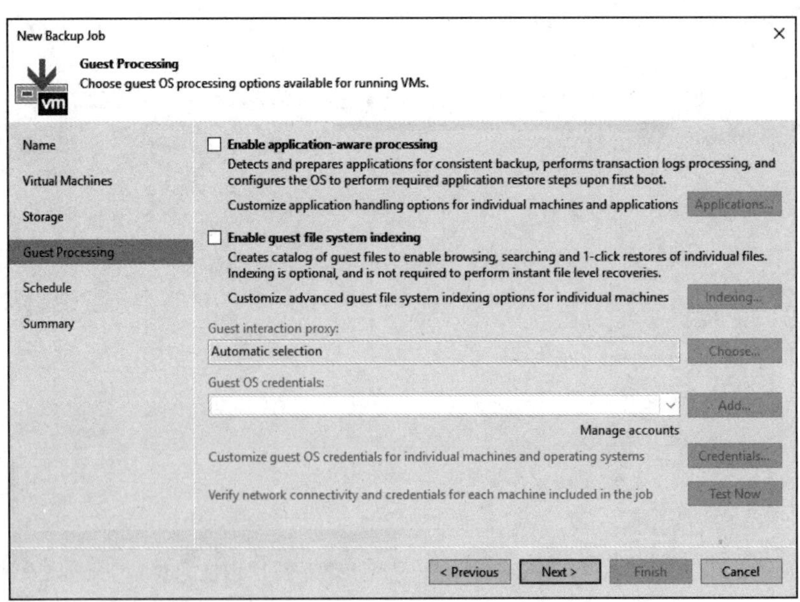


图　2-20

5）在“Schedule”步骤中，设置在每天晚上 10 点执行作业，其他选项保持默认，如图 2-21 所示。

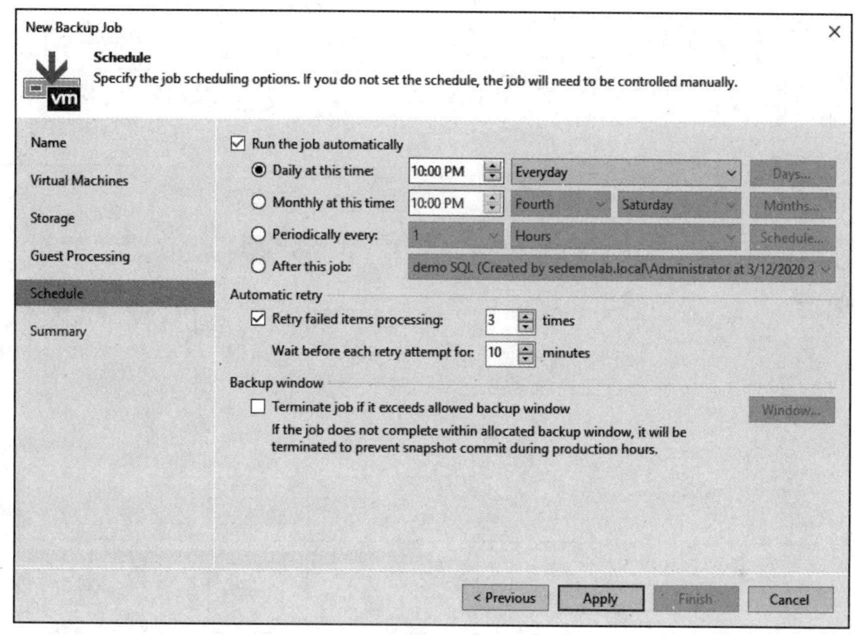


图 2-21

6）点击 Apply 按钮之后，备份作业的设置完成。

7）为 CloudData 创建一个备份拷贝作业，将创建的备份还原点拷贝至灾备数据中心。

在 VBR 控制台中，找到“Home”面板，打开“New Backup Copy Job”创建向导。在“Job”步骤中，设置作业名称为 Clouddata copy to Remote Site，选择“Periodic copy”模式，并设置备份作业每天在上午 12:00 后启动，如图 2-22 所示。

8）在“Objects”步骤中，点击“Add...”按钮后，再点击“From Infrastructure”，在 vCenter 中再次找到 CloudData 这台虚拟机，使其作为要拷贝的对象，如图 2-23 所示。

9）在“Target”步骤中，选择“Backup repository”为灾备中心的 CloudData - DR Site 这个备份存储库，并在这里设置数据的保留周期，即每年存 1 份存 1 年，每季度存 1 份存 0 份，每月存 1 份存 12 个月，每周存 1 份存 4 周，最近的保留周期存 7 份。高级选项保持默认设置，如图 2-24 所示。

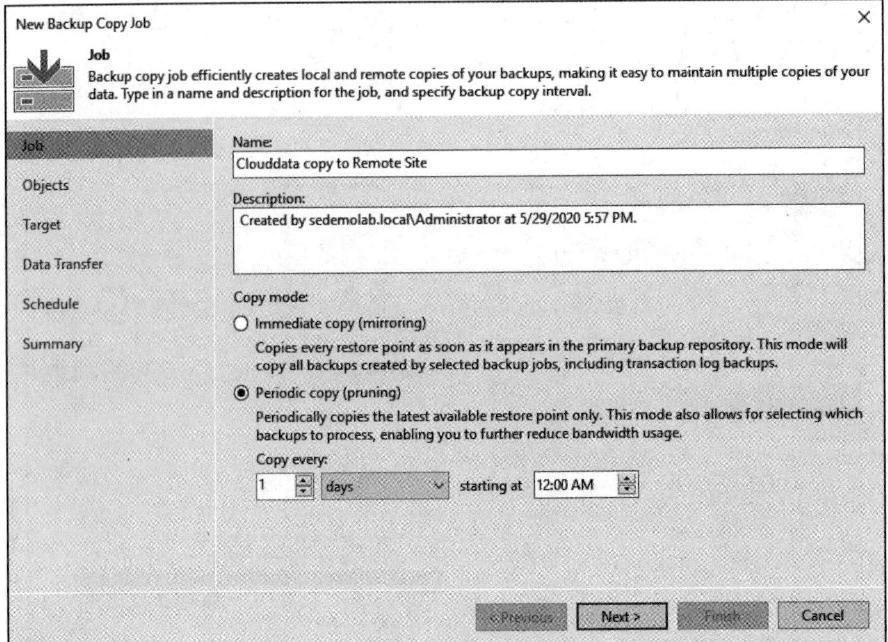
New Backup Copy Job
Job
Backup copy job efficiently creates local and remote copies of your backups, making it easy to maintain multiple copies of your data. Type in a name and description for the job, and specify backup copy interval.
Job
Objects
Target
Data Transfer
Schedule
Summary
Name:
Clouddata copy to Remote Site
Description:
Created by sedemolab.local\Administrator at 5/29/2020 5:57 PM.
Copy mode:
Immediate copy (mirroring)
Copies every restore point as soon as it appears in the primary backup repository. This mode will copy all backups created by selected backup jobs, including transaction log backups.
Periodic copy (pruning)
Periodically copies the latest available restore point only. This mode also allows for selecting which backups to process, enabling you to further reduce bandwidth usage.
Copy every:
1
days
starting at
12:00 AM
< Previous
Next >
Finish
Cancel

图 2-22

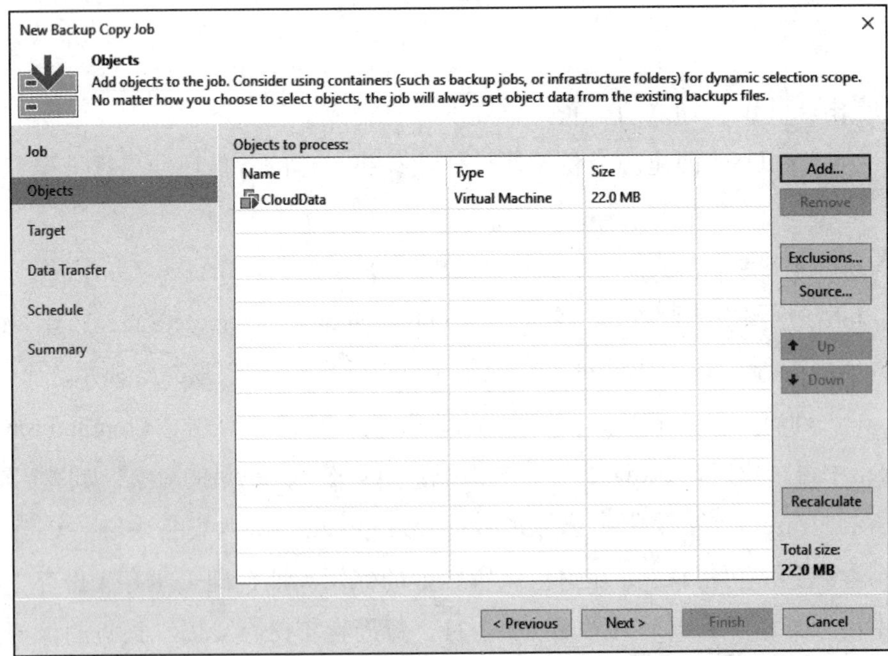
New Backup Copy Job
Objects
Add objects to the job. Consider using containers (such as backup jobs, or infrastructure folders) for dynamic selection scope. No matter how you choose to select objects, the job will always get object data from the existing backups files.
Job
Objects
Target
Data Transfer
Schedule
Summary
Objects to process:
Name
Type
Size
CloudData
Virtual Machine
22.0 MB
Add...
Remove
Exclusions...
Source...
Up
Down
Recalculate
Total size:
22.0 MB
< Previous
Next >
Finish
Cancel

图 2-23

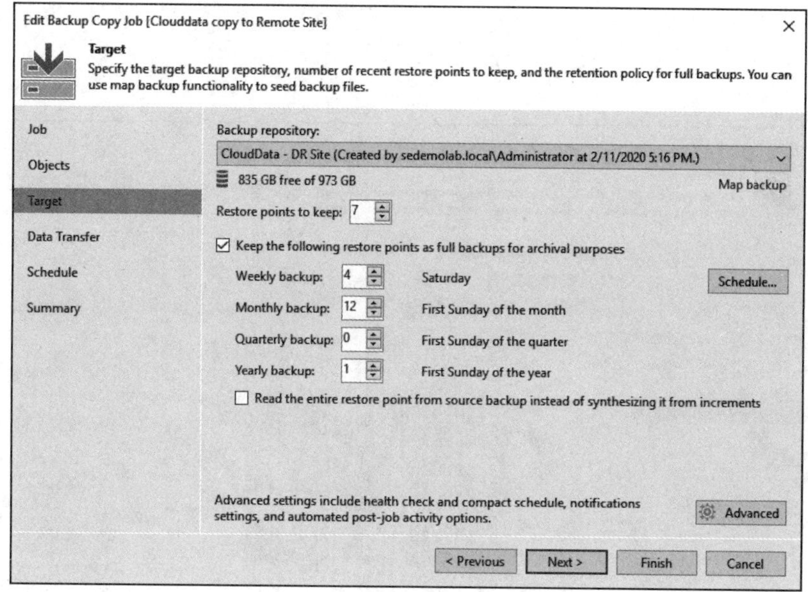


图 2-24

10）在“Data Transfer”步骤中，保持默认设置，使用直接传输，不使用广域网加速器传输，如图 2-25 所示。

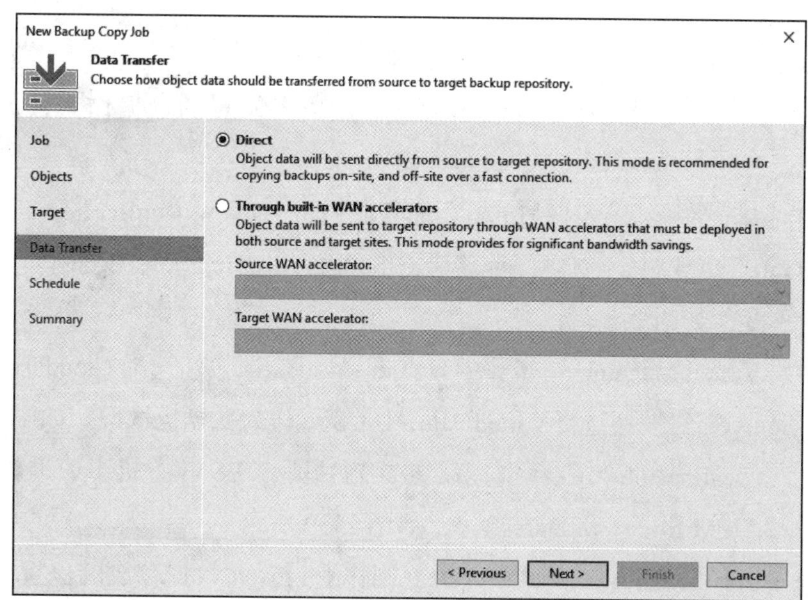


图 2-25

11）在“Schedule”步骤中，设置在任何时候，只要满足条件，就传输数据生产灾备站点的存档，如图 2-26 所示。

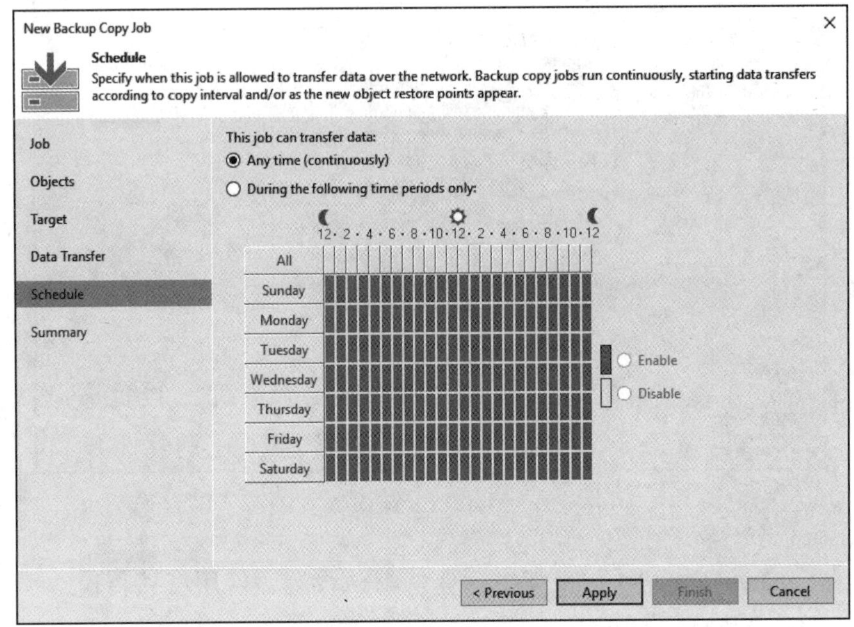

图 2-26

12）点击“Apply”按钮完成任务创建。

13）为 Clouddata 创建一个复制作业，使用灾备站点的数据作为数据源来创建灾备虚拟机。

在 VBR 控制台中，找到“Home”面板，打开“New Replication Job”创建向导。在“Name”步骤中，创建一个名为 Clouddata Replication 的复制作业，高级控制选项保持不变，如图 2-27 所示。

14）在“Virtual Machines”步骤中，点击“Add...”按钮选择 CloudData 这台虚拟机，点击“Source...”按钮选择 CloudData - DR Site 作为数据提取源，如图 2-28 所示。

15）在“Destination”步骤中，设置复制到哪个 ESXi 主机上，并选择相关的 Resource pool、VM folder 和 Datastore，如图 2-29 所示。

16）在“Job Settings”步骤中，为复制作业设置元数据存放的位置，并且设定“Restore point”只保留 1 份，图 2-30 所示。

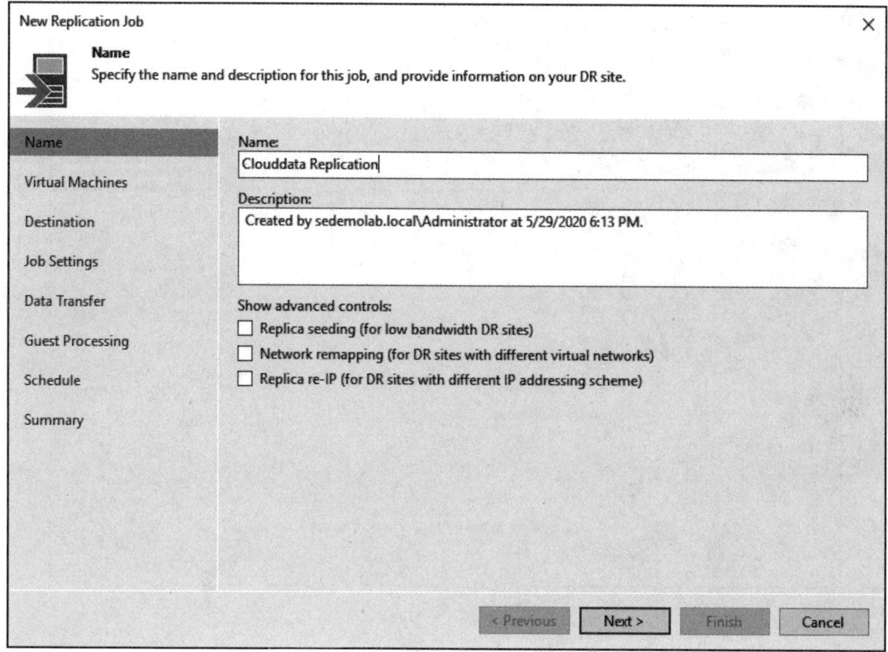
New Replication Job
Name
Specify the name and description for this job, and provide information on your DR site.
Name
Virtual Machines
Destination
Job Settings
Data Transfer
Guest Processing
Schedule
Summary
Name:
Clouddata Replication
Description:
Created by sedemolab.local\Administrator at 5/29/2020 6:13 PM.
Show advanced controls:
Replica seeding (for low bandwidth DR sites)
Network remapping (for DR sites with different virtual networks)
Replica re-IP (for DR sites with different IP addressing scheme)
< Previous
Next >
Finish
Cancel

图 2-27

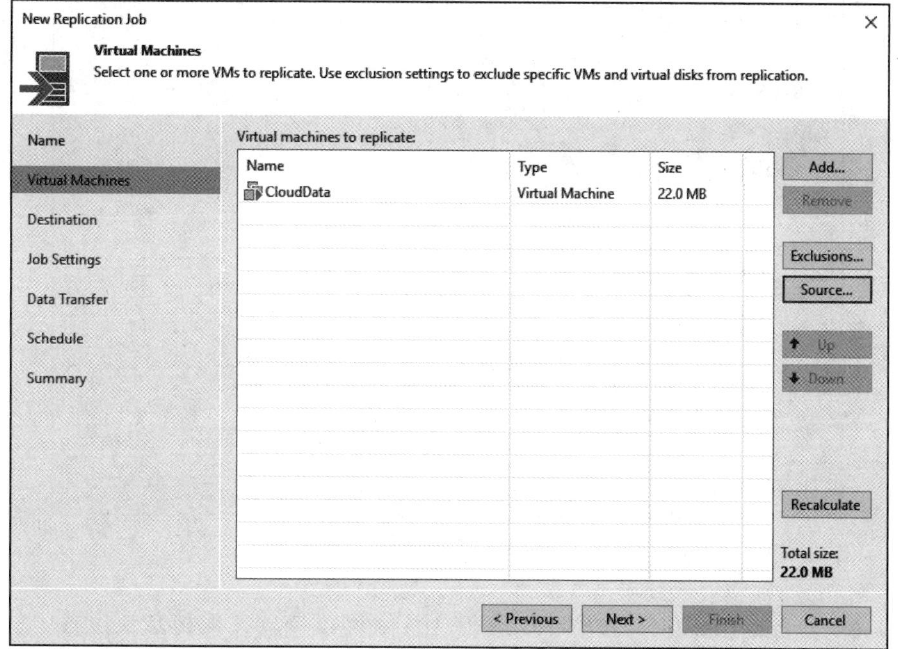
New Replication Job
Virtual Machines
Select one or more VMs to replicate. Use exclusion settings to exclude specific VMs and virtual disks from replication.
Name
Virtual Machines
Destination
Job Settings
Data Transfer
Schedule
Summary
Virtual machines to replicate:
Name
Type
Size
CloudData
Virtual Machine
22.0 MB
Add...
Remove
Exclusions...
Source...
Up
Down
Recalculate
Total size:
22.0 MB
< Previous
Next >
Finish
Cancel

图 2-28

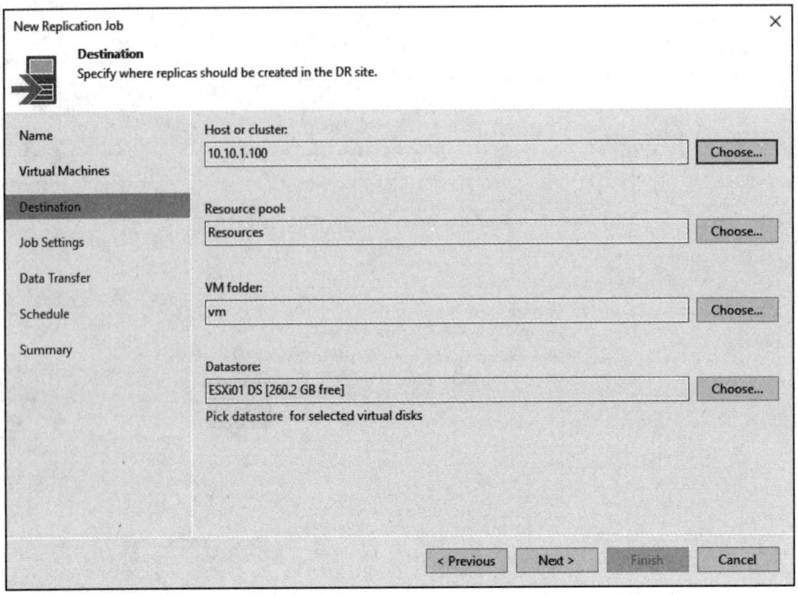

图 2-29

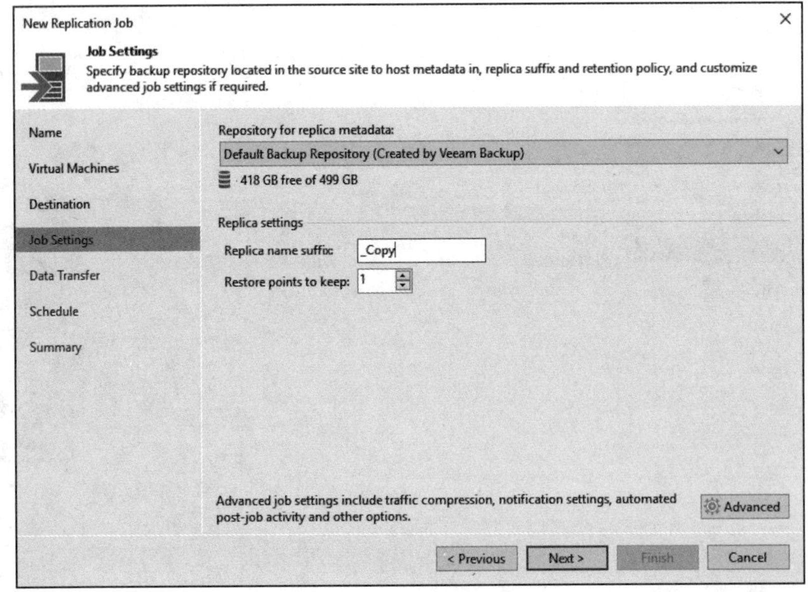


图 2-30

17）在“Data Transfer”步骤中，不使用广域网加速器，保持默认设置，如图 2-31 所示。

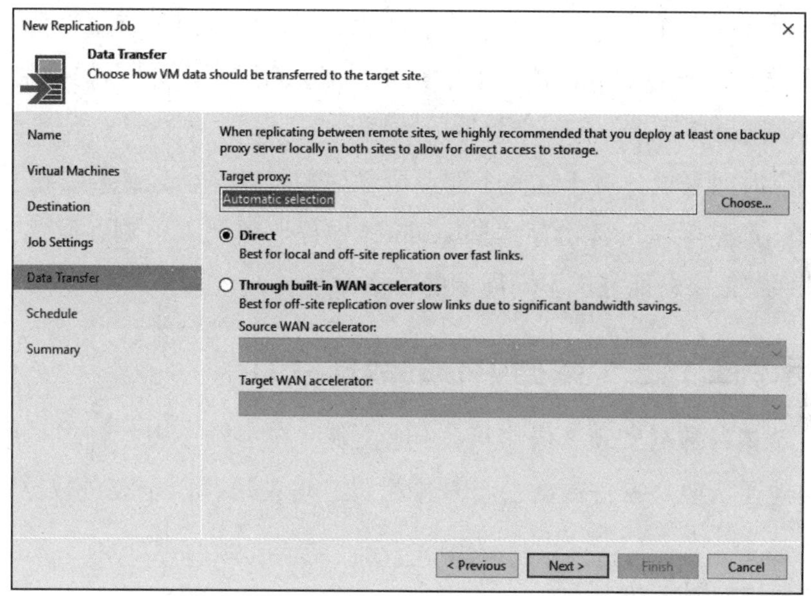


图 2-31

18）在“Schedule”步骤中，设置每天下午 4 点执行这个复制作业，其他设置保持默认不变，如图 2-32 所示。

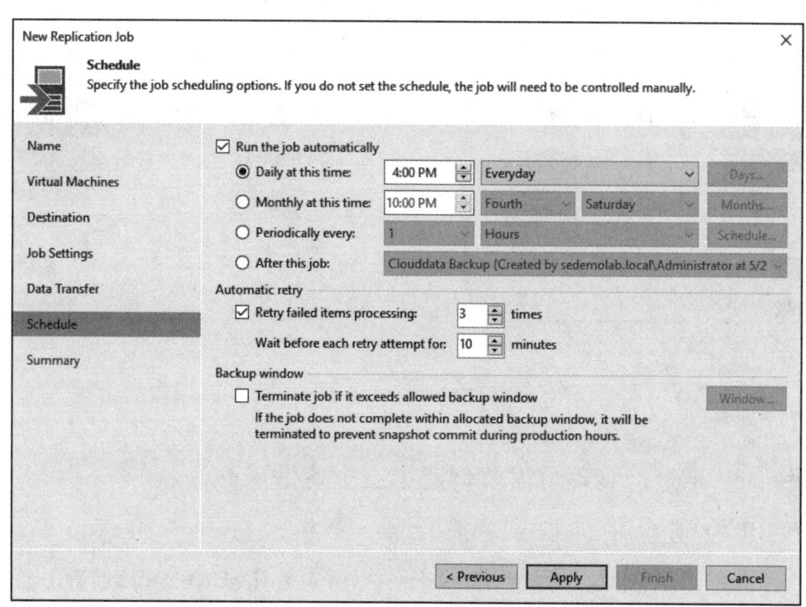


图 2-32

通过以上这3个作业的设置，一共会创建3份存档，而仅有第一份存档是从生产环境提取数据创建的备份存档，第二份备份是从第一份备份存档中提取的数据，而第三份备份则是从第二份备份中提取的数据。

从还原点时间来说，对于这3个作业所创建的最新一份还原点，它们的创建时间完全一致，都是第一份备份存档从vCenter中提取数据那一刻，而这3个作业各自有不同的保留策略，能完成不同周期的数据保留。

### 2.6.2 示例二：三个数据中心的数据接力

管理员希望对数据实现3级拷贝、3地灾备，在示例一中，管理员做了两地灾备，这时候他还希望从灾备数据中心B中拷贝一份备份存档至灾备数据中心C，实现三地灾备。

其备份架构如图2-33所示。

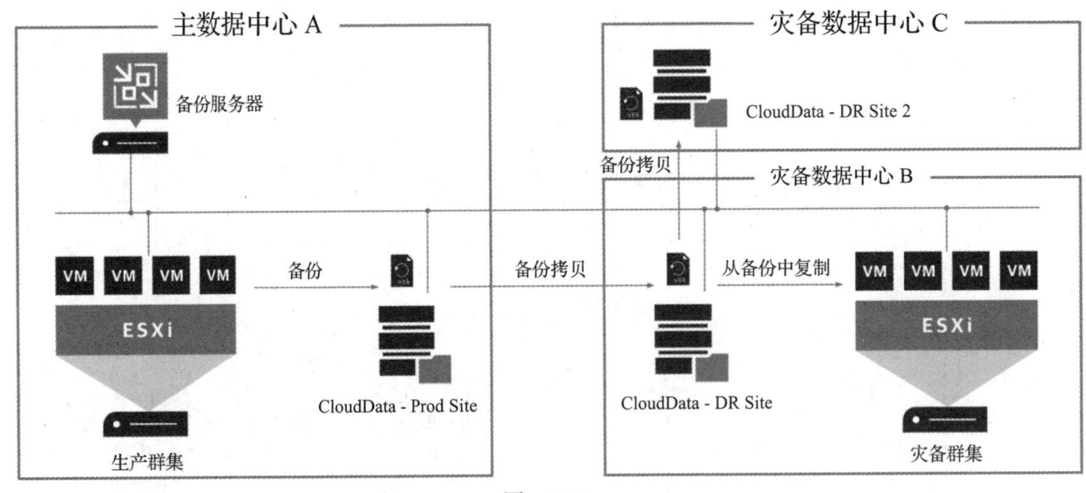


图 2-33

#### VBR的作业配置

在示例一的基础上，管理员需要创建第三个备份拷贝作业。

1）在VBR控制台中，找到“Home”面板，打开“Backup Copy Job”创建向导。在“Job”步骤中，设置作业名称为CloudData Copy to DR site C，选择“Periodic copy”模式，并设置作业每天在上午12:00后启动，如图2-34所示。

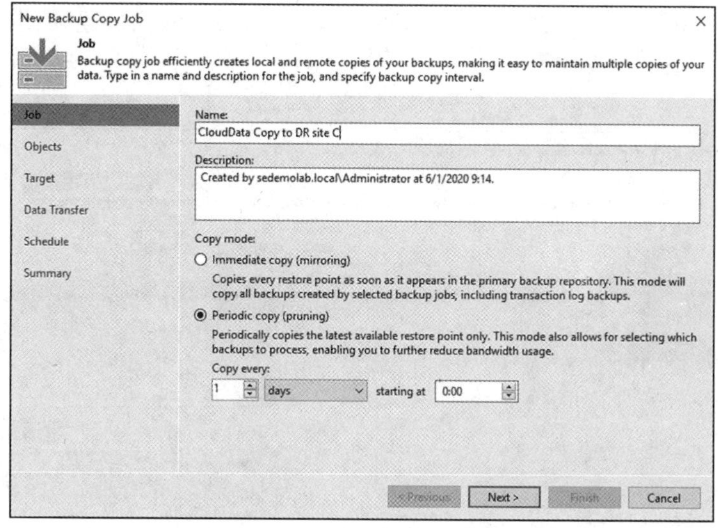


图 2-34

2）在“Objects”步骤中，先点击“Add…”按钮，从 Infrastructure 中选择备份对象，选定 CloudData 这台虚拟机，然后再点击“Source…”按钮，选择从哪个存储库提取数据做备份拷贝。由于主备份作业将数据写入了 CloudData-Prod Site 备份存储库中，而第二份备份写入了 CloudData-DR Site 备份存储库中，因此在这里选择从 CloudData-DR Site 中提取备份数据，如图 2-35 所示。

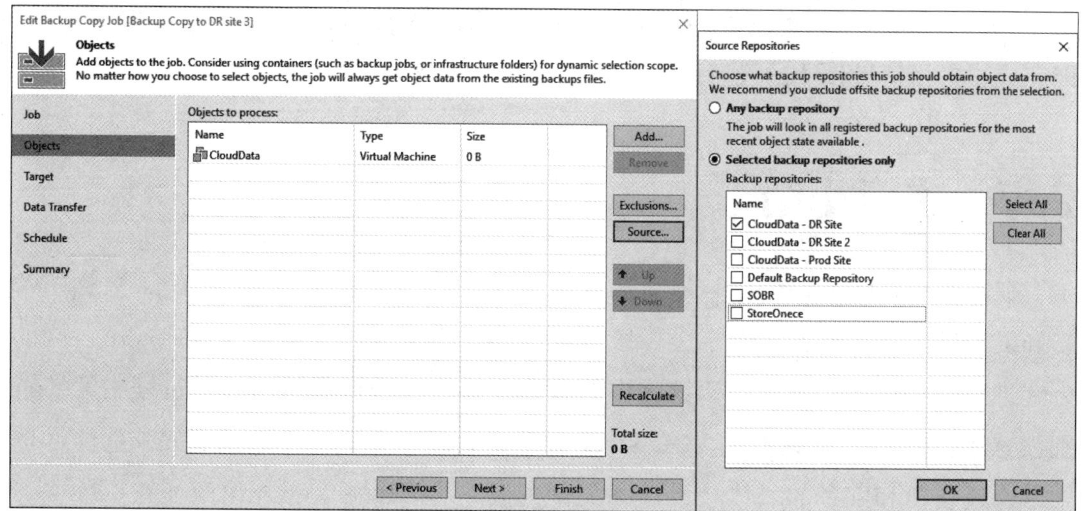


图 2-35

3）在“Target”步骤中，选择 DR Site C 站点的 CloudData-DR Site 2 作为备份存储库，如图 2-36 所示。

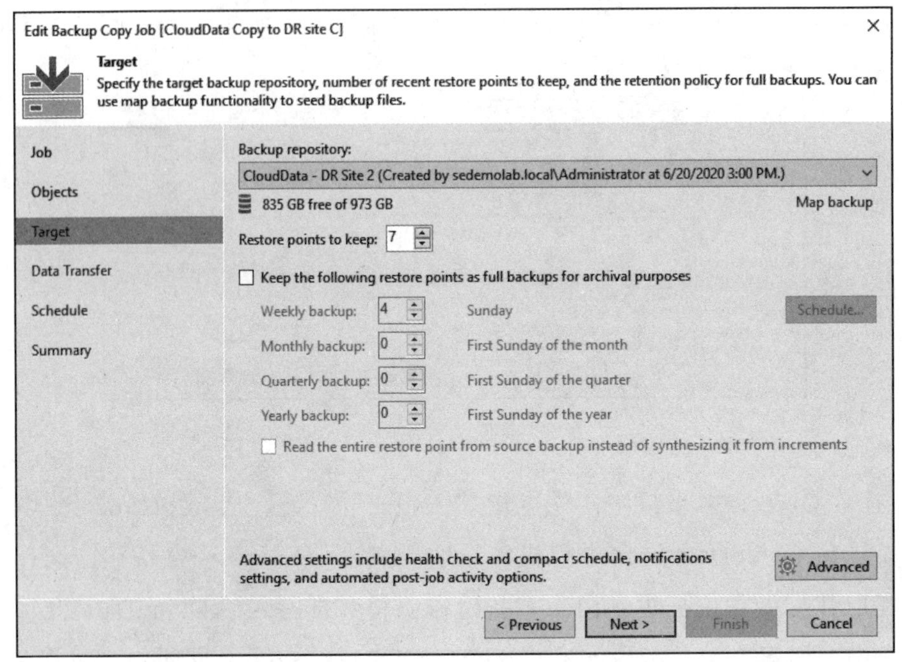


图 2-36

4）之后的步骤和示例一的备份拷贝一样，设置好 Data Transfer 和 Schedule 后，即完成了备份拷贝作业的设置。

## 2.7 本章小结

在本章中，我们讨论了达成云数据可用性的第一个条件，详细说明了数据的备份和复制的方法、原理。对于镜像级的数据和文件级的数据，可以分别采用不同的方式进行保护。而对于运行于镜像中的应用程序，在数据保护的处理过程中需要特别注意，本章特别以典型的 SQL Server 和 Oracle 为例进行了说明。在本章的示例中，通过备份和灾备的一体化设计和配置，进一步演示了备份理论知识在实际中的运用。在第 3 章中，你将会学习到如何从本章的备份存档或灾备存档中恢复数据。

在开始下一章的学习之前，可以访问 Veeam 官方在线手册了解 VBR 的更多配置细节。

# 参考文献

[1] Veeam Backup & Replication 10 User Guide for VMware vSphere - Backup [OL]. https://helpcenter.veeam.com/docs/backup/vsphere/backup.html?ver=100.

[2] Veeam Backup & Replication 10 User Guide for Microsoft Hyper-V - Backup [OL]. https://helpcenter.veeam.com/docs/backup/hyperv/backup.html?ver=100.

# 第3章 云数据恢复基础

在上一章中，我们详细讨论了数据保护的基础方法，这是数据管理的第一步，数据被正确地提取后存放起来。在本章中，我们将围绕数据恢复方法展开讨论。恢复能力和恢复方法将会决定这些数据的使用方式，这对数据的迁移、转换、利用以及自动化都有着重要的意义。在本章的最后，我们会通过两个示例场景，详细说明数据恢复的应用方式，所涉及的两种应用方式通过恢复功能为不同的业务目标实现了不一样的效果，最终也分别完成了预期的任务。

# 3.1 从备份中恢复

VBR 提供种类丰富的数据恢复方法，使用这些方法，可以从备份存档中按需提取各种数据。这些恢复方法包括：

- 即时虚拟机恢复
- 即时虚拟磁盘恢复
- 完整虚拟机恢复
- 虚拟机文件恢复
- 虚拟磁盘恢复
- 客户机系统文件恢复
- 应用程序对象恢复

## 3.1.1 即时恢复

即时恢复有两种类型，一种为完整虚拟机的即时恢复，另外一种为虚拟磁盘的即时恢复。

### 1. 即时虚拟机恢复

使用即时虚拟机恢复方法，可以立刻恢复工作负载至 VMware vSphere 或者 Microsoft Hyper-V。这个恢复过程并没有将数据传输回 VMware vSphere 或者 Microsoft Hyper-V 的存储上，而是直接从备份存档中运行相应的虚拟机。

即时虚拟机恢复方法能够极大地提升恢复时间目标（RTO），降低生产系统的宕机时间。它就像一份临时的冗余副本，随时可供立刻使用。

在 VBR v10 版本中，Veeam 还支持从以下多种不同的平台中备份下来的存档通过即时虚拟机恢复至 VMware vSphere 中：

- VMware vSphere
- Microsoft Hyper-V
- Nutanix AHV
- Amazon EC2
- Microsoft Azure VM
- Windows 和 Linux Agent

在执行即时虚拟机恢复方法时，VBR 会使用 Veeam vPower 技术直接从压缩和重删后的备份存档中通过模拟的方式将数据文件以 ESXi 主机或者 Hyper-V 原生的格式呈现给虚拟化平台。这种模拟方式并不需要任何解压和复制过程，因此无论数据文件有多大，这个恢复过程都会在几分钟内完成。

通过即时虚拟机恢复方法开启后的存档，因为虚拟机的运行，会产生变化的数据，VBR 会将这些变化的数据写在 Redo Log 文件中，这个文件默认存放在 vPower NFS 文件夹下。当这份即时恢复的虚拟机文件被删除时，这个 Redo Log 也会被删除；当这份即时恢复的虚拟机文件被迁移至生产存储时，这个 Redo Log 会被合并至最终恢复出来的虚拟机文件中。这个变化的数据除了写在 vPower NFS 文件夹中的 Redo Log 之外，还能被重定向至任意的 vSphere 数据存储中。使用 I/O 重定向技术时，VBR 将会在 ESXi 主机上使用虚拟机快照技术来写入变化的数据。关于 vPower NFS 的详细说明，请参考第 4 章。

在即时虚拟机恢复方法执行完成后，需要处理即时恢复的后续操作，挂载只是一个中间过程，不建议长时间以挂载的形式运行业务。这时候可以有两种选择：一种是停止即时恢复，即放弃恢复出来的存档，恢复后写入的变化数据都将被丢弃；另外一种是迁移回生产环境。对于 VMware vSphere 来说，迁移的方法比较灵活，可以有以下三种：

- 使用 VMware Storage vMotion 功能进行迁移。使用这个方法的迁移效果会非常好，整个迁移过程中，系统无任何中断，但是这种方式有一些限制条件：在执行即时虚拟机恢复操作时，不能使用 I/O 重定向技术，只能使用默认的

vPower NFS 上的 Redo Log 存放缓存；同时还需要有相应的 Storage vMotion 许可。

- 使用 Veeam 快速迁移（Quick Migration）技术进行迁移。这种方法通常会分两步来进行：第一步会先从 VBR 的备份存档中提取数据，然后在虚拟化平台中恢复出一台新的虚拟机；第二步将所有改变的数据复制到这个文件夹下，然后和恢复出来的虚拟机整合在一起。
- 使用 VBR 中的复制或者 VM 拷贝功能来实现虚拟机的迁移，这个迁移过程需要设定相应的停机时间窗口。

#### 2. 即时虚拟磁盘恢复

通过即时虚拟磁盘恢复方法，可以立即将备份存档中的虚拟磁盘直接挂载到生产环境的虚拟机中。和即时虚拟机恢复方法不一样的是，即时虚拟磁盘恢复方法仅仅是恢复某个虚拟磁盘，它并不恢复整个虚拟机。在执行即时虚拟磁盘恢复方法时，不需要将虚拟机关机，而是直接将磁盘挂载给该正在运行的虚拟机使用，磁盘并没有从备份存档中恢复出来，因此不需要大量的数据传输时间。

和即时虚拟机恢复方法一样，即时虚拟磁盘恢复方法使用 vPower NFS 技术完成即时恢复，主要过程如下：

1）VBR 检查 vPower NFS 数据存储在目标 ESXi 服务器上的挂载情况。

2）如果覆盖原有磁盘，VBR 会检查原始磁盘的情况，卸载并删除原磁盘。

3）将需要恢复的磁盘挂载到目标虚拟机。

4）创建虚拟机快照，用于失败后的回滚。

5）挂载成功后，数据变化将被写入 vPower NFS 的缓存文件夹的 Redo Log 文件中。

即时虚拟磁盘恢复需要后续操作，来完成最后的数据转移。VBR 使用快速迁移技术完成这个步骤，将磁盘数据迁移至生产环境。

### 3.1.2 完整恢复

这是虚拟机备份恢复技术的基本功能，它能恢复虚拟机最近的或者指定的一个时间点的状态。

恢复整个虚拟机时，会将整个虚拟机镜像从备份文件提取到生产存储中。尽管与即时虚拟机恢复技术相比，完整虚拟机恢复技术需要更多的资源和时间，但是无须执行额外的步骤来完成恢复过程。VBR将虚拟机数据从备份存储库中恢复到生产存储中，在所选ESXi主机上注册虚拟机，并在必要时将其电源打开。完整虚拟机恢复技术可恢复完整的磁盘I/O性能，而即时虚拟机恢复技术可为虚拟机提供“临时备用”。

在进行完整虚拟机恢复时，其中有一种场景是：原虚拟机还存在于原虚拟化环境中，管理员只是希望回滚该虚拟机至一个历史时间点，比如前一天的备份点。这可以通过快速回滚（Quick Rollback）功能来实现，该功能是完整虚拟机恢复向导中的一个可选项。

“Quick Rollback”复选框为管理员提供了以变化量的方式恢复数据的选择，VBR会判断哪些数据是需要被回滚的，然后按需从备份存档中提取数据进行恢复。快速回滚技术能够显著提升完整虚拟机恢复的效率，减少恢复时间，降低恢复过程中对网络带宽的消耗，从而降低对整个生产环境的影响。

在快速回滚过程中，VBR依然使用CBT技术，VBR从当前的虚拟机中获取CBT的状态，并将它与之前的备份存档进行比较，从备份存档中提取必要的数据块并将其传输至生产数据存储，重构虚拟磁盘文件，恢复至指定的时间点。

快速回滚的必要条件为：

- 必须恢复至原始虚拟机。
- 必须保持开启CBT功能，当前目标虚拟机在备份时和恢复时都需要开启CBT功能。
- 在恢复过程中数据传输模式必须是HotAdd模式或NBD模式。

### 3.1.3 文件级恢复

VBR有三种恢复客户机操作系统文件的方式，这三种方式都不需要将备份存档完全解压开来后再提取其中的单个文件，但是这三种方式略微有一些区别：

- FAT、NTFS、ReFS。这三种文件系统的文件都是基于 Windows 的虚拟机，VBR 可以通过 File Level Restore 向导直接打开这些存档。
- Linux 和 Unix 的文件系统。VBR 支持 14 种不同的文件系统，可以通过 VBR 的 Multi-OS File Level Restore 向导来恢复。
- 如果文件系统并不在以上两种方式的支持范围内，VBR 可以通过虚拟实验室的 U-AIR 功能来恢复文件数据。

VBR 的文件级恢复技术在实现时利用挂载服务器挂载备份存档的能力，将备份存档挂载成 Windows 或者 Linux 原生的文件系统以进行数据提取。因此，在 Windows 的挂载服务器上，很有意思的是，这个挂载可以被正常地读取访问，就像使用这个 Windows 系统本地的文件系统一样，这就意味着，在进行恢复前，完全可以通过相关的应用程序打开并查看文件对象，确定恢复的内容后，再进行数据的恢复。这是一种数据恢复革命，它彻底改变了只通过文件名、时间戳、文件大小来判断备份存档内容的方式，而是变成一种可以百分百确定数据内容的文件恢复方式，让备份存档的数据在存档中就具备可以被访问的能力。

这个挂载能力还可以进一步扩展，除了利用它进行文件恢复之外，还可应用于安全恢复（Secure Restore）和数据集成 API。

### 3.1.4 应用程序对象恢复

VBR 支持从镜像中恢复应用程序对象，根据应用程序对象的不同，能够支持的恢复内容也有所不同。大致来说，可以分为六大类：

- Active Directory
- Exchange
- SQL Server
- SharePoint
- Oracle
- 其他各种应用程序

对于前面 5 大类，Veeam 提供 Veeam Explorer，能够用于快速打开应用对象存档，进行细颗粒度恢复。而对于其他应用程序，则通过通用应用程序恢复向导来提取恢复数据。

Veeam Explorer 是一系列非常易于使用的工具，它自动集成在 VBR 之中，但是又能独立工作。对于 VBR 在备份过程中能成功完成应用感知的备份集，VBR 在每个备份集的恢复菜单中集成了 Veeam Explorer 菜单，自动判断并定位相关应用程序。处于独立工作模式时，在 Veeam Explorer 中能手工打开以上这些数据库，从中提取对象进行恢复，对于这种方式只要有相关的数据文件，即可打开对应的数据库，比如 Active Directory 的 NTDS.dit、Exchange 的 .edb、SQL Server 的 .mdf 等。

### 3.1.5 直接恢复至 Azure 和 Amazon EC2

对于任意的 VBR 镜像级备份存档，只要其操作系统是 Azure 或者 Amazon EC2 所支持的，都可以直接恢复对应的存档至 Azure 或者 Amazon EC2，从而变成云上的虚拟机实例。这对使用公有云作为临时的灾备系统、迁移至公有云或者是在公有云中创建临时的测试开发环境都会非常有帮助。

无论是 Amazon EC2 还是 Azure，它们和本地的各种恢复方式都很不一样，它们直接恢复备份存档至公有云时要求 VBR 或者存储库与互联网有连接。为了提升恢复效率和处理某些特殊的场景，在云上执行恢复操作时，通常会根据场景和需求的不同，使用一个辅助用的代理应用程序（Proxy Appliance），它位于云上，是一个云上按需部署的虚拟机，有些时候，它能够显著提升向云上恢复数据的效率，而在一些特殊场景下，这个辅助用的代理应用程序还是执行恢复操作的必要条件。

## 3.2 从复制存档文件中恢复

通过 VBR 复制功能创建的存档是一个原生的 VMware 或者 Hyper-V 虚拟机，它和普通的虚拟机在本质上没有任何区别，因此在极端情况下，它可以和普通的虚拟机一样，被正常的 vSphere 和 Hyper-V 所管理。当然，由于是 VBR 创建的复制存档，为了保持复制过程中的数据一致性，这时候通常会在 VBR 上对它进行一些管理和操作。在VBR上正常管理复制存档时，任何在vSphere上对这个虚拟机的改动操作都会引起数据的不一致，复制作业无法继续进行。

VBR使用了vSphere或者Hyper-V的快照技术来保留复制存档的还原点，所以会受所有与快照相关的限制，包括且不限于快照数量、快照合并问题、快照额外I/O开销等。

虽然这是一个虚拟机，但是由于Veeam的巨大灵活性，可以利用这个虚拟机做很多恢复操作，通过它进行整机的故障切换；也可以进行系统内单个文件的文件级恢复；还可以利用Veeam Explorer进行应用程序对象级恢复。文件级和应用程序对象级恢复流程和普通的备份存档没有任何区别，Veeam会全自动处理特别的中间步骤，呈现出来的结果会和普通的备份存档完全一致。

复制技术更多地用于虚拟化环境的灾备，因此从复制存档中恢复整个虚拟机通常又被称为灾备切换。在VBR中，灾备切换提供了丰富的切换选项和切换过程，确保了在复杂的大型容灾环境中有足够多的选择来确保数据的完整性，以应对不同的恢复场景需求。完整的灾备切换过程包括以下关键步骤：

- 故障切换（Failover）
- 故障回切（Failback）
- 永久切换（Permanent Failover）
- 永久故障回切（Commit Failback）
- 取消故障切换（Undo Failover）
- 取消故障回切（Undo Failback）

在执行了这些步骤前后，灾备切换会进入几种不同的状态：

- 就绪状态
- 激活状态A
- 激活状态B
- 灾备后状态

这些步骤在整个灾备切换过程中如图3-1所示，会根据一定条件被激活，不同步骤结束后会达到相应状态。

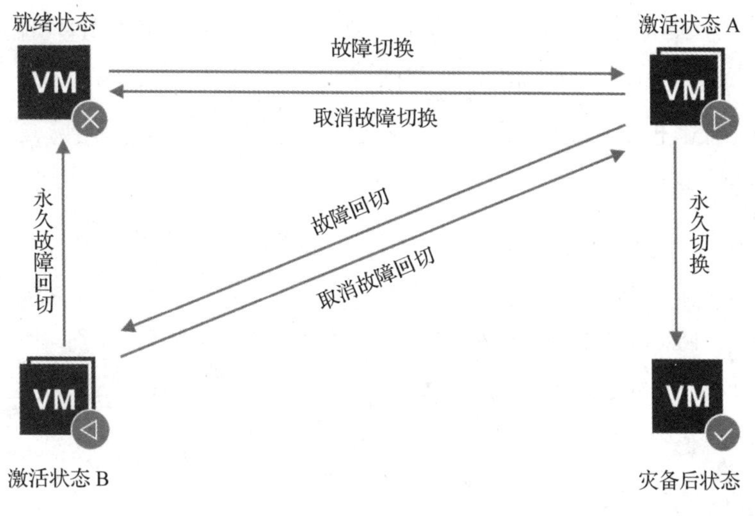


图 3-1

在虚拟机被复制作业成功复制后，此时复制存档会处于就绪状态，在这个状态下，虚拟机会等待下一个故障切换命令，一旦触发了故障切换命令，比如生产环境出现意外，管理员启动了故障切换，那么复制存档就会进入激活状态 A，在这个状态下，管理员可以执行三种操作：永久切换、取消故障切换和故障回切。通过这 3 种不同的操作，激活状态 A 可以进入另外 3 种状态，分别是进入灾备后状态、回到就绪状态和激活状态 B。对于灾备后状态和回到就绪状态来说，这两个都是最终形态，也就是达到这两个状态后，灾备切换过程会结束。而对于激活状态 B 来说，它和激活状态 A 类似，这个状态下，管理员可以执行两种操作：永久故障回切和取消故障回切。永久故障回切也是一个最终形态，而取消故障回切则会让激活状态 B 回到激活状态 A。

# 3.3 数据恢复示例

## 3.3.1 示例三：即时虚拟机恢复

在第 2 章的示例中，对主数据中心的 CloudData 这台虚拟机做了备份，由于虚拟化平台的配置有变更，导致该虚拟机出现了严重的故障，在 vCenter 上，虚拟机已经处于孤立状态，无法执行开机操作，从 VMware 支持工程师那边得知，对这台虚拟机所运行的 ESXi 主机可能也需要做一些调整和修复，才能继续使用它。好在主数据中心有 CloudData 这台虚拟机的存档，灾备管理员计划使用即时虚拟机恢复方法，立刻对这台虚拟机执行恢复操作，将这台虚拟机的备份存档恢复至其他资源池中，以继续提供服务。

1）在 VBR 控制台的“Home”界面中，找到“Backups”节点，在这里可以找到 CloudData 这台虚拟机的所有备份存档还原点。选择最近可用的还原点，对其右键单击后选择“Instant VM Recovery”，进入即时虚拟机恢复向导。

2）在“Machines”步骤中，选择最近的还原点，恢复 CloudData 这台虚拟机，如图 3-2 所示。

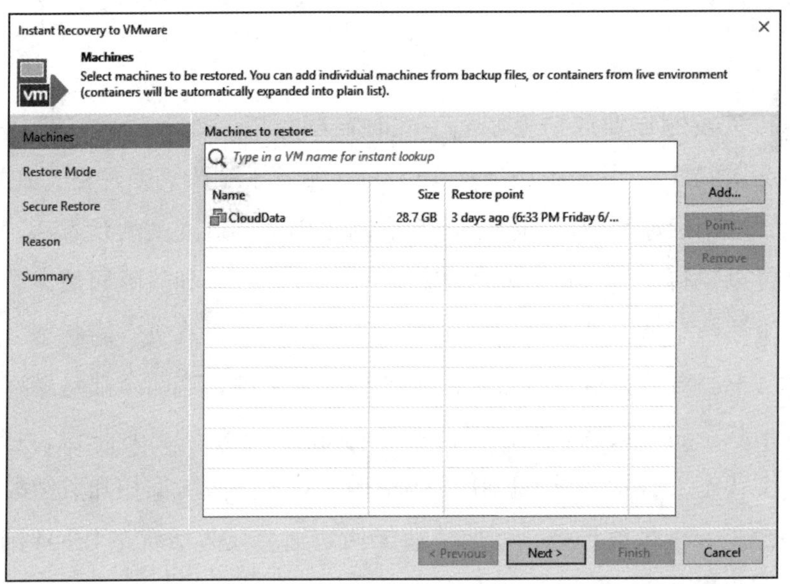


图 3-2

3）在“Restore Mode”步骤中，选择“Restore to a new location, or with different settings”，同时保持其他选项不变，点击“Next”按钮，如图 3-3 所示。

4）在“Destination”步骤中，设定“Restored VM name”为 CloudData_IVR，这将是一台恢复出来的新机器，在这台机器投入最终的生产前，保留它的后缀。为这台恢复出来的虚拟机选择恢复至哪个 ESXi 主机，这里选择 10.10.1.101 为它允许的 ESXi 主机，其他选项保持不变，点击“Next”按钮，如图 3-4 所示。

Instant Recovery to VMware
Restore Mode
Specify whether selected VMs should be restored back to the original location, or to a new location or with different settings.
Machines
Restore Mode
Destination
Datastore
Secure Restore
Reason
Summary
Restore to the original location
Quickly initiate the restore of selected VM to its original location, with the original name and settings. This option minimizes the chance of user input error.
Restore to a new location, or with different settings
Customize the restored VM location, and change its settings. The wizard will automatically populate all controls with the original VM settings as the defaults.
Restore VM tags
< Previous
Next >
Finish
Cancel

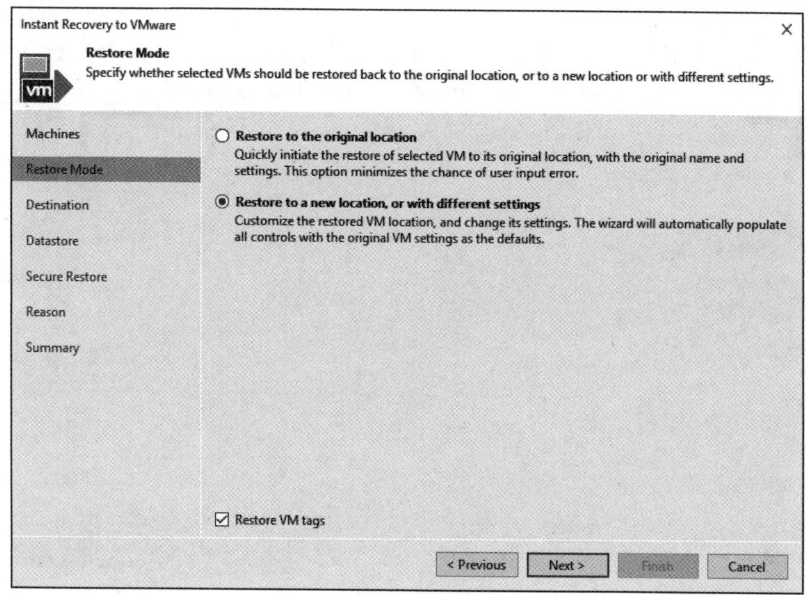

图 3-3

Instant Recovery to VMware
Destination
Choose ESX server to run the recovered virtual machine on. You can choose to power on VM automatically, unless you need to adjust VM settings first (such as change VM network).
Machines
Restore Mode
Destination
Datastore
Secure Restore
Reason
Summary
Restored VM name:
CloudData_IVR
Host:
10.10.1.101
Choose...
VM folder:
Discovered virtual machine
Choose...
Resource pool:
Resources
Choose...
To customize machine BIOS UUID click Advanced.
Advanced
< Previous
Next >
Finish
Cancel

图 3-4

5）在“Datastore”步骤中，保持默认设置，不做更改，点击“Next”按钮，如图 3-5 所示。

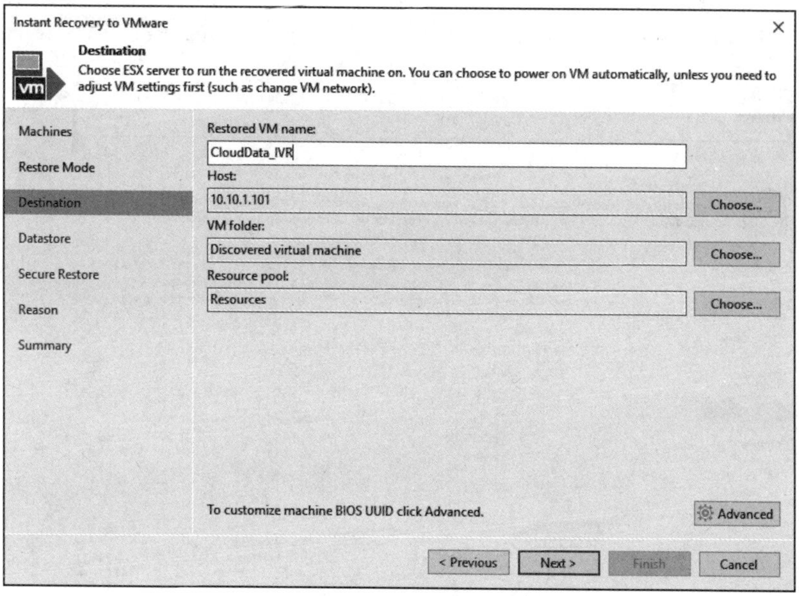

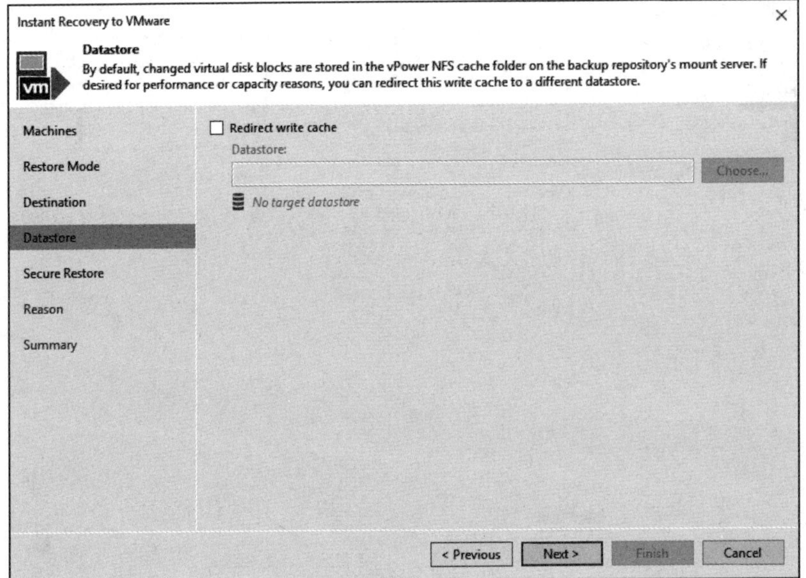


图 3-5

6）在“Secure Restore”步骤中，保持默认设置，不做更改，点击“Next”按钮，如图 3-6 所示。

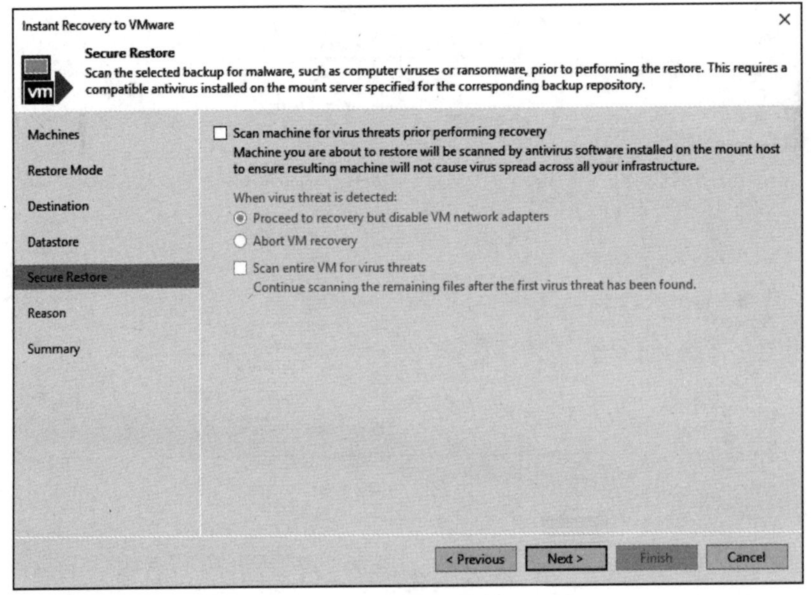


图 3-6

7）在“Reason”步骤中，填入进行本次恢复的原因“ESXi 系统主机故障，导致虚拟机损坏，需要立刻恢复。”后，点击“Next”按钮，如图 3-7 所示。

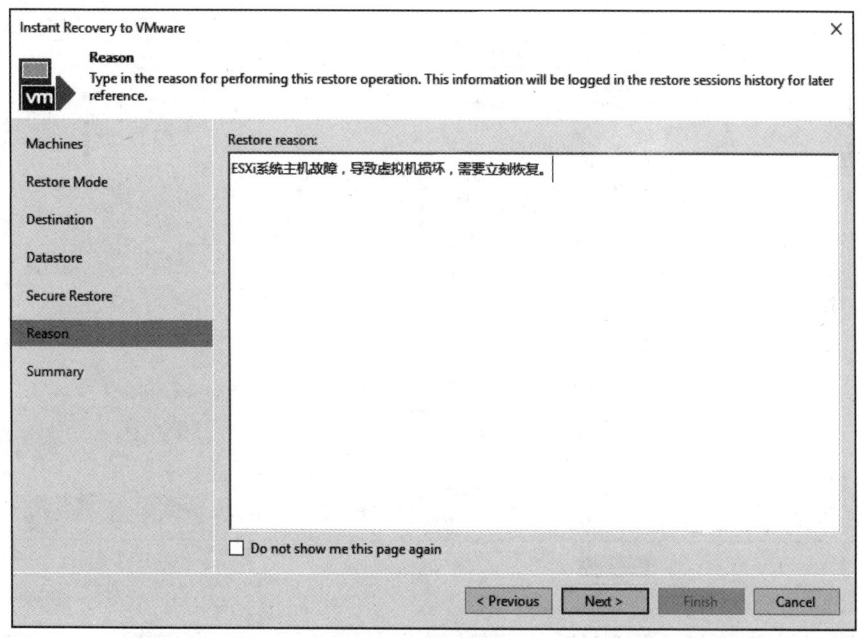


图 3-7

8）在“Summary”步骤中，同时勾选“Connect VM to network”和“Power on target VM after restoring”这两个复选框，确保业务迅速启动，点击“Finish”按钮，VBR 就开始了全自动即时恢复，如图 3-8 所示。

9）大约 2 分钟后，虚拟机被发布到新的 10.10.1.101 ESXi 主机上，并且开机即可使用，此时 SQL Server 也已经能够正常对外提供服务了，在 VBR 控制台中，点击“Open VM Console”后，输入 vCenter 的用户名密码，即可查看这台虚拟机的状况，不需要回到 vCenter 上查看，如图 3-9 所示。

10）执行“Migrate to Production”操作，将这台虚拟机迁移回生产存储 ESXi02 DS 中，在这个步骤中会使用 VMware Storage vMotion 功能来做迁移；在点击“Migrate to Production”按钮后，启动 Quick Migration 向导，在“Destination”步骤中，为恢复目的地选择 ESXi02 DS 这个数据存储，其他选项保持默认，最后点击“Next”按钮，如图 3-10 所示。

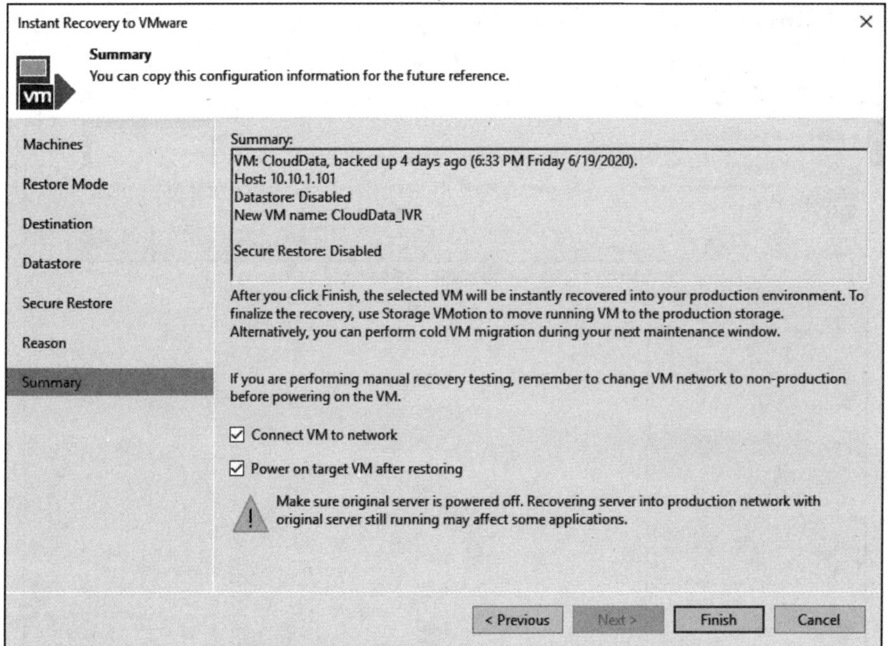
Instant Recovery to VMware
Summary
You can copy this configuration information for the future reference.
Machines
Restore Mode
Destination
Datastore
Secure Restore
Reason
Summary
Summary:
VM: CloudData, backed up 4 days ago (6:33 PM Friday 6/19/2020).
Host: 10.10.1.101
Datastore: Disabled
New VM name: CloudData_IVR
Secure Restore: Disabled
After you click Finish, the selected VM will be instantly recovered into your production environment. To finalize the recovery, use Storage VMotion to move running VM to the production storage. Alternatively, you can perform cold VM migration during your next maintenance window.
If you are performing manual recovery testing, remember to change VM network to non-production before powering on the VM.
Connect VM to network
Power on target VM after restoring
Make sure original server is powered off. Recovering server into production network with original server still running may affect some applications.
< Previous
Next >
Finish
Cancel

图 3-8

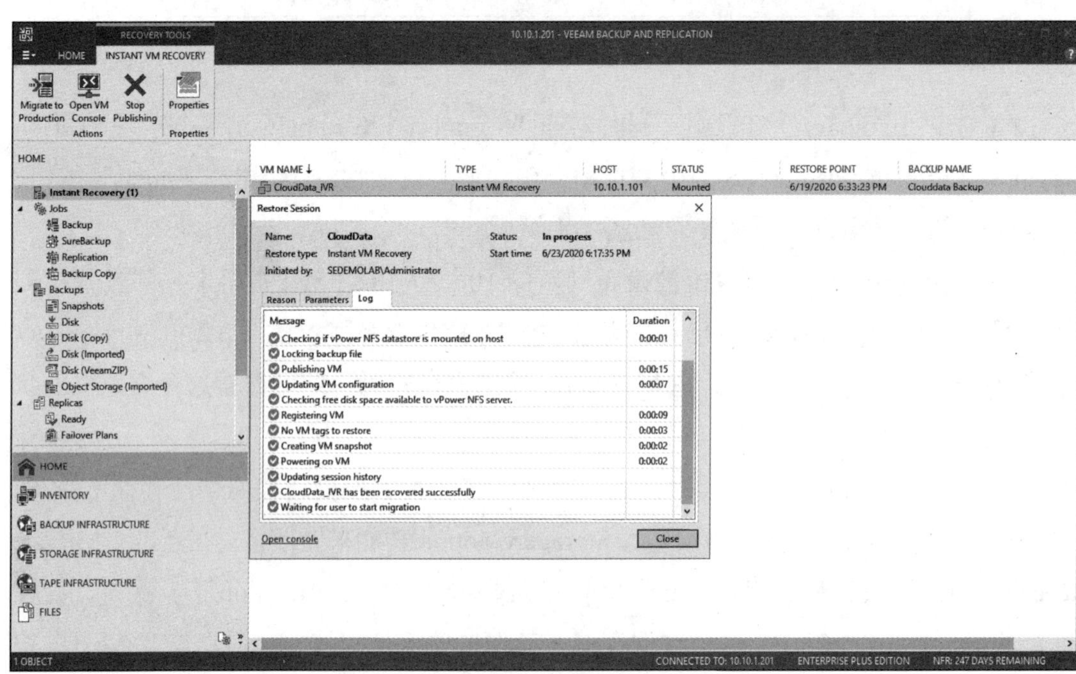
RECOVERY TOOLS
10.10.1.201 - VEEAM BACKUP AND REPLICATION
HOME
INSTANT VM RECOVERY
Migrate to Production
Open VM Console
Stop Publishing
Properties
Actions
Properties
HOME
Instant Recovery (1)
Jobs
Backup
SureBackup
Replication
Backup Copy
Backups
Snapshots
Disk
Disk (Copy)
Disk (Imported)
Disk (VeeamZIP)
Object Storage (Imported)
Replicas
Ready
Failover Plans
HOME
INVENTORY
BACKUP INFRASTRUCTURE
STORAGE INFRASTRUCTURE
TAPE INFRASTRUCTURE
FILES
VM NAME
TYPE
HOST
STATUS
RESTORE POINT
BACKUP NAME
CloudData_IVR
Instant VM Recovery
10.10.1.101
Mounted
6/19/2020 6:33:23 PM
Clouddata Backup
Restore Session
Name: CloudData
Status: In progress
Restore type: Instant VM Recovery
Start time: 6/23/2020 6:17:35 PM
Initiated by: SEDEMOLAB\Administrator
Reason
Parameters
Log
Message
Duration
Checking if vPower NFS datastore is mounted on host
0:00:01
Locking backup file
Publishing VM
0:00:15
Updating VM configuration
0:00:07
Checking free disk space available to vPower NFS server.
Registering VM
0:00:09
No VM tags to restore
0:00:03
Creating VM snapshot
0:00:02
Powering on VM
0:00:02
Updating session history
CloudData_IVR has been recovered successfully
Waiting for user to start migration
Open console
Close
1 OBJECT
CONNECTED TO: 10.10.1.201
ENTERPRISE PLUS EDITION
NFR: 247 DAYS REMAINING

图 3-9

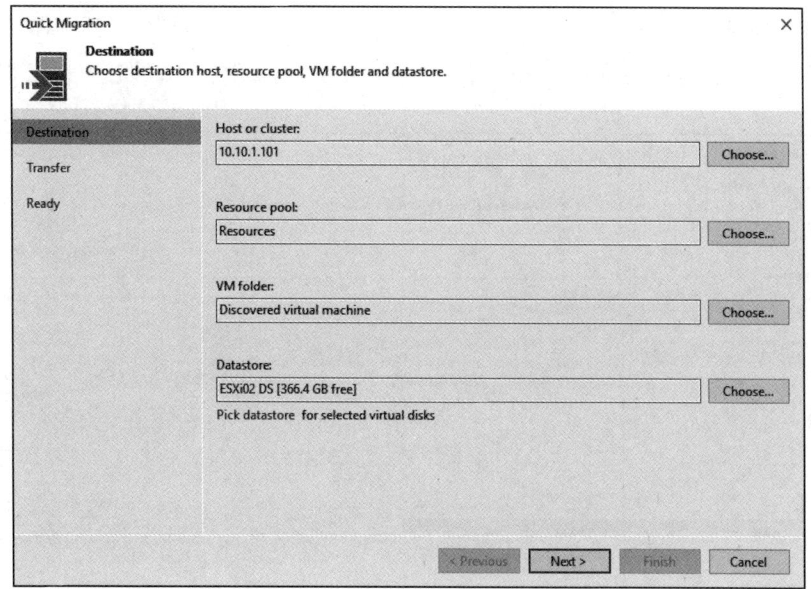


图 3-10

11）在“Transfer”步骤中，不选择“Force Veeam transport usage”复选框，保持所有默认设置不变，点击“Next”按钮，如图 3-11 所示。

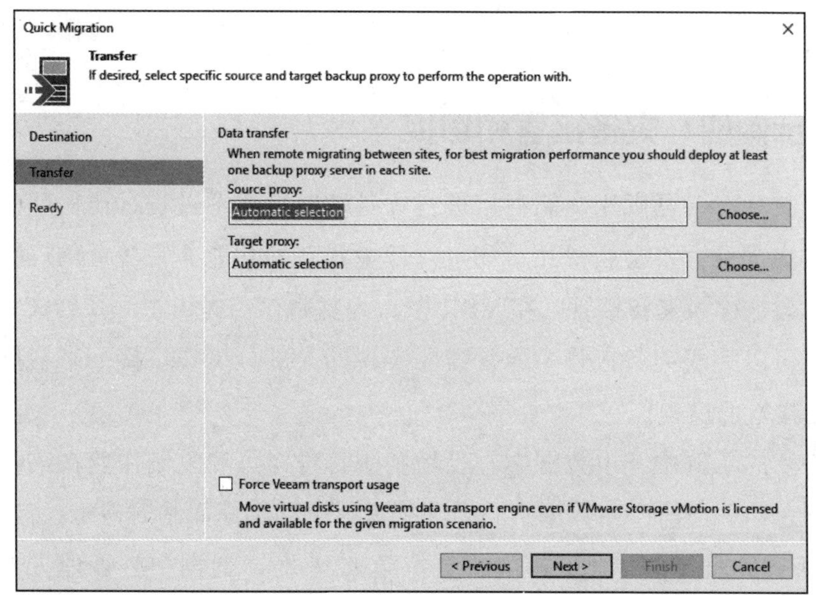


图 3-11

12）经过一系列自动迁移条件的判断后，VBR 最终选择了 VMware vMotion 作为迁移方式，点击“Finish”按钮，虚拟机开始恢复磁盘 I/O，如图 3-12 所示。

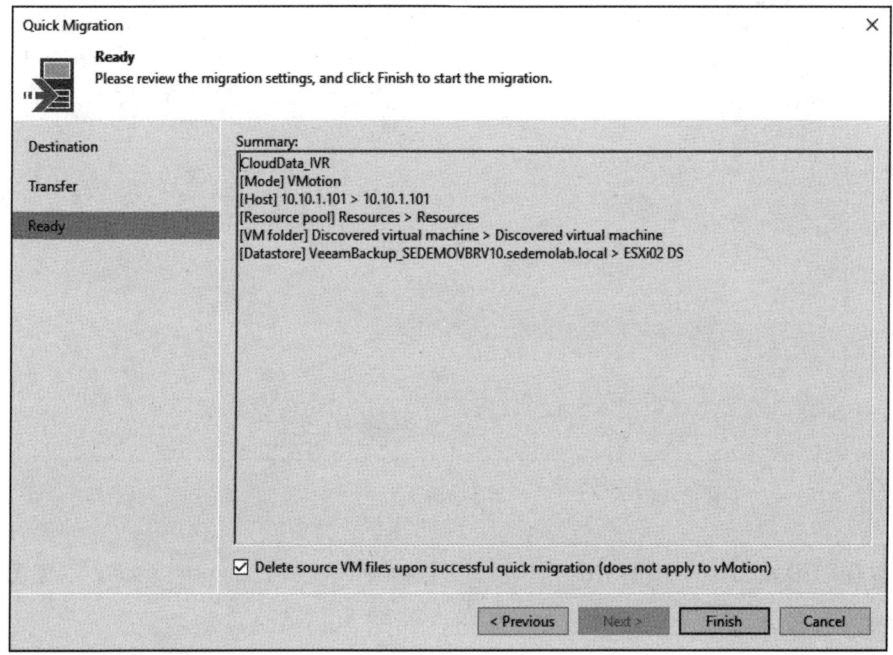


图 3-12

## 3.3.2 示例四：灾备接管和切换

当发生故障时，可以用复制存档进行灾备切换，这个过程远比一般的恢复方式要快，切换完成后，将会获得几乎和生产环境状态和性能非常接近的虚拟机，通常这样的操作会被称为灾备接管。在 VBR 中，为复制存档提供了一系列灾备接管的流程，在这里可以完成灾备接管中通常需要实现的大部分操作。接下来会用一个示例来说明灾备接管的过程。

在上一章的示例中，主数据中心已经利用备份拷贝和复制作业在灾备中心创建了一份复制存档。当前，主数据中心因为要进行工程维修而临时停电，需要在 19 点 30 分关闭所有的服务器，此次停电将会持续 12 小时，数据中心管理员需要将当前的重要机器 CloudData 切换到灾备中心以继续提供接下来 12 小时的服务，当主数据中心 12 小时后恢复供电时，灾备中心再将数据传输回主数据中心，主数据中心继续运行接下去的业务。数据中心的架构如图 3-13 所示。

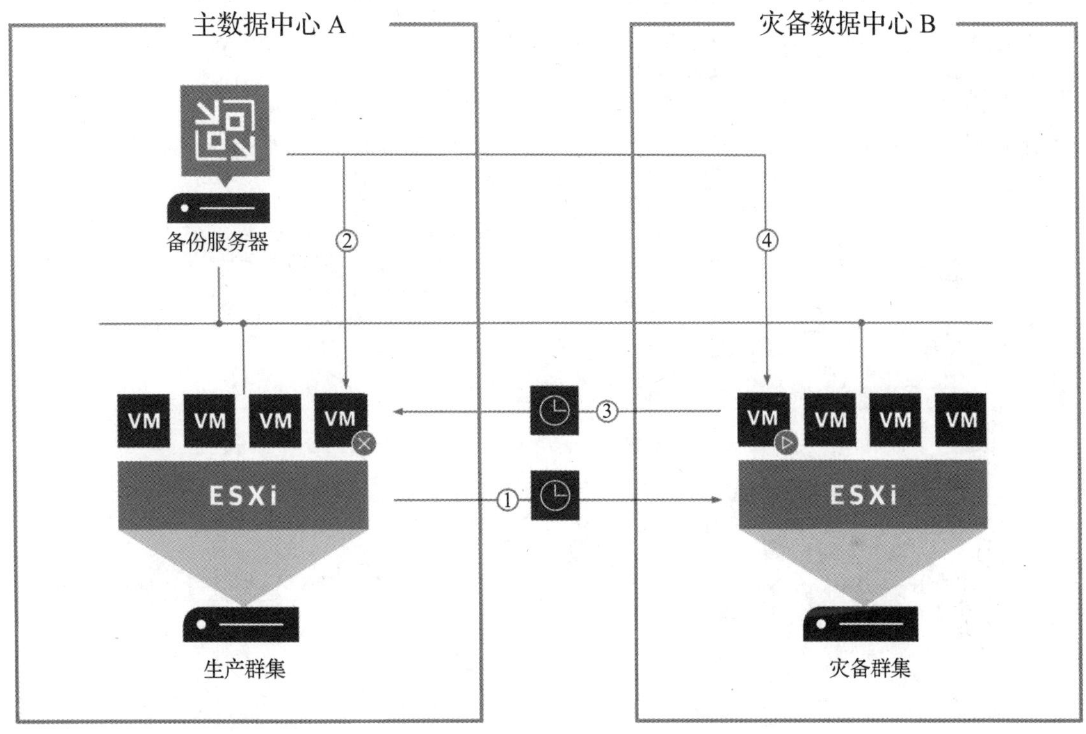


图 3-13

**配置步骤**

1）下午 19 点 30 分左右，数据中心管理员开始执行此次计划内的切换，切换前，主数据中心的生产系统处于运行状态，而灾备中心的复制存档处于关机状态，复制存档中的数据是昨天晚上 22 点的虚拟机的存档。此时，数据中心管理员启动 VBR 中的 Planned Failover 功能。

这个功能会执行以下过程：

a）触发一次在线的增量复制；

b）增量复制完成后，关闭主数据中心的 CloudData 虚拟机；

c）再次触发增量复制，复制关闭后的虚拟机，用于做最终的数据同步，保持状态完全一致；

d）最终复制完成后，启动 CloudData_Copy 这台虚拟机。

在“Home”界面中找到这台 CloudData 虚拟机的复制存档，这个存档的当前状态是“Ready”，通过右键菜单的“Planned Failover”启动切换向导。这个向导非常简单，只需要选取虚拟机即可，如果要一起切换多台虚拟机，可以通过“Add VM”按钮来增加虚拟机。因为最终要同步以保持一致状态，所以不需要选择任何还原点，如图 3-14 所示。

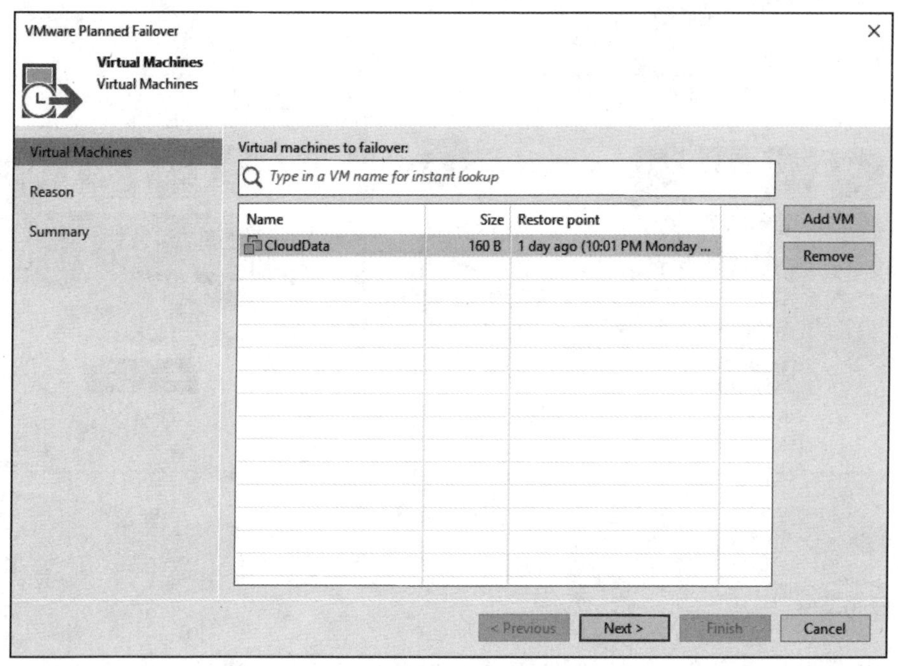


图 3-14

2）根据上述切换流程，Planned Failover 完成了切换，CloudData 的复制存档进入了 Failover 状态，开始运行并且接管所有生产的业务，此时所有的访问被重定向至灾备中心的 CloudData_Copy 这台虚拟机。主数据中心进入维护状态，等待停电时刻的到来，如图 3-15 所示。

3）第二天上午 7 点 30 分，主数据中心的电力恢复，大约 1 小时后，所有的 VMware 基础架构恢复正常的状态。此时 CloudData_Copy 这台虚拟机还在灾备中心运行，管理员需要将 CloudData_Copy 虚拟机当前的状态迁移回主数据中心，这里面涉及停电的 12 小时中产生的变化数据。在 VBR 的“Home”界面中，找到处于“Active”状态的 CloudData 存档，在上方工具栏中，找到“Failback to Production”按钮，点击这个按钮即可将最近 12 小时的变化数据回传至主数据中心。

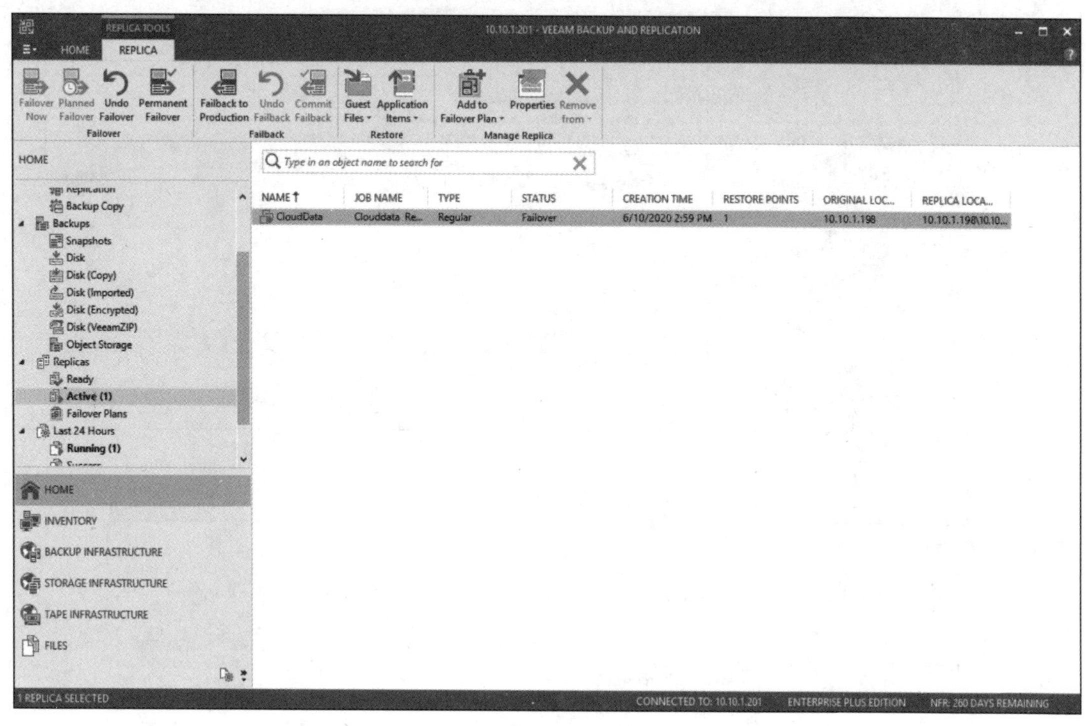


图 3-15

执行这个“Failback to Production”时，会进入一个“Failback”向导，因为仅仅是停电，原来的 CloudData 虚拟机都还正常存在于 vSphere 中，在“Destination”步骤中，选择“Failback to the original VM”，并且勾选“Quick rollback”，点击“Next”按钮，仅将过去 12 小时的增量数据传输回主数据中心，如图 3-16 所示。

4）在“Summary”步骤中勾选“Power on target VM after restore”复选框，然后点击“Finish”按钮。接下来，CloudData_Copy 机器将会被关闭，并传输增量数据回主数据中心，如图 3-17 所示。

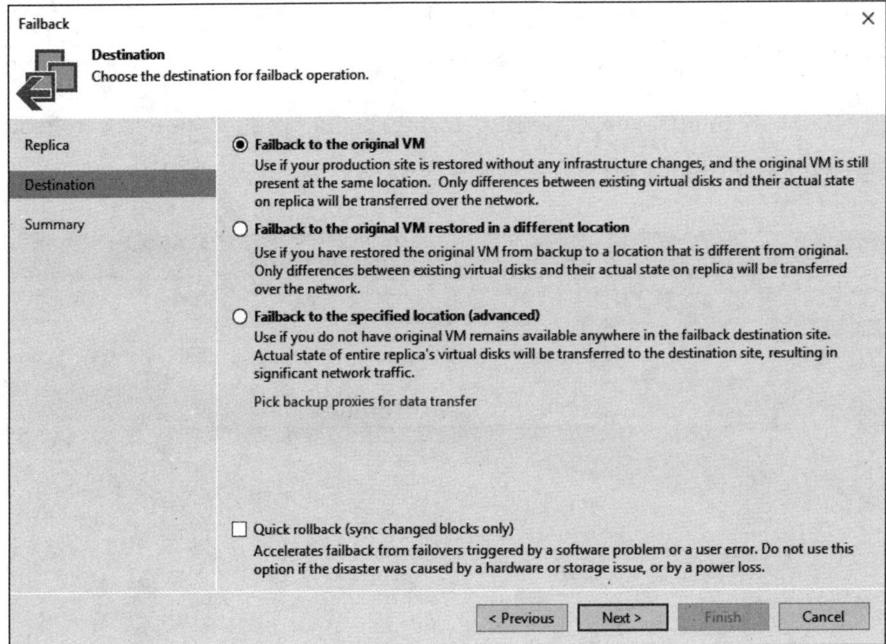
Failback
Destination
Choose the destination for failback operation.
Replica
Destination
Summary
Failback to the original VM
Use if your production site is restored without any infrastructure changes, and the original VM is still present at the same location. Only differences between existing virtual disks and their actual state on replica will be transferred over the network.
Failback to the original VM restored in a different location
Use if you have restored the original VM from backup to a location that is different from original. Only differences between existing virtual disks and their actual state on replica will be transferred over the network.
Failback to the specified location (advanced)
Use if you do not have original VM remains available anywhere in the failback destination site. Actual state of entire replica's virtual disks will be transferred to the destination site, resulting in significant network traffic.
Pick backup proxies for data transfer
Quick rollback (sync changed blocks only)
Accelerates failback from failovers triggered by a software problem or a user error. Do not use this option if the disaster was caused by a hardware or storage issue, or by a power loss.
< Previous
Next >
Finish
Cancel

图 3-16

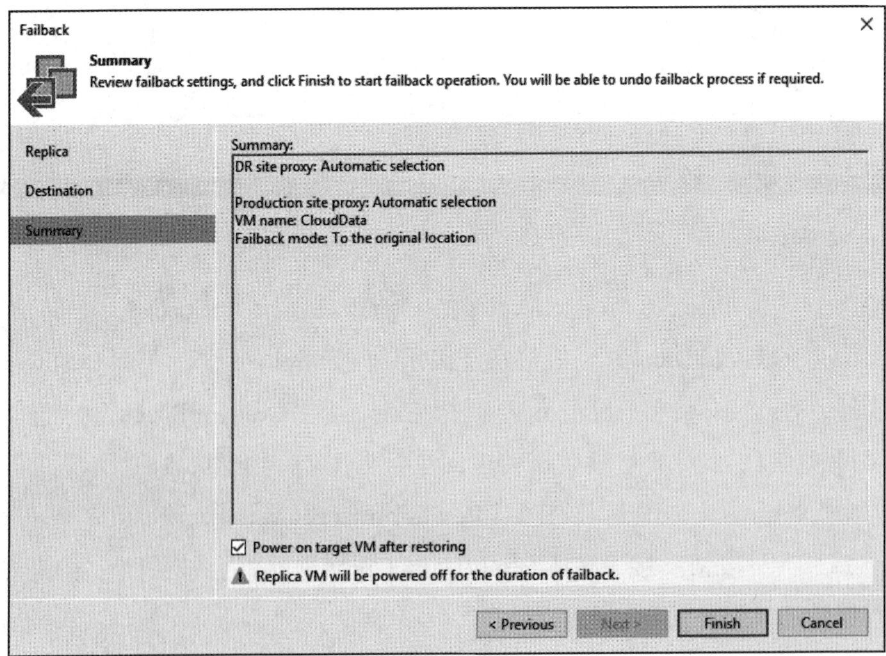
Failback
Summary
Review failback settings, and click Finish to start failback operation. You will be able to undo failback process if required.
Replica
Destination
Summary
Summary:
DR site proxy: Automatic selection
Production site proxy: Automatic selection
VM name: CloudData
Failback mode: To the original location
Power on target VM after restoring
Replica VM will be powered off for the duration of failback.
< Previous
Next >
Finish
Cancel

图 3-17

5）经过一系列的全自动处理操作，主数据中心的虚拟机 CloudData 重新运行起来了，而灾备数据中心此时处于关机状态。在 VBR 控制台中，可以看到当前的复制存档的状态为“Failback”，虚拟机的图标上也显示了向左的反向箭头，这表示已经回切成功。为了防止误操作，VBR 在此处加入了中间步骤和中间过程，因此此处会有“Commit Failback”和“Undo Failback”选项供管理员选择。管理员回到虚拟化平台后，检查该恢复出来的系统状态，如果一切正常，只需要点击“Commit Failback”图标，就可以结束整个切换流程，如图 3-18 所示。

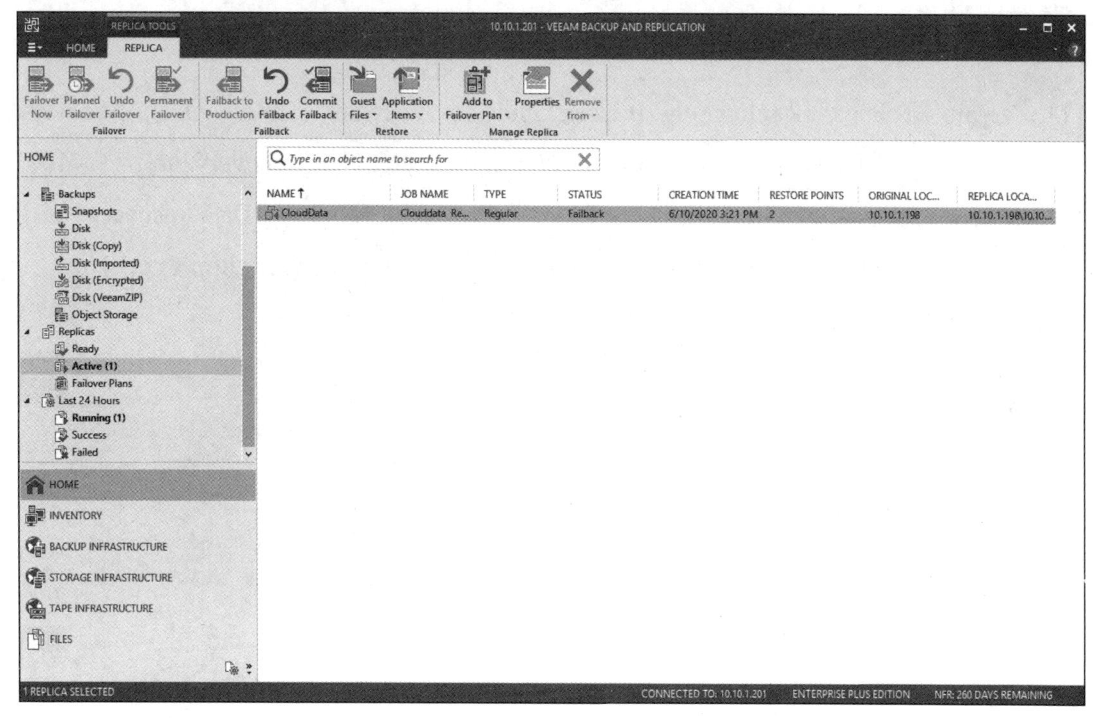


图 3-18

## 3.4 本章小结

本章介绍了如何从备份存档和复制存档中恢复数据。首先讨论了镜像的恢复方式，包括即时恢复和完整恢复，其中即时恢复的恢复时间非常快，而完整恢复则是通用型的经典恢复方式。然后又讨论了多种多样的文件恢复和对象恢复，这为管理员提供了更多的选择。而对于灾备存档，由于它的特殊性，我们单独将它列出来，讨论了它的恢复逻辑。在本章的示例中，我们通过两个恢复示例展示了如何达成管理员的恢复目标，对于各种恢复手法在不同场景下的应用有借鉴意义。在第 4 章中，你将进一步了解这些备份存档是如何被正确地存放起来的，以及存放这些数据的存储库的规划、设计和选择。在继续学习之前，关于数据恢复的话题，你可以参考 Veeam 的官方使用手册了解更多。

## 参考文献

[1] Veeam Backup & Replication 10 User Guide for VMware vSphere - Data Recovery [OL]. https://helpcenter.veeam.com/docs/backup/vsphere/data_recovery.html?ver=100.

[2] Veeam Backup & Replication 10 User Guide for Microsoft Hyper-V - Data Recovery [OL]. https://helpcenter.veeam.com/docs/backup/hyperv/data_recovery.html?ver=100.

# 第4章 二级存储库管理

在这个数据飞速增长的时代，数据管理对企业来说是一个巨大的挑战，如果只是简单地存储和备份数据，远远达不到企业对数据的要求。那么可以采用何种技术去简单、灵活、可靠地保护数据和利用数据呢？以云数据管理为核心，并加强二级存储库的使用将是一个非常有效的方法。

数据被提取存放后，需要被合理正确地管理。通常这些数据存放的位置有别于生产存储，在数据管理领域，我们通常称这一位置为二级存储库。对于二级存储库的管理是后期使用这些数据的重要基础，合理规划和分配二级存储资源能够帮助管理员提升数据管理能力、数据使用效率并且最终达成云数据管理的目标。在本章中，我们将根据 VBR 的特性，详细探讨二级存储库的使用方法和最佳部署实践。

在本章的示例中，结合公有云对象存储库的使用，灾备管理员将本地数据延展到了公有云，这两个公有云实战示例详解了二级存储库上有关数据的全新管理和使用方法。

# 4.1 二级存储库简介

## 4.1.1 二级存储库的定义

二级存储库也称为辅助存储库，通常用来存储不经常访问的数据。按照数据生命周期管理理论，通常会以访问频率高低将存储分成在线存储、近线存储和离线存储三种类型，而二级存储库属于近线类型的存储设备。在存储的基础架构建设过程中，通常使用高性能的存储设备作为在线存储设备来承载生产应用系统数据，而将性能相对较低的存储设备作为辅助存储设备，承载备份与容灾数据，或者用来承担更长期数据的保留、归档等。这些二级存储设备也往往更加经济实用。通过这样的存储分层规划和组合，既可以满足企业用户的核心生产系统对于高性能的要求，同时又能降低存储的总体拥有成本。

## 4.1.2 二级存储库的应用

现代企业管理中，数据已经成为企业的重要资产，但是数据若在存储后没有被及时利用，就会成为“暗数据”，反而成了拖累企业的垃圾。因此如何发挥数据的价值，就成了企业最重要的战略之一。衡量数据是否可以被及时提供（数据管理平台从收到用户的数据需求到把数据表达出来，提供数据服务的时间），已经成为衡量二级存储服务优劣的标准。Veeam 通过 vPower 专利技术为用户提供数据即时利用服务。此项服务可帮助用户快速得到并利用备份数据，无论是做虚拟机转换或是通过挂载服务器提取文件都是非常方便的。在新的版本中，Veeam 还加入了数据库发布以及数据集成 API 技术，用户可以利用这些技术，让数据为企业服务，使数据成为企业最重要的资产。

### 4.1.3 二级存储库的架构设计要点

区分于二级存储库上的不同应用，在设计架构时通常要注意以下要点。

#### 1. 冗余架构

由于二级存储库上的数据通常是用来做备份恢复和灾难恢复的，这些数据可能是企业用户在系统发生自然灾害、错误操作或者恶意攻击后，造成的数据丢失时最后的希望，那么在进行设计时，就要保证数据存储架构是冗余的，而且不会造成数据丢失，在设计过程中推荐遵守 3-2-1-0 黄金法则，保证异质、异地地进行数据副本的存放。

#### 2. 分层架构

在设计二级存储架构时，应该考虑按照数据的生命周期进行存储分层。举例说明，在进行数据备份与归档过程中，通常对最近要用的数据和不经常访问的数据进行区分，将它们分别放置在不同的存储层上。最近要使用的数据主要用于数据的恢复和再利用，需要存储到性能较高的存储层上；而远期数据，则要分层归档到更为经济的存储层上，比如云中的对象存储。

#### 3. 裂隙架构

裂隙备份与磁带即服务是长期保留数据的重要场景。在有裂隙的备份架构中，二级存储在后端由服务商提供的磁带即服务或不可变存储来提供支持，可以保证用户数据离线。用户通过设定保留所删除数据的时间也可以避免误删除与人为破坏，通常保留周期按天进行设定。裂隙备份架构可以让用户有一个具有周期性的不可接触的数据保留区，从而达成安全存放数据的目的。

## 4.2 备份存储库的关键组件及常见类型

在 VBR 中，备份存储库是二级存储的最基础形态。一般来说，备份数据都会先进入 VBR 的备份存储库中，在这个存储库中完成第一次数据存储后，再由 VBR 通过数据拷贝和数据转存技术实现冗余架构、分层架构和裂隙架构。在本节中，我们将详细讨论这个基础形态的构成和工作原理。

## 4.2.1 备份存储库的关键服务及组件

为了能够更好地提供数据使用服务，实现云数据管理的目标，Veeam 的备份存储库并不是简单地提供存储数据的空间，它更重要的作用是：为存放在这里的数据提供访问和使用服务。因此，备份存储库和普通的磁盘块设备有着本质区别。在 Veeam 的备份存储库中，有一系列为达成云数据管理目标所设计的关键组件，包括：数据搬运工（Data Mover）服务、网关服务器（Gateway Server）、挂载服务器（Mount Server）和 vPower NFS 服务。

### 1. 数据搬运工

VBR 是一套数据保护软件，它在工作的时候离不开传输数据，因此在 VBR 中有一个非常关键的组件，称之为数据搬运工。这个小组件会出现在很多角色服务器上，负责搬运数据，比如备份、复制、恢复、日志传输等。备份存储库作为存放数据的目的地，对数据搬运工的依赖程度非常高，可以说，哪里有备份存储库，哪里就有数据搬运工。

第 2 章介绍过 VBR 的核心组件是备份服务器、备份代理和备份存储库，在各种 VBR 作业中都会出现数据搬运工的身影，如图 4-1 所示，接下去通过图例详细说明数据搬运工的工作过程，这里以典型的 vSphere 环境来描述这个过程。

1）在初始化阶段，VBR 将检查并使备份作业所需的资源就绪。初始化备份作业结束后，VBR 将启动 Veeam 备份管理器进程。

2）Veeam 备份管理器从 Veeam 备份配置数据库中读取备份作业设置，并创建要进行数据处理的虚拟机任务列表，此时一个任务代表一个虚拟磁盘。

3）Veeam 备份管理器连接到 Veeam 备份服务。Veeam 备份服务包括一个资源调度组件，用于管理备份基础架构中的所有任务和资源。资源调度程序检查哪些资源可用，分配备份代理和存储库，并使用 Veeam 的负载均衡机制处理作业任务。

4）在分配了必要的备份基础架构资源之后，Veeam 备份管理器将连接到目标存储库和备份代理上的传输服务，传输服务将启动数据搬运工服务。此时在备份代理上，将为每个进程启动一个新的数据搬运工服务。

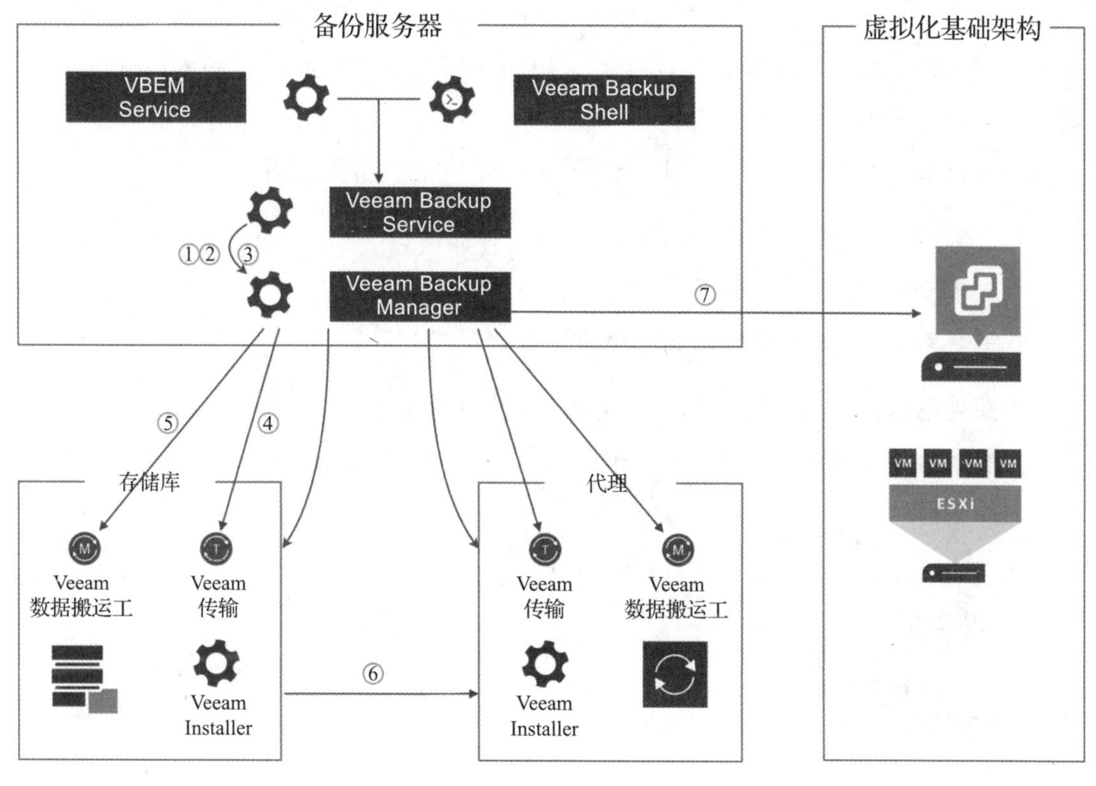


图 4-1

5）Veeam 备份管理器在备份存储库和备份代理上与数据搬运工建立连接，并设置许多数据传输规则（例如传输加密和网络流量限制规则等）。

6）备份代理和存储库上的数据搬运工相互建立连接以进行数据传输。

7）Veeam 备份管理器将与 vCenter Server 或 ESXi 主机建立连接，并收集参与备份过程的虚拟机和主机的元数据。

从定义上来看，数据搬运工是一个代表 VBR 执行数据处理任务的组件，它建立在 VBR 架构组件中的备份代理和存储库之间或通过网关服务器建立在备份存储库之间，实现数据传输。具体操作包括：检索源端虚拟机的数据，在目标存储库上执行重复数据删除和压缩以及将备份的数据存储至备份存储库。

## 2. 网关服务器

网关服务器是辅助备份基础架构组件，它负责“桥接”备份服务器和备份存储库。网关服务器本身是一个非常轻量级的 Windows 服务，因此在 VBR 中任意一台受 VBR 管理的 Windows 服务器都可以承担网关服务器的任务。这里有一个特殊的场景是，对于 NFS 的文件共享，受管理的 Linux 服务器也可以成为网关服务器。

在备份基础架构中部署以下类型的备份存储库时，必须使用网关服务器：

- 基于共享文件夹（SMB 和 NFS）的备份存储库；
- Dell EMC DataDomain 重复数据删除存储设备；
- HPE StoreOnce 重复数据删除存储设备。

上面列举的这三个备份目标端是无法承载数据搬运工服务的，所以 VBR 就要使用网关服务器来托管目标端的数据搬运工服务，从而完成数据传输。图 4-2 是网关服务器的工作过程。

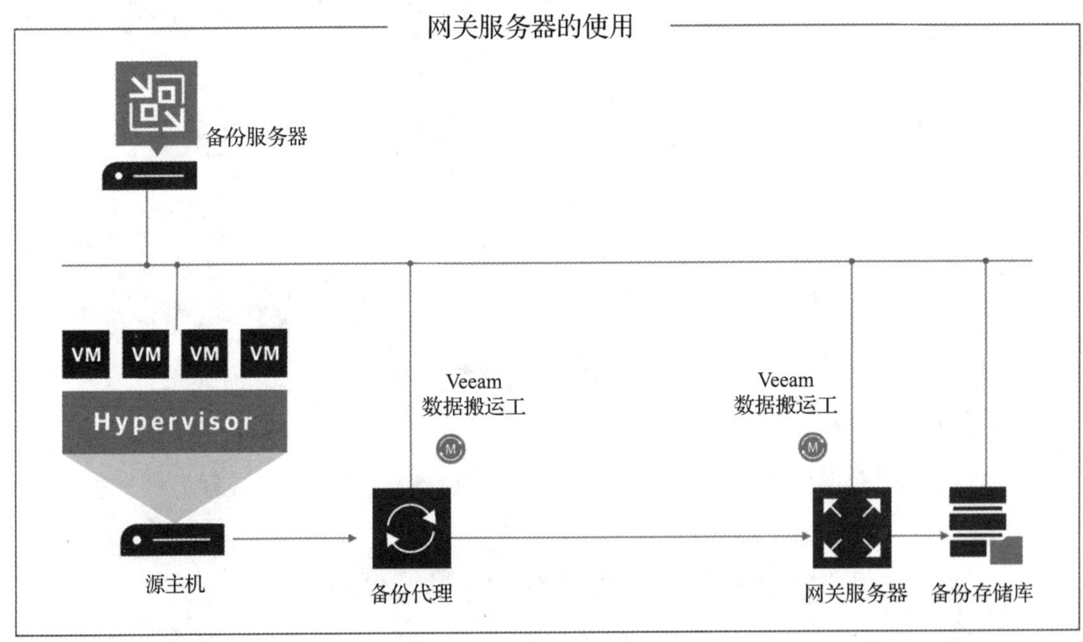


图 4-2

VBR 在分配网关服务器时采用两种方式。默认情况下，VBR 以全自动的方式根据各个任务的特性自动选择最合适的网关服务器。这是一种非常推荐的方式，配置备份存储库时，只需在网关服务器的选项中选择“Automatic”即可。另外一种是手工指定网关服务器，这种方式下，VBR在任何场景下都会使用指定的网关服务器，这种方式要求备份管理员非常了解自己的工作环境，根据经验进行配置。

### 3. 挂载服务器

这是在VBR中使用备份存档所用的重要组件，绝大多数的数据使用场景都会依赖挂载服务器。挂载服务器本身是一个非常轻量级的Windows服务，因此在VBR中任意一台受VBR管理的Windows服务器都可以承担挂载服务器的任务。

在VBR中，对于每一个备份存储库来说，都必须有一个挂载服务器与其一一对应，每一个备份存储库有且只有一个挂载服务器可以使用。当然灾备管理员可以在备份存储库的设置向导中随时按需地调整每一个备份存储库对应的挂载服务器，调整过程仅在VBR上完成，不会影响任何存储库的数据存取服务。

一般来说，挂载服务器的位置离备份存储库越近越好，这样数据读取路径最短；挂载服务器和备份存储库在绝大多数情况下是通过IP网络进行通信的，两者之间的网络带宽越大越好，这样，它的IOPS和吞吐量才能最佳。

当灾备管理员发起即时虚拟机恢复、文件级恢复、对象级恢复、安全恢复以及数据集成API调用等操作时，VBR会激活挂载服务器的相关进程，开始提供服务。如图4-3所示，在右边的远程站点内，挂载服务器和备份存储库处于同一机架上，备份服务器发起数据使用请求时，备份存档文件被从备份存储库挂载到挂载服务器上，挂载服务器再将数据内容发布出去，以让客户端通过iSCSI或者NFS方式访问到数据内容。

在挂载服务器上需要设定一个特殊的文件夹，这个文件夹会存放所有的与即时恢复、发布恢复相关的写缓存文件夹。我们会在vPower NFS服务中详细讨论这个文件夹。

### 4. vPower NFS服务

在挂载服务器上还可以额外启用一个很特别的服务——vPower NFS服务（这是Veeam的专利技术）。这个服务特别适用于VMware vSphere环境，它允许直接从备份存档运行虚拟机，是在 vSphere 中进行即时恢复的基础。另外，数据实验室也会调用这个服务，利用它实现备份作业的验证、细粒度恢复以及按需沙盒等功能。

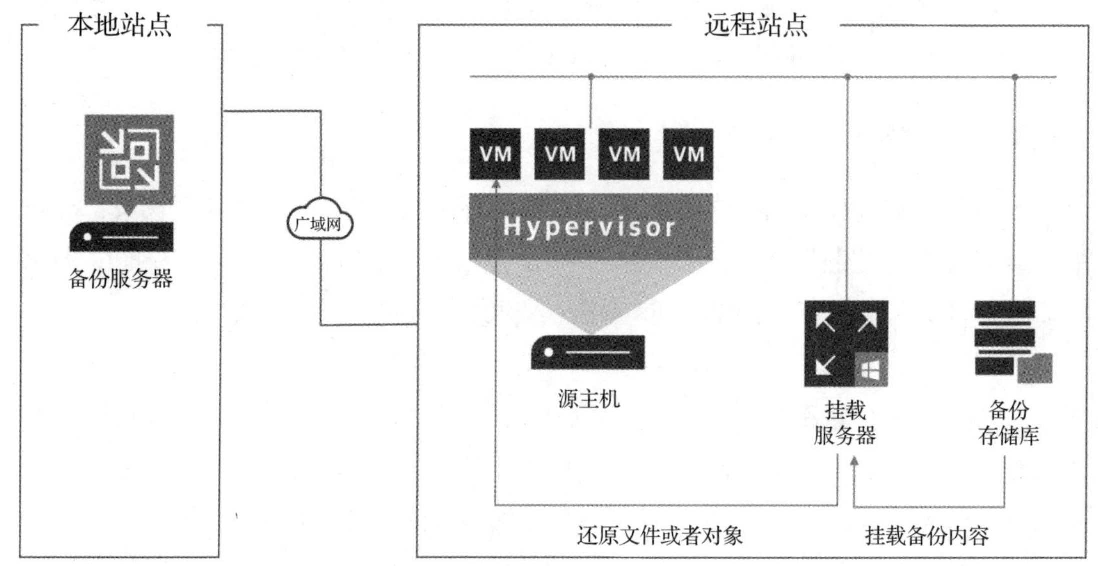


图 4-3

vPower NFS 是附加在每一个挂载服务器上的额外服务，因此它会和挂载服务器一起运行在 Windows 服务器上，如图 4-4 中挂载服务器步骤中的复选框 “Enable vPower NFS service on the mount server（recommended）”。它是一个可选项，也就是说，并不是每一个挂载服务器都必须开启 vPower NFS 服务。为了安全，通常在有大规模部署的环境中，灾备管理员会按需开启这个服务。

启用 vPower NFS 服务后，VBR 会在挂载服务器的写缓存文件夹下创建一个名为 NfsDatastore 的文件夹，当灾备管理员发起需要使用 vPower NFS 服务的相关操作后，VBR 会将备份存档文件以模拟的方式发布到这个文件夹中。这时候，这个文件夹中会出现一组完整的组成虚拟机的文件，包括 vmdk、vmx、nvram 等，而实际上，这些数据并没有被恢复到 NfsDatastore 这个文件夹中。当 vSphere 访问这些数据时，vPower NFS 服务会将请求的数据块重定向至对应的备份存档文件中。

虽然说，NfsDatastore 中存放的是模拟出来的虚拟机数据文件，它并不会实际占有挂载服务器的任何磁盘空间，但是 NfsDatastore 中实际上还会存放在即时虚拟机恢复过程中产生的 Redo Log 文件和 Swap 文件。

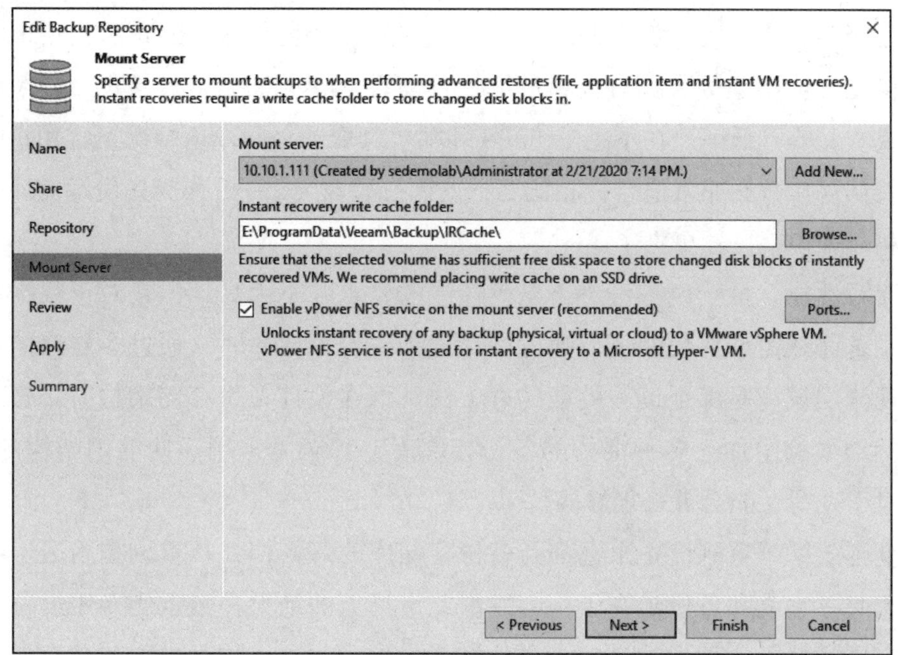


图 4-4

- Redo Log 文件的大小并没有一个固定的数值，它取决于实际虚拟机恢复后在运行过程中产生的变化量、运行持续时间。
- Swap 文件的大小为原虚拟机所配置的内存大小。

因此，在实际使用中要考虑应对环境规模和并发数据使用的场景，对 NfsDatastore 文件夹做合理规划，避免磁盘空间过小引起 vPower NFS 使用失败以及 vPower NFS 使用过程中的数据丢失问题。

### 4.2.2 备份存储库的选择与使用

对于 VBR 来说，备份存储库这一基础组件的选择非常广泛，任何可以用于存放数据的磁盘介质都可以用作 VBR 的基础备份存储库。很显然，各种磁盘介质所能呈现的性能特性是完全不同的，因此在选择备份存储库的磁盘介质时，需要从多方面考虑磁盘介质的特性和特点，根据数据使用要求进行选择。通常管理员会从存储容量、读写性能、重删效率、数据安全合规性和利用效率这几个方面进行综合考虑。

- 存储容量。作为备份存储库，大容量的机械硬盘是绝对的首选类型，它能提供足够大的空间，拥有优秀的顺序读写性能，尤其是低转速的 SATA 硬盘的成本又非常低廉。在不追求 IOPS 和随机读取的极限数值情况下，用机械硬盘长期存放数据非常适合。相比之下，固态硬盘（SSD）作为备份存储库的场景相对来说就比较少见了。
- 读写性能。虽然说备份对于磁盘性能的要求并不太高，但是对于数据使用来说，往往需要更快的读取速度。在选择备份存储库时，通过多层存储技术实现分层调度是保证读写性能的好方法。而在设计备份存储架构时，管理员在基础架构中加入多种混搭的备份存储库，甚至是采用一些混闪架构的存储，对于读写性能会带来很好的效果。
- 重删效率。重删设备永远都是备份存储库的好搭档，从重删技术诞生的那一天起，它就和备份走在了一起。因此市场上的绝大多数重删专用设备的首选应用场景无一例外地定位为备份场景。然而，这一技术也并非独有，管理员的选择有很多，从硬件重删到软件重删，评判标准其实也非常简单，原始裸数据每 TB 的单位成本是唯一标准。
- 数据安全合规性。备份存储库中存储的数据必须安全，这是数据存储的红线，达不到这个要求的备份存储库设计就是一个失败的架构设计。然而这个的设计也必须随着技术的演进和发展保持不断进步，特别是近几年，为了应对勒索软件的挑战，涌现了一批新的存储安全技术，以确保数据的安全性。
- 利用效率。数据被存放后，如果像被封存了一样，无法再被打开并使用，那么这类数据存放其实也没有任何意义。存放后数据的利用效率，也被管理员越来越重视，这一效率和数据的存放格式、数据的可移动性以及数据的通用性有直接关系。

从分类上说，常见的备份存储库可以分为直连存储库、文件共享存储库、重删设备存储库、可轮换驱动器存储库、横向扩展存储库和对象存储库六大类。在实际应用过程中，应根据不同的需求进行选择，因此我们将对这些存储库进行逐一讲解，因横向扩展存储库与对象存储库在实际运用中非常重要，所以将会在独立的章节中进行阐述。

### 1. 直连存储库

这个分类包含两个子分类，分别是 Windows 服务器和 Linux 服务器。简单来说，任何可以被 Windows 服务器或者 Linux 服务器管理的磁盘空间都可以用作 VBR 的直连存储库，如图 4-5 所示。对于这类存储库，VBR 会将数据搬运工服务直接部署在这个备份存储库所在的服务器上，不管是 Windows 服务器还是 Linux 服务器，其上都会运行相应的数据搬运工进程。当数据传输路径建立后，一对数据搬运工之间就会发生数据传输，而这时候，因为直连存储库的特性，Windows 服务器和 Linux 服务器本身将直接扮演接收和写入数据的双重角色。

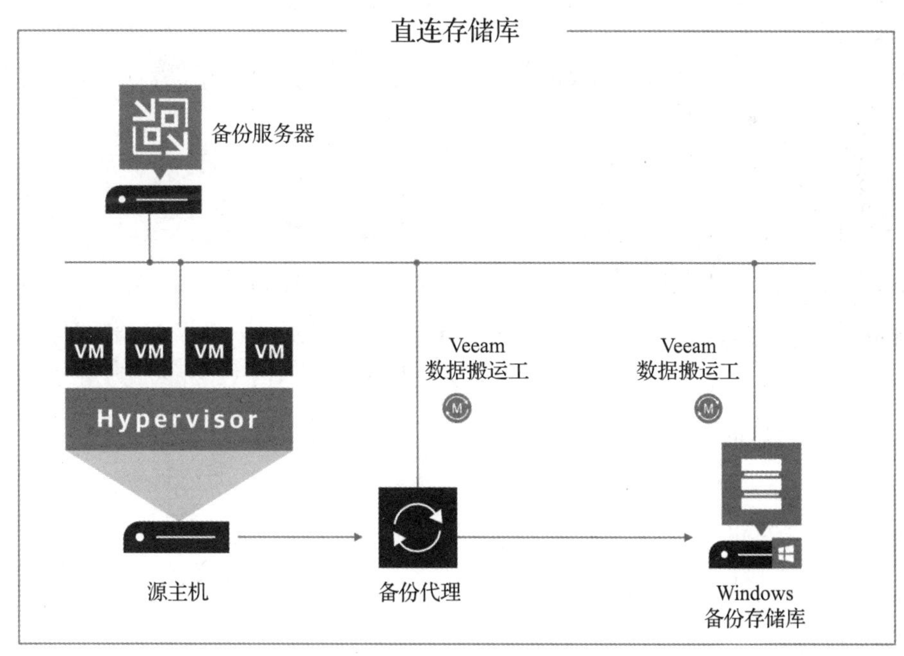


图 4-5

这种存储库的构建方式非常多，比较常见的是具有大容量磁盘的机架式服务器，服务器本身通过磁盘控制器的 Raid 机制来保证数据的冗余；另外一种构建方式是机架式服务器外挂 iSCSI 或者 FC SAN 存储。

（1）选择物理机还是虚拟机

可以将虚拟机用作存储库服务器，但在设计与规划时，对于网络和存储的数据传输路径，备份和还原操作会在这些路径上产生大量的 I/O 吞吐量。推荐使用性能较高的外置存储，如 FC SAN、iSCSI SAN 或者是 RDM 卷提供给存储库服务器使用。另外，尽可能选择与虚拟化基础架构不同的存储设备，以避免因单点故障造成数据副本丢失。如果可以，尽可能使用物理机作为存储库，以最大限度地提高存储库性能，并且可以在生产环境与备份存储之间建立清晰的隔离机制。

（2）操作系统的选择

对于 VBR 来说，使用 Windows 系统还是 Linux 系统作为备份存储库本身没有太大的差别，选择标准是基础架构管理员的喜好，或者他更熟悉哪一种。在 v10 版本中，这两种操作系统都具备支持快速克隆功能的文件系统 ReFS 和 XFS，因此从效率上来说，它们几乎是完全等同的。

从安全性来说，其实这两个操作系统都有各自的数据安全防护手段，能实现数据安全存放。

（3）文件系统的选择

对于 VBR 来说，备份存储库的文件系统选择没有太多限制，只要是由 Windows 或者 Linux 管理的文件系统都能够用于 VBR 的备份存储库。然而由于 ReFS 和 XFS 的优秀特性，绝大多数管理员都会优先选择 ReFS 和 XFS 作为被存储介质。ReFS 和 XFS 文件系统都引入了一种全新的技术，在 ReFS 中称为 FastClone，在 XFS 中称为 Reflink。使用这两种技术，VBR 在合成全量备份时可以通过引用重复数据块省去大量的 I/O 操作。从最终的效果来说，不仅大大缩短合成全量备份的总耗时，而且大大节省磁盘占用空间。然而从实际的备份存档文件来说，与存放于其他任何文件系统中的备份存档文件一样，每个文件保持其独立性，拥有它该有的容量，可以实现所有的正常操作。

当然，在使用各种文件系统时，特别是 ReFS 和 XFS，还是要注意一些特殊的配置：

#### 关于 NTFS

在存储库文件系统的选择上，应避免使用 NTFS，因为在合成全量备份操作中，

NTFS 会读取和写入所有的数据块，这将导致很大的 I/O 负载和很长的存储队列。而对于设置了“ Per-VM Backup files”选项的永久增量备份或是反向增量备份的增量合并操作，磁盘队列长度最受影响，所以不推荐使用 NTFS 文件系统。

### 关于 ReFS

ReFS 文件系统具有 FastClone 技术，所以非常适用于执行合成全量备份操作，并且在合并或创建合成填充等操作期间能够节省大量的 I/O 和吞吐量。在使用 ReFS 时需要注意以下事项：

1）操作系统必须是 Windows 2016 以上。

2）确保使用了 64KB 的数据块大小格式化磁盘分区。

3）如果使用存储阵列，确保使用 256KB 的数据块大小配置 LUN。

4）预估存储空间时，不要将用快速克隆技术节省的空间计算在内。

5）切勿使用共享 LUN 作为备份存储库。

6）检查 Windows 操作系统的 ReFS 驱动程序版本，确保版本高于 ReFS.sys 10.0.14393.2097。

7）ReFS 在合成全备份过程中会非常快速地将元数据刷新到磁盘。这些元数据刷新是以 4KB 数据块为基础的，所以应该关注存储的性能。

### 关于 XFS

XFS 上的 Reflink 技术在不久前归入了 XFS 公共分支，并获得了一些分发版的正式支持，如 Ubuntu 18.04 LTS 之后的版本，该技术对 Linux 备份存储库非常有帮助，可以大大简化并加速基于 XFS 文件系统的 Linux 备份存储库上的所有合成操作。如图 4-6 所示，可以在备份存储库设置向导中勾选“ Use fast cloning on XFS volumes”来启用这个选项。

需要注意的是，在进行文件系统格式化时，要确保 Reflink 被启用，因此在格式化时需要加入额外的 reflink 参数来激活这个特性。XFS 文件系统的格式化命令如下：

```
mkfs.xfs -b size=4096 -m reflink=1,crc=1 /dev/sdb1
```

在格式化完成后，通过以下合适路径挂载这个空间，之后就可以如图 4-6 所示，在 VBR 新建备份存储库向导中勾选相关选项来使用这个技术。

```
mount /dev/sdb1 /backups/backups
```

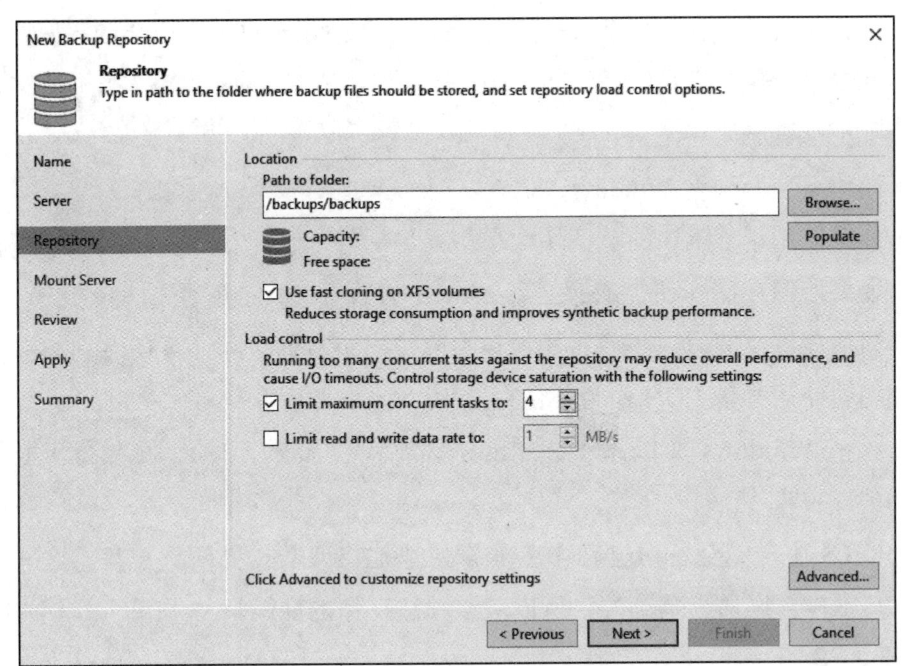


图 4-6

## 2. 文件共享存储库

在这个存储库分类中，可以选择使用 SMB 或者 NFS 文件共享存储库作为备份存储库。这两种技术分别对应于 Windows 和 Linux。使用 SMB 和 NFS 的备份存储库都会使用网关服务器。如图 4-7 所示，对于这类存储库，VBR 会将数据搬运工服务部署在网关服务器上，在网关服务器上运行数据搬运工进程。当数据传输路径建立后，一对数据搬运工之间就会出现数据传输，数据会通过网关服务器的数据搬运工服务写入，然后经过网关服务器被发送至对应的 SMB 或者 NFS 文件共享存储库中。在网关服务器和文件共享存储库之间，VBR 会采用标准的 SMB 或 NFS 的共享协议写入数据。

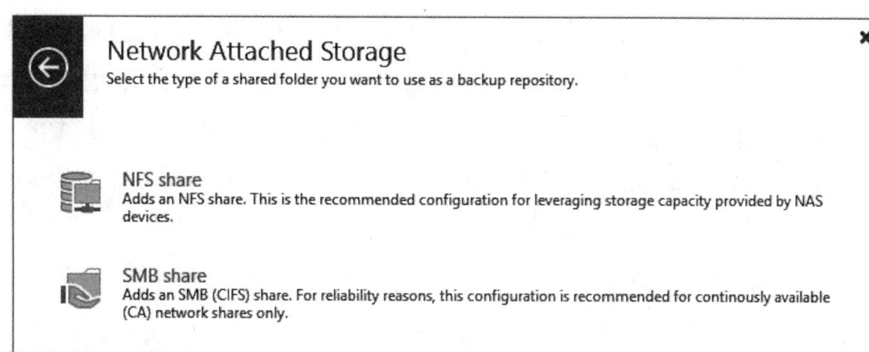


图 4-7

（1）SMB 共享文件夹

对于异地备份的场景，假如使用广域网将备份数据传输到容灾中心的 SMB 存储库，这时候，为了达到更好的性能效果，建议在远程站点中靠近 SMB 存储库的位置部署网关服务器。

SMB 共享存储库的普适性比较强，适用于各种有对应协议的设备。在很多实际使用场景中，一些中低端的不具备通用重删协议的重删设备都会用这样的模式存放数据，然后再通过存储库的后端重删功能实现数据的去重。

（2）NFS 共享文件夹

对于 NFS 来说，在 NFS 服务器端，需要为网关服务器开放读写权限，出于安全考虑，通常会建议指定某台网关服务器作为唯一的网关服务器。和 SMB 共享不同的是，在网关服务器的选择上，可以将 Linux 服务器作为备选项。

### 3. 重删设备

在数据管理中，存储容量问题一直是管理员最关心的问题，因此数据的重删技术在数据管理中应用得非常广泛。也是这个原因，有一类特别的备份专用的重删设备存在于数据管理市场中。比较典型的是 Dell EMC DataDomain、HPE StoreOnce、昆腾 DXi、ExaGrid 等。这类设备一般拥有自己独特的重删技术，能实现超高的数据重删率，长期以来广受备份管理员欢迎。对于 VBR 来说，VBR 的备份存储库可以直接使用这类设备的重删协议（比如 DDBoost 和 Catalyst）通过源端去重技术写入数据。

在 VBR 中，重删设备属于第三大分类，这个大分类根据不同的厂商品牌可细分成四个小类，分别是 Dell EMC、HPE、昆腾和 ExaGrid。对于不同的厂商设备，在添加向导中的选项设置上会有细微差异。在使用这类重删设备时，支持通过 FC 网络和 IP 网络来写入数据，在配置这类设备时，可以在向导界面中根据实际线路的连接来做选择。

由于超高的数据重删压缩比，这类设备中的数据通常都不是按顺序读写的，因此在读取这类设备中的数据时，在重删设备端的 I/O 操作有可能会要求进行数据重组，这个过程通常称为重新注水，数据在这个过程中恢复成标准的格式而被读取。这个过程对于设备的使用方 VBR 来说，完全透明，但是客观存在的情况是，基于这样的原因，有可能导致数据恢复过程的性能并不如备份过程那么优异，甚至有时候表现得还不如中低端的磁盘阵列柜。因此在考虑使用重删设备时，根据它们的特性，可用其进行长期的大量数据归档文件的存放。换成 VBR 的语言来说，这个设备非常适用于存放启用了 GFS 策略的备份拷贝作业，可实现数据的 3～5 年长期保留。

使用重删设备时，都会用到网关服务器，这和 SMB 和 NFS 共享存储库非常相似。对于重删设备这类存储库，VBR 会将数据搬运工服务部署在网关服务器上，在网关服务器上运行数据搬运工进程。当数据传输路径建立后，一对数据搬运工之间就会出现数据传输，数据会通过网关服务器的数据搬运工服务写入，然后经过网关服务器被发送至对应的重删设备中。在网关服务器和重删设备之间，VBR 会采用重删设备的专用协议写入数据。

**重删设备作为 VTL**

以上这些常见的重删设备中，都含有 VTL 模块，可以将这些重删设备当作 VTL 来使用。VTL 可以在数据生命周期管理过程中，使数据得到离线封存。当配置重删设备为 VTL 时，Veeam 会将其看作数据归档的目的地——磁带。当将重删设备作为 VTL 使用时应注意，不要在其内部再设置任何压缩，否则会导致二次重删，使重删效率降低。最佳实践为：将备份数据存储在未经压缩的暂存区域中，用作暂存区域的存储库应配置为启用“储存前先解压缩”高级选项，以确保忽略先前在作业级别应用的压缩。

### 4. 可轮换驱动器

可轮换驱动器存储库是一种很特殊的备份存储库，在 Windows、Linux 或者是文件共享存储库上可配置这类驱动器。这是指，在服务器上挂载可热插拔的 USB 或 eSATA 这类硬盘驱动器，备份作业通过特殊处理后，能写在这类驱动器上，当一个硬盘写满后，可以移除该硬盘并换上一个新的空硬盘继续写入数据，而不影响整个备份链的完整性。这需要配置备份存储库的高级选项“This repository is backed by rotated hard drives”，让 VBR 为其配置特殊的数据写入规则。

在每次备份作业开始后，VBR 会检测当前配置的驱动器中备份链的存在情况，如果当前驱动器中没有全量备份存档，VBR 会重新执行全量备份，确保数据的完整性。

## 4.3 横向扩展备份存储库

横向扩展备份存储库（Scale-Out Backup Repository，SOBR）是一个逻辑实体，它将若干个称为存储扩展区（Extent）的备份存储库分组，并联合起来使用，这实际上是创建了存储设备池，以便将其容量进行汇总。每个横向扩展备份存储库都会由 1 个以上的存储扩展区组成，每个存储扩展区就是一个存储库。

对于长期保留数据的需求，可以配置 VBR 按设定的周期将数据块从本地存储上传到云中的对象存储里。对于这种需求，通常要把 SOBR 分成两个层级，分别是性能层和容量层。所有的由本地磁盘组成的存储扩展区都被归类为性能层，而由云对象存储组成的存储扩展区则被归类为容量层。这是一种将本地存储与云存储进行自动化分层管理的能力，用户借助 Veeam 与云端的对象存储集成的能力，可以节省多达 10 倍的长期保留数据的花费。利用横向扩展备份存储库将本地存储与云端存储连接起来，可实现性能与容量的平衡，如图 4-8 所示。

得益于横向扩展备份存储库的便捷性，可以随时随地按需扩展备份存储库。例如，若备份数据增长并且备份存储库达到存储限制时，则可以向横向扩展备份存储库添加新的存储设备，如此，该存储设备上的可用空间将添加到横向扩展备份存储库的容量中。因此，不必为了扩展容量而进行备份存储库的迁移。

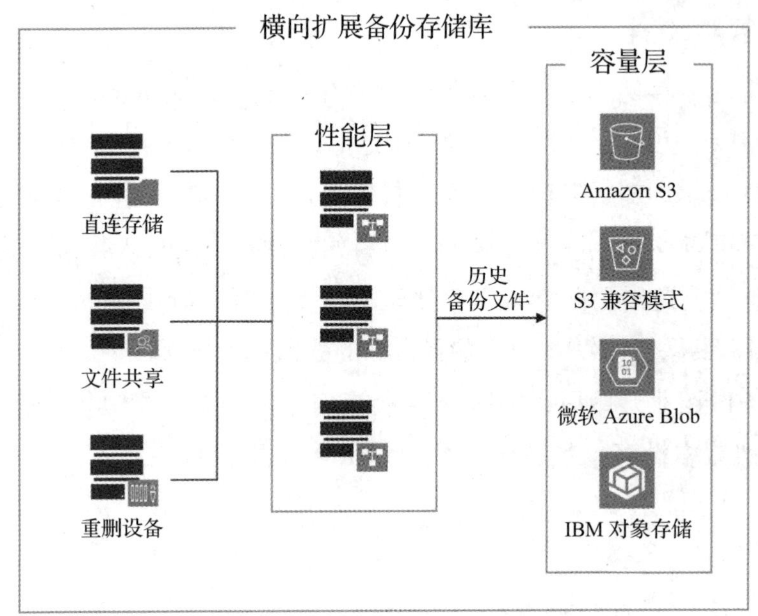


图 4-8

要部署横向扩展备份存储库，必须配置多个备份存储库，并将它们作为扩展存储库添加到横向扩展备份存储库中。可以在一个横向扩展备份存储库中混合使用不同类型的备份存储库，包括：

- 直连存储库
- 文件共享存储库
- 重删设备

横向扩展备份存储库可用于以下类型的作业：

- 备份作业
- 备份拷贝作业

横向扩展备份存储库既可以作为备份拷贝作业源端，又可以作为目标端。对存储在扩展存储库中的备份存档文件可进行所有类型的恢复，如从备份存档文件的复制以及备份拷贝作业。可以使用 SureBackup 作业来验证此类备份。横向扩展备份存储库可用作从磁带介质恢复文件的分段备份存储库。从磁带介质恢复的文件将根据为横向扩展备份存储库配置的数据放置策略来放置。

### 4.3.1 存储库扩展单元

如前所述，横向扩展备份存储库可以包含一个或多个存储库扩展单元。每个存储库扩展单元是备份基础架构中的标准备份存储库，SOBR 可以将其本身之外的任何备份库添加到横向扩展备份存储库中。在管理方面，VBR 会在每个存储库扩展单元上创建 definition.erm 文件，其中包含对 SOBR 的描述及其存储库扩展单元的信息。

### 4.3.2 备份存档放置策略

VBR 会将备份存档存储在 SOBR 的所有存储扩展区内。配置横向扩展备份存储库时，必须为其设置备份存档放置策略（Placement Policy）。备份存档放置策略描述了如何在扩展区之间分配以及放置备份存档。可以选择以下两种策略之一：

- 基于数据位置的放置策略
- 基本读写性能的放置策略

#### 1. 基于数据位置的放置策略

基于数据位置的放置策略常常用于云端的数据长期保留场景。VBR 会通过基于数据位置的放置策略执行上传（Offload）任务，将数据从本地上传到云端。例如：数据在本地存放 14 天，之后就分层存储到云中进行长期保留。在这样的数据放置策略下，同一备份链的所有备份存档都将存储在一个存储扩展单元内，当新的备份链创建时，VBR 将重新启动数据放置策略检查，如图 4-9 所示。

#### 2. 基于读写性能的放置策略

基于读写性能的放置策略用于对数据读写性能要求比较高的场景。同一备份链的全量备份存档和增量备份存档将存储在横向扩展备份存储库的不同存储扩展区内，例如：全量备份都放置在高性能备份存储库中，而增量备份则放置在性能较低的存储库中。在投入产出比相同的情况下，使用这一策略可明显地提高读写性能，如图 4-10 所示。

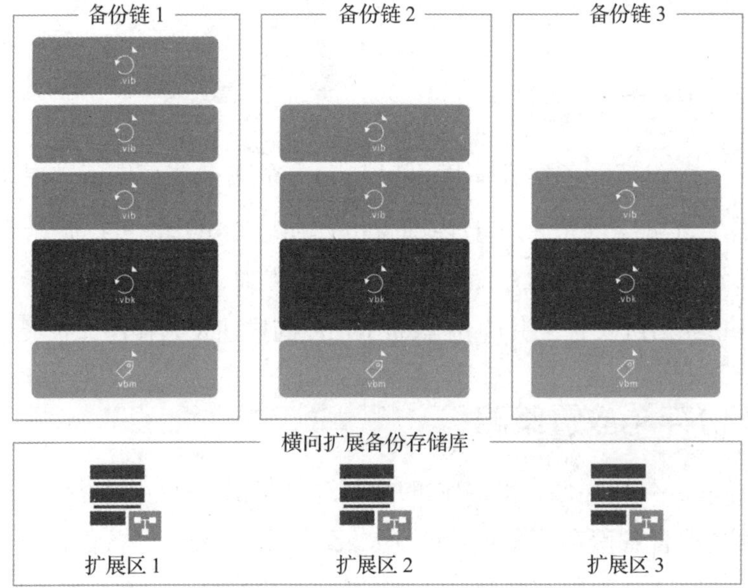
备份链 1
备份链 2
备份链 3
.vib
.vbk
.vbm
横向扩展备份存储库
扩展区 1
扩展区 2
扩展区 3

图 4-9

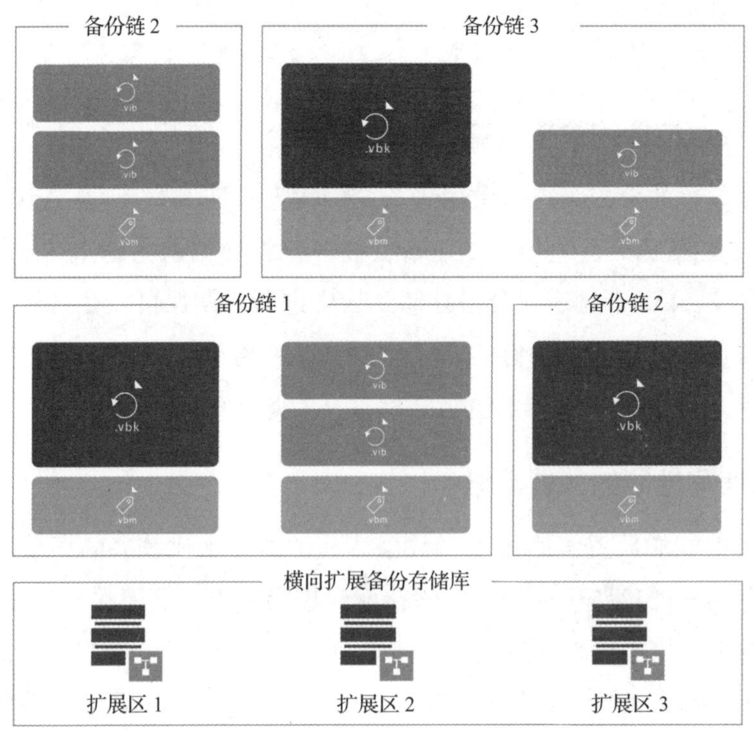
备份链 2
备份链 3
备份链 1
备份链 2
.vib
.vbk
.vbm
横向扩展备份存储库
扩展区 1
扩展区 2
扩展区 3

图 4-10

### 3. 不同存储库对放置策略的选择

ReFS 和 XFS 对于合成全量备份有很好的支持，可以避免合成全量备份过程中的频繁的 I/O 操作。这种存储库在选择数据放置策略时，推荐使用基于数据位置的放置策略。对于一些重删设备，基于读写性能的数据放置方式可以在合成全量备份时提高性能。有关放置策略的选择，对不同存储库的推荐如表 4-1 所示。

表 4-1　不同存储库对放置策略的推荐选择

| 存储库类型 | 基于数据位置的放置策略 | 基于读写性能的放置策略 |
| --- | --- | --- |
| ReFS 和 XFS | 推荐 | 不推荐 |
| 重删设备 | 不推荐 | 推荐 |

基于数据位置的放置策略可以将存储库的容量层定义在云端，提供无限的存储空间与较高的数据安全性，这时数据可以透明地被备份或转移到云中，同时智能的数据块读取又可以大大节省云端存储成本。因此通过基于数据位置的放置策略将备份目标扩展到云，是一种降低磁盘资源成本的好方法。

基于读写性能的放置策略可以非常细粒度地对 SOBR 的 I/O 操作进行支持与优化，因为不同的存储系统具有不同的特性。例如，就存储效率而言，重删设备对于全量备份存档非常有用，而通用存储库（如 SMB 和 NFS）对于与增量备份相关的操作可能更好。如图 4-11 所示，其中，将全量备份指向到了重删设备，这提高了全备能力；将增量备份指向了通用存储库，这会提升转换操作的能力。

VBR 在完成备份作业后或备份拷贝间隔结束后，会对目标备份存储库执行额外的转换操作，包括备份链转换、删除不需要的数据、压缩全量备份存档等。当 VBR 执行转换操作时，它需要访问备份存储库中的许多备份存档。若将这些文件存储在不同的存储层上，则承载备份存档的存储层上的 I/O 负载将大幅降低。关于备份链转换的更多详细内容，请参考第 5 章。

## 4.3.3　横向扩展备份存储库中的数据移动

前文提到，横向扩展备份存储库解决了数据按需分层存放的问题。简单来说，含有云对象存储区的横向扩展备份存储库，每隔一段时间，就会根据保留策略自动运行 SOBR 上传任务，将本地数据按需要上传到云端对象存储区中。相对地，SOBR 下载任务则可以将云对象存储中的数据取回到本地扩展区之中。

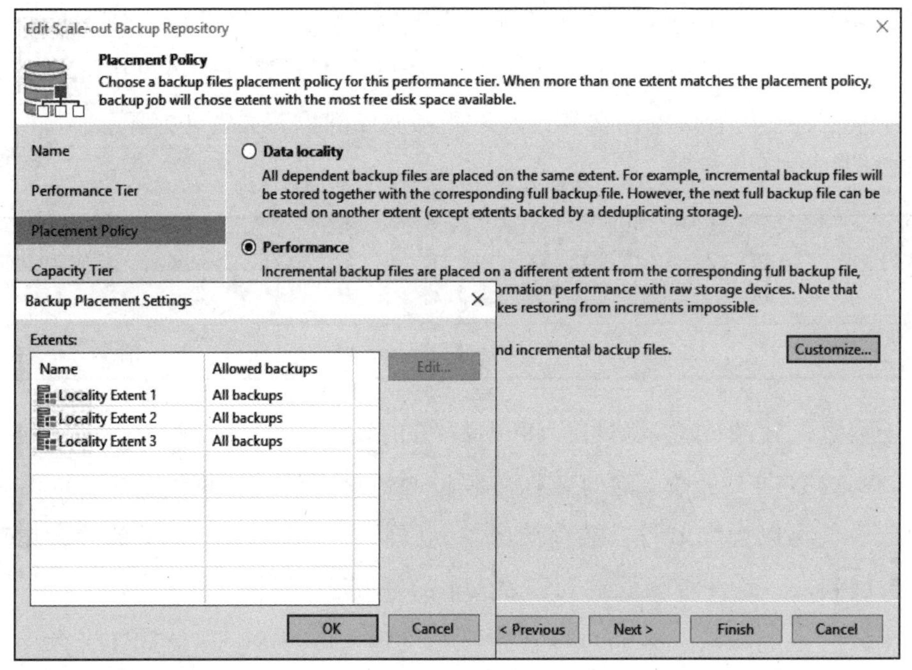


图 4-11

横向扩展备份存储库的数据移动有两种模式：Move 模式与 Copy 模式。这两种模式可以并行使用。在 Move 模式下，将按照所定义的数据在本地的保留期限以及备份链的状态，周期性地执行上传任务，将数据上传到云端，周期为 4 小时。而在 Copy 模式下，则会在备份作业写入 SOBR 性能层之后，马上发起一个上传任务，以保证本地的数据与云端的数据一致。横向扩展备份存储库的数据移动活动大体分为四步，由于 Move 模式比较复杂，因此以此种模式为例来说明数据移动过程：

- 第 1 步：识别封闭的备份链，关于封闭的备份链和未封闭的备份链，请参考 5.2.1 节的内容。简单说明一下，这个动作基于备份链中有没有新的全量备份，有新的数据，就会替代老的数据，从而触发数据修剪。
- 第 2 步：识别元数据与数据块。备份数据分为元数据与数据块，而且是分开存储的，这保证了能及时找到数据块和提高存储效率。

- 第 3 步：重删传输。在这个操作过程中，Veeam 会对数据块进行重删和上传，并且先上传元数据，再上传数据块，重复的数据块不会被上传到云端，本地会保留元数据，以方便以后的数据浏览和将云上数据取回本地。
- 第 4 步：分别放置。在云上存储数据时，不是直接将其写入存储桶中，而是在指定的存储桶和一串文件夹下放置数据块，如图 4-12 所示，将会在 <repositery_folder_name>/<buckup_id>/<objects_in_bakcup_id> 下分别建立 Storages 和 blocks 文件夹，分别用来放置元数据与数据块。

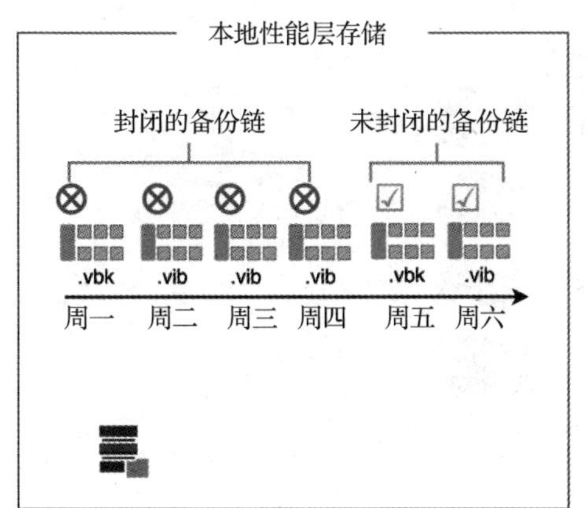


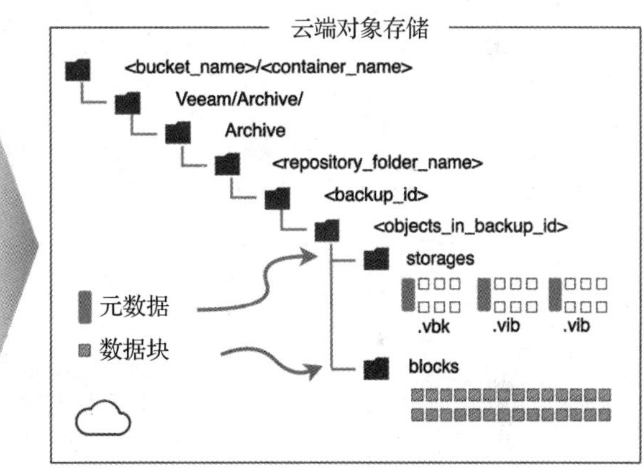


图 4-12

## 4.4 对象存储库

对象存储库是容量层的一部分，可扩展横向扩展备份存储库的功能，将现有备份数据从本地直接扩展到基于云的对象存储中（例如 Amazon S3、Microsoft Azure Blob 存储和 IBM Cloud Object Storage），或者本地 S3 兼容设备中。此外，对象存储库也用作 NAS 备份的目标备份库。本节将讨论以下内容：

- 对象存储库的结构
- 对象存储库的不可变性
- 对象存储库的注意事项和局限性

## 4.4.1 对象存储库的结构

将数据传输到对象存储库时，VBR 将创建并维护以下文件夹结构，如图 4-13 所示。

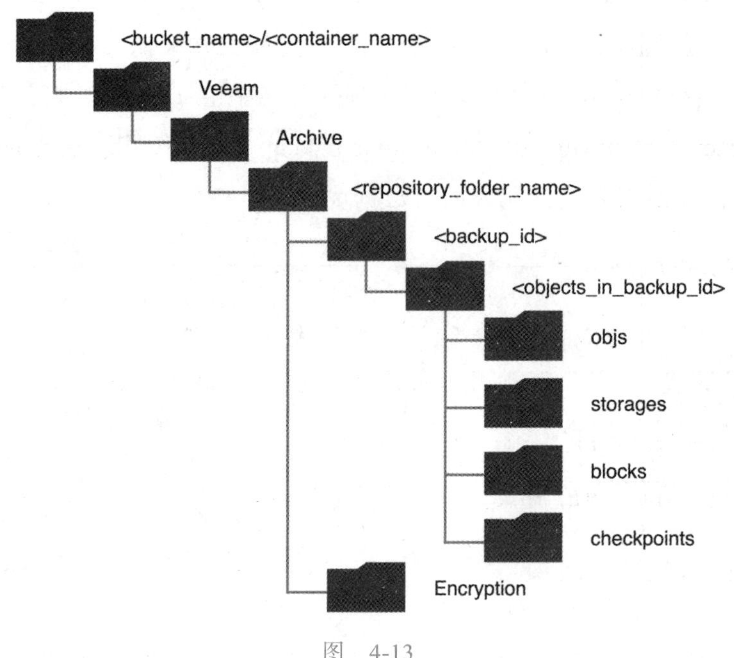


图 4-13

文件夹结构说明如表 4-2 所示。

表 4-2 文件夹结构说明

| 文件夹 | 描　述 | 备　注 |
|---|---|---|
| <bucket_name> 或 <container_name> | 桶或容器的名称 | 注意桶和容器必须事先创建 |
| Veeam/Archive/ | 由 VBR 创建的标准文件夹 | 所有备份相关的文件都放置在这里 |
| <repository_folder_name> | 添加新的对象存储库时创建的存储库文件夹 | 这些文件夹会在数据删除期间自动删除 |
| <backup_id> | 备份中包含的对象 | 这些文件夹会在数据删除期间自动删除 |
| <objects_in_backup_id> | 备份中对象的标识符 | 这些文件夹会在数据删除期间自动删除 |

（续）

| 文件夹 | 描　述 | 备　注 |
|---|---|---|
| objs | 包含元数据信息和其他辅助数据 | 这些文件夹会在数据删除期间自动删除 |
| storages | 包含卸载的备份存档的复制版本，其元数据也保留在源扩展区中 | 这些文件夹会在数据删除期间自动删除 |
| blocks | 包含由卸载会话创建的卸载数据块 | 这些文件夹会在数据删除期间自动删除 |
| checkpoints | 包含卸载的备份链的状态的元数据信息。这样的元数据信息在每次成功卸载会话时更新 | 这些文件夹会在数据删除期间自动删除 |
| Encryption | 包含使用加密备份所需的信息 | |

### 4.4.2 对象存储库的不可变性

在日常的数据运维过程中，病毒、木马这些恶意程序常常会导致数据被删除或损坏，Veeam 可以利用 S3 存储的原生功能对对象存储中的数据进行选择性冻结，在选定的时间里，数据可见但不允许被修改，直到满足不变性设定的期限日为止。这样的操作可帮助客户实现更安全的数据存放与长期保留。

### 4.4.3 注意事项和局限性

本节列出了对象存储库的注意事项和已知限制。

#### 1. 通信与访问

一般来说，必须要确保提前打开所需的端口，以便与对象存储库进行通信，如 443 端口就普遍应用于多种云存储，Amazon S3 对象存储库与 Azure 对象存储库使用的都是 443 端口。添加 Amazon S3 对象存储库时，它仅支持 Standard、Standard-IA 和 One Zone-IA 存储类。

Veeam Cloud Tier 原生集成的对象存储库包括 Amazon AWS S3 对象存储库、Microsoft Azure Blob 存储和 IBM 云对象存储，细节如下：

Amazon AWS S3 对象存储库包括对 AWS 政务云和 AWS 中国的支持，同时也包括对数据不可变保留的支持。Microsoft Azure Blob 存储包括对 Azure 政务云、Azure 中国以及 Azure Data Box 的支持。IBM 云对象存储包括对云上对象存储与云下现场部署的支持。

在使用与 AWS S3 兼容的存储服务时，需要确保要添加的 S3 兼容设备支持 AWS v4 签名。Veeam 支持大部分与 S3 访问协议相兼容的云存储，包括公有云与线下部署的存储设备。但要注意的是，不同的云厂商对于 AWS 兼容协议的支持是不同的，目前对于第三方对象存储厂商，Veeam 建议对其产品进行深入测试之后再使用，在选择一些冷存储产品时需要更加慎重。

### 2. 合理利用存储网关设备

在使用对象存储库时，由于 Veeam 并不支持所有的对象存储，因此有些时候需要借助对象存储网关来实现数据的存储。但是需要注意，若希望使用横向扩展备份存储库的 Move 模式或 Copy 模式来控制数据的流动，那么不要将存储网关设备作为性能层设备使用。可以直接使用存储网关来放置数据或是将存储网设置为容量层。同时，Veeam 支持将存储网关设备设定为 VTL 模式来进行磁带归档的处理。

### 3. 不要同时在多个 VBR 中引用相同的对象存储库

出于多种目的，不能在多个 VBR 服务器之间使用相同的对象存储库，或是映射到相同的对象存储库中的文件夹，因为这会导致一些不可预测的风险，严重时会造成数据丢失。

## 4.5 存储库应用示例

利用横向扩展备份存储库和云上按需使用的计算资源，灾备管理员能够将本地的数据使用安全高效地扩展到云端。接下来，将通过一个示例来说明这个方法。

在第 2 章的示例中，灾备管理员已经建立了三地数据中心灾备，在这里，进一步改造灾备环境，将本地的 CloudData 虚拟机的备份存档拷贝一份存于 AWS 云上的 S3 存储桶中。在此之前，他已经使用了 CloudData - DR Site2 这个普通存储库在灾备数据中心 C 存储备份数据，现在需要对灾备数据中心 C 的备份存储进行改造，创建一个新的横向扩展备份存储库 CloudData - SOBR，增加 S3 的存储库，以在云端保留长达 2 年的长期归档的备份数据。同时为了控制云端数据成本，设定云端的容量层为 10TB 限额，30 天不可变周期，并在出现问题时可以直接将数据恢复到 AWS 或 Azure。

如图 4-14 所示，其灾备基础架构将会变成本地、异地和云的混合架构。

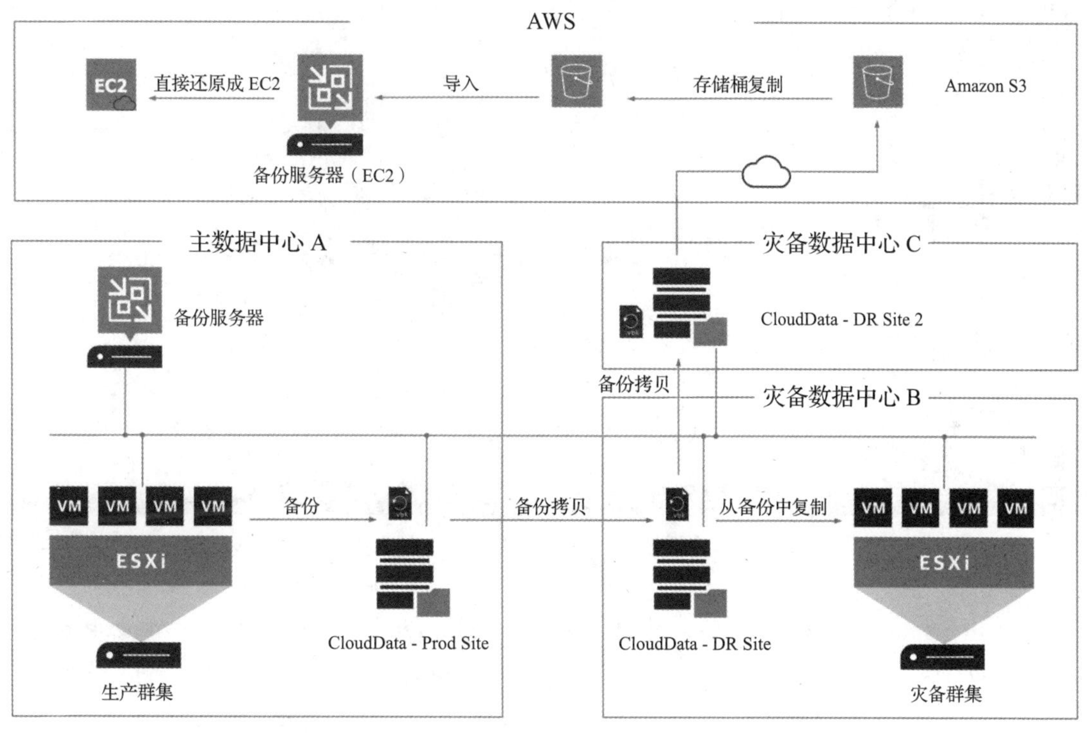


图 4-14

## 4.5.1 示例五：将数据备份到横向扩展备份存储库

灾备管理员首先进行灾备数据中心 C 的改造，配置横向扩展备份存储库及其云端对象存储，将长期归档的备份数据上传至 AWS 云端的 S3 存储中。

### VBR 上的配置

1）在“BACKUP INFRASTRUCTURE”视图下，找到“Backup Repositories”，从工具栏上选择“Add Repository”按钮后，如图 4-15 所示。

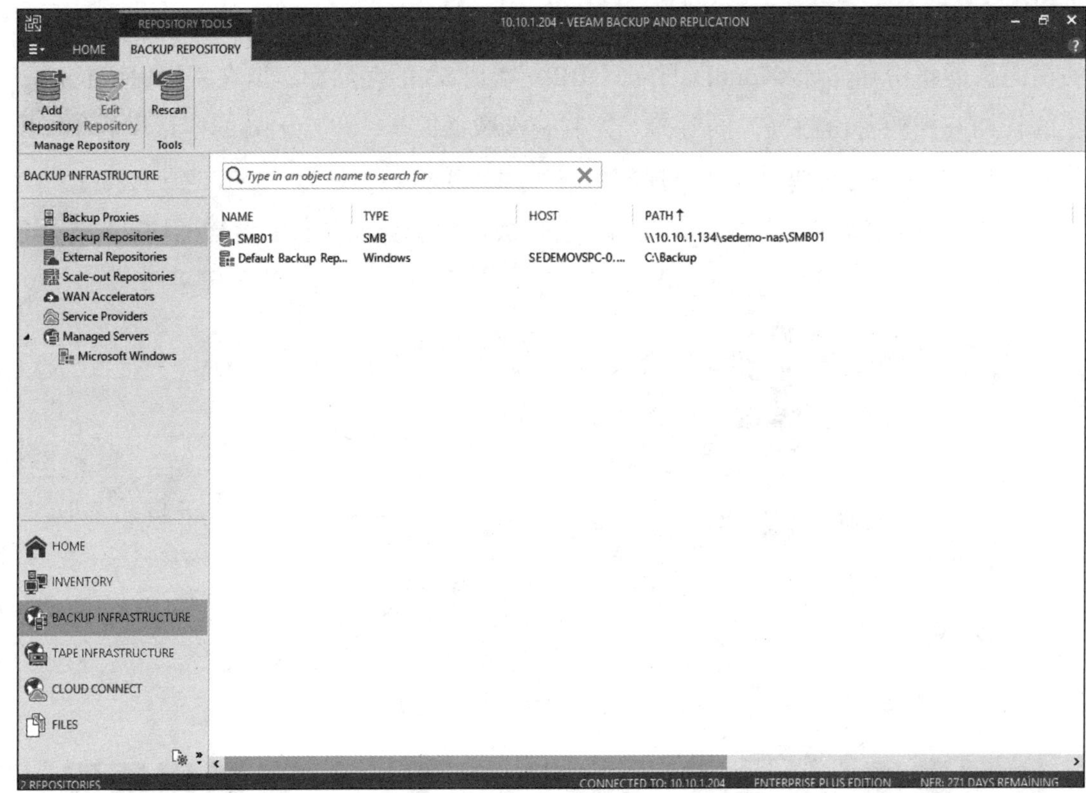


图 4-15

启动 Repository 添加向导，选择“Object Storage”，然后选择“Amazon S3”，如图 4-16 所示。

2）在“Name”步骤中，输入对象存储名称 CloudData-AWS，设置描述为 CloudData Offload，如图 4-17 所示。

3）在“Account”步骤中，点击“Add...”按钮为对象存储设定在 AWS 上创建的访问密钥，选择“Data center region”为“Global”，并使用网关服务器作为访问 S3 的代理服务器，如图 4-18 所示。

4）在“Bucket”步骤中，将“Data center region”设置为“Asia Pacific (Tokyo)”区域来存放数据。在选择完区域后，从 Bucket 列表可读取到事先在 AWS S3 控制台中创建好的存储桶，选择“clouddata – immutable”这个启用了对象锁的存储桶。在“Folder”设定中，利用“Browse…”按钮来选择存储桶中的文件夹，此处通过新建选项来创建存储桶下的子文件夹“CloudData – Immutable”，以用来存放数据。按照要求，要为对象存储的消耗定义一个软限制 10 TB，并且为了保证数据安全，指定存储的不可变期限为 30 天，如图 4-19 所示。

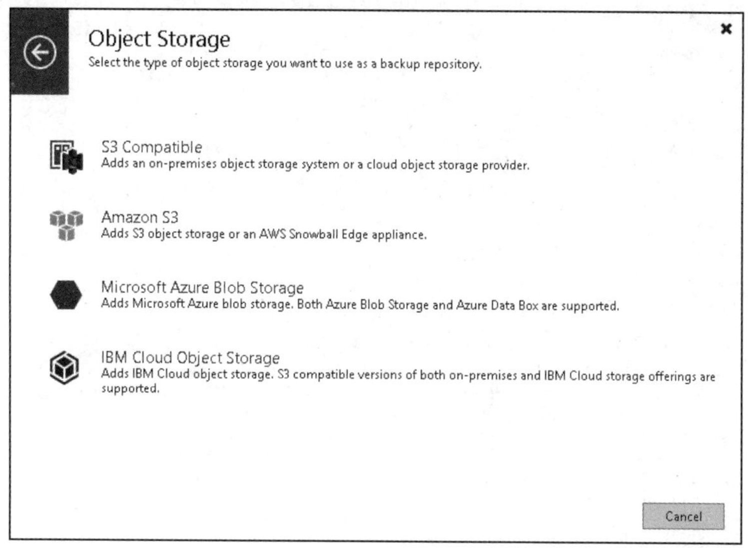


图 4-16

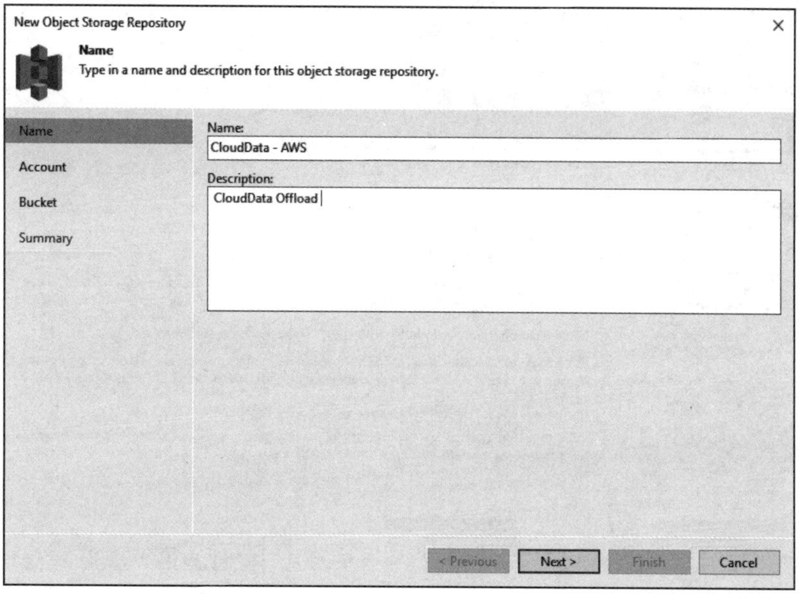

图 4-17

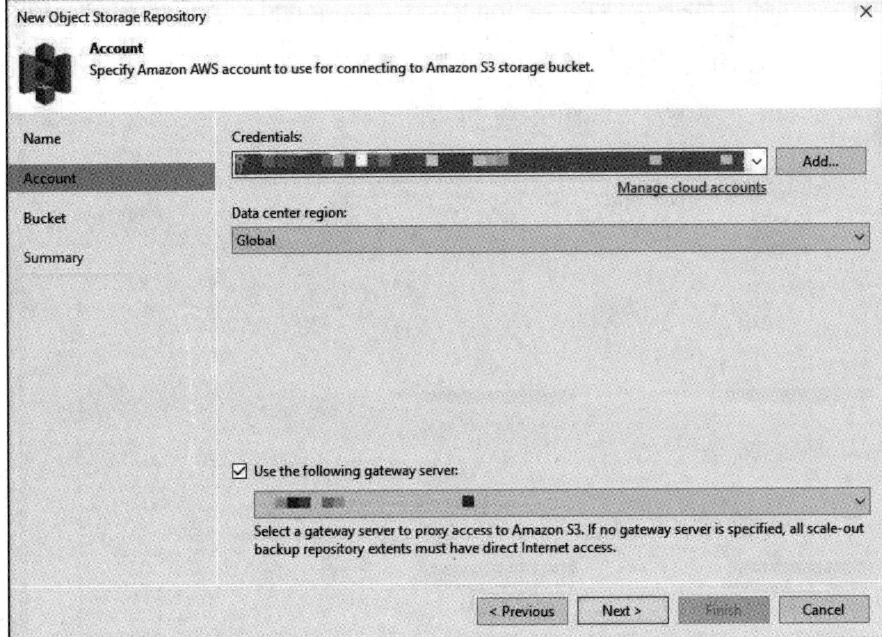
New Object Storage Repository
Account
Specify Amazon AWS account to use for connecting to Amazon S3 storage bucket.
Name
Account
Bucket
Summary
Credentials:
Add...
Manage cloud accounts
Data center region:
Global
Use the following gateway server:
Select a gateway server to proxy access to Amazon S3. If no gateway server is specified, all scale-out backup repository extents must have direct Internet access.
< Previous
Next >
Finish
Cancel

图 4-18

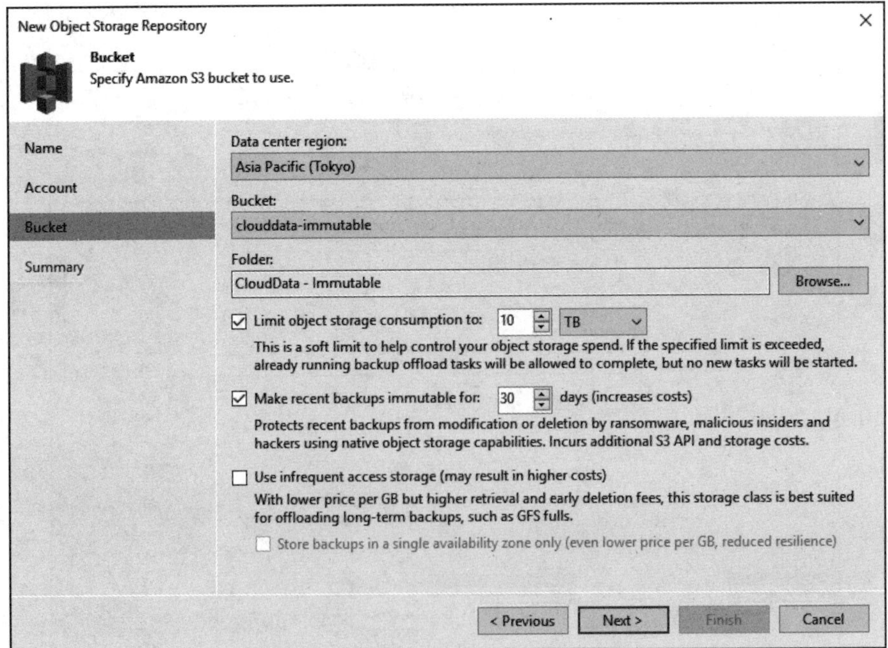
New Object Storage Repository
Bucket
Specify Amazon S3 bucket to use.
Name
Account
Bucket
Summary
Data center region:
Asia Pacific (Tokyo)
Bucket:
clouddata-immutable
Folder:
CloudData - Immutable
Browse...
Limit object storage consumption to: 10 TB
This is a soft limit to help control your object storage spend. If the specified limit is exceeded, already running backup offload tasks will be allowed to complete, but no new tasks will be started.
Make recent backups immutable for: 30 days (increases costs)
Protects recent backups from modification or deletion by ransomware, malicious insiders and hackers using native object storage capabilities. Incurs additional S3 API and storage costs.
Use infrequent access storage (may result in higher costs)
With lower price per GB but higher retrieval and early deletion fees, this storage class is best suited for offloading long-term backups, such as GFS fulls.
Store backups in a single availability zone only (even lower price per GB, reduced resilience)
< Previous
Next >
Finish
Cancel

图 4-19

5）在“Summary”步骤中，查看设置详情，确认无误后，点击“Finish”按钮完成对象存储添加工作，如图 4-20 所示。

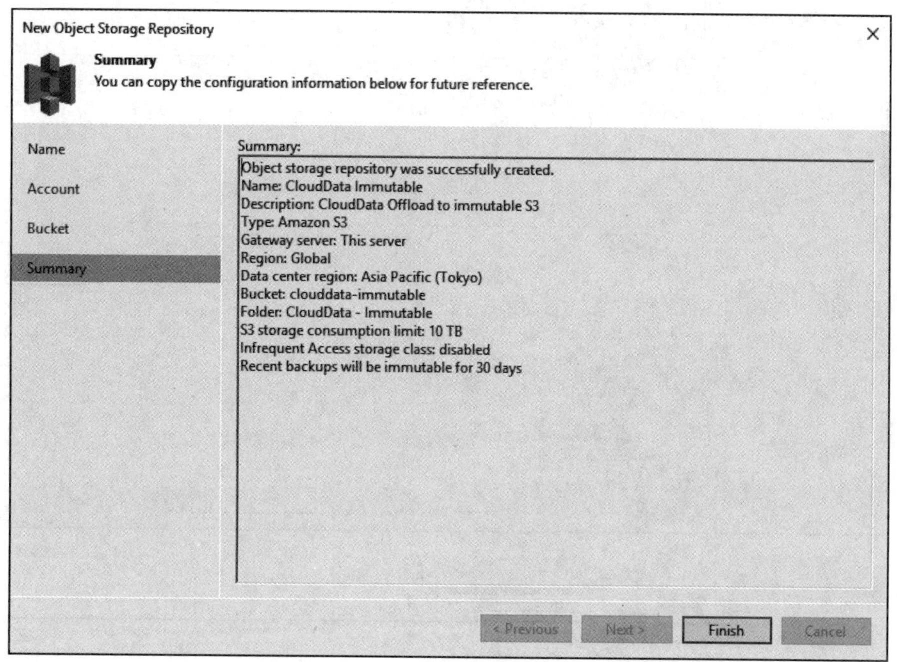


图 4-20

6）在“BACKUP INFRASTRUCTURE”视图下，找到“Scale-out Repositories”，在工具栏中选择“Add Scale-out Repository”启动横向扩展备份存储库向导。在向导的“Name”步骤中，输入横向扩展备份存储库的名称 CloudData - SOBR，设置描述为 CloudData-SOBR Capacity Tier，如图 4-21 所示。

7）在“Performance Tier”步骤中，利用右边的“Add…”按钮将已经在使用的 CloudData - DR Site 2 作为扩展区添加到横向扩展备份存储库的性能层中，在“Advanced Settings”选项中，勾选“Use per-VM backup files (recommended)”复选框，以提升备份数据的灵活性，如图 4-22 所示。

8）在“Placement Policy”步骤中，保持默认设置，选择“Data locality”的放置方式，如图 4-23 所示。

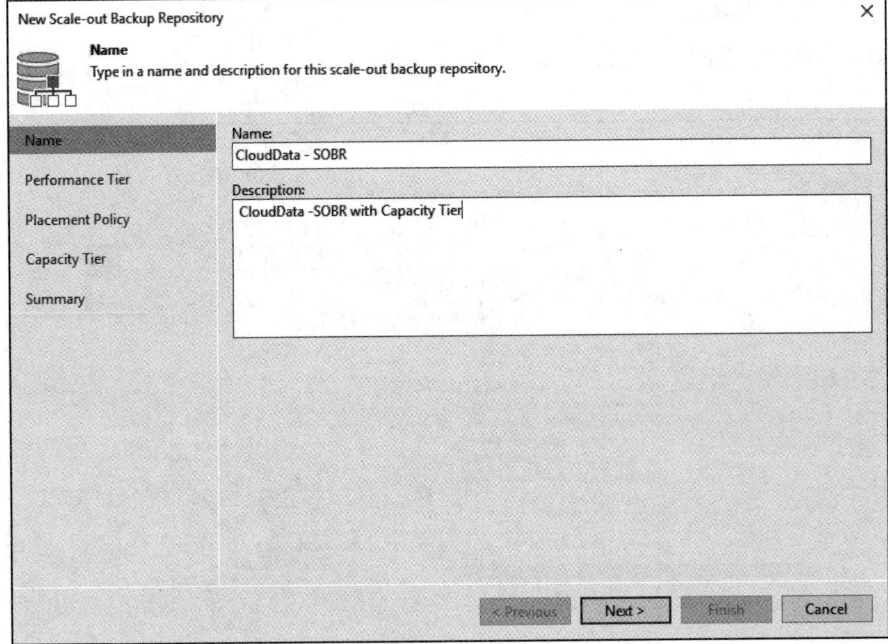
New Scale-out Backup Repository
Name
Type in a name and description for this scale-out backup repository.
Name
Performance Tier
Placement Policy
Capacity Tier
Summary
Name:
CloudData - SOBR
Description:
CloudData -SOBR with Capacity Tier
< Previous
Next >
Finish
Cancel

图 4-21

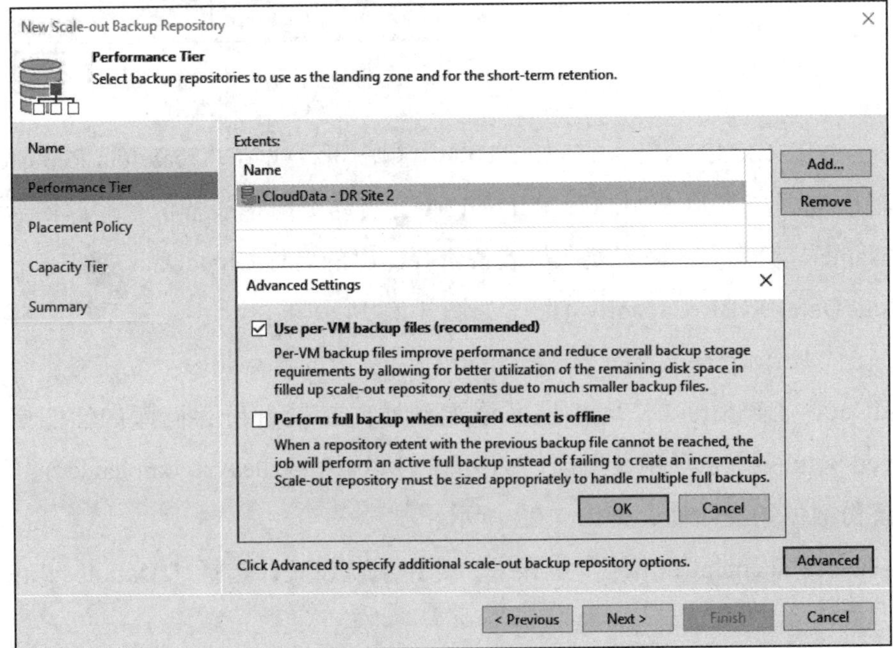
New Scale-out Backup Repository
Performance Tier
Select backup repositories to use as the landing zone and for the short-term retention.
Name
Performance Tier
Placement Policy
Capacity Tier
Summary
Extents:
Name
CloudData - DR Site 2
Add...
Remove
Advanced Settings
Use per-VM backup files (recommended)
Per-VM backup files improve performance and reduce overall backup storage requirements by allowing for better utilization of the remaining disk space in filled up scale-out repository extents due to much smaller backup files.
Perform full backup when required extent is offline
When a repository extent with the previous backup file cannot be reached, the job will perform an active full backup instead of failing to create an incremental. Scale-out repository must be sized appropriately to handle multiple full backups.
OK
Cancel
Click Advanced to specify additional scale-out backup repository options.
Advanced
< Previous
Next >
Finish
Cancel

图 4-22

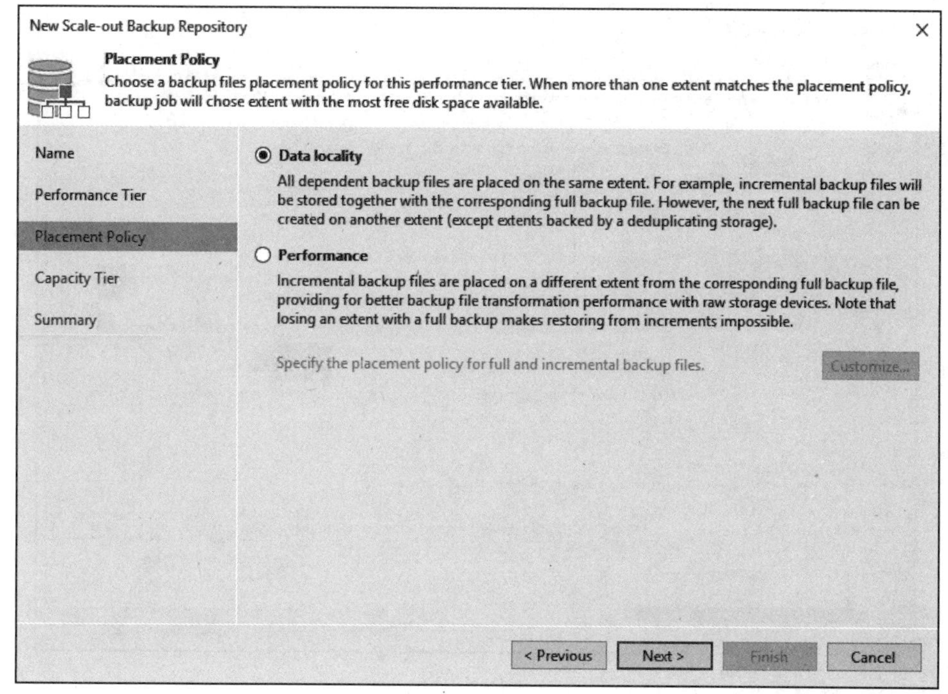

图 4-23

9）在“Capacity Tier”步骤中，勾选“Extend scale-out backup repository capacity with object storage:”复选框来启用性能层，从下拉菜单中选择在步骤 1～5 中添加的 AWS 对象存储库“CloudData Immutable”作为云端目标对象存储库。勾选“Copy backups to object storage as soon as they are created”“Move backups to object storage as they age out of the operational restore window”和“Encrypt data uploaded to object storage”复选框，在“Move backup files older than days（your operational restore window)”中输入 14，在“Password”下拉菜单中选择“CloudData Offload to AWS S3”作为上传数据的加密密钥，如图 4-24 所示。

10）在“Summary”步骤中，VBR 会自动完成以上配置的校对和记录，并将原有的备份作业指向指定到新的横向扩展备份存储库中，开始根据已有的数据和设定的规则上传备份数据至 S3 对象存储中。经过一段时间的数据传输，就可以在 AWS S3 对象存储文件夹中，看到已经上传的备份数据，而在 VBR 的备份存档中也能看到位于云上的备份还原点，如图 4-25 所示。

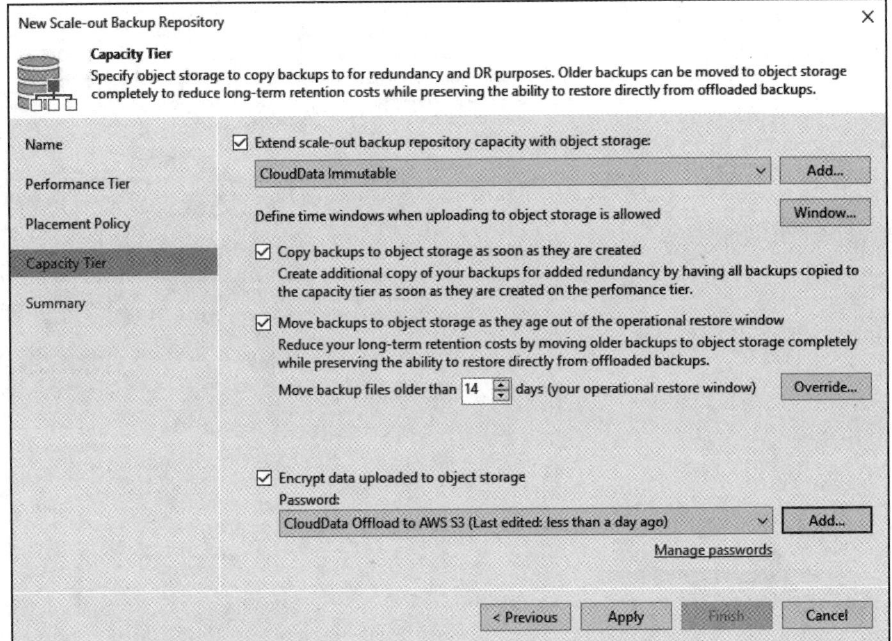
New Scale-out Backup Repository
Capacity Tier
Specify object storage to copy backups to for redundancy and DR purposes. Older backups can be moved to object storage completely to reduce long-term retention costs while preserving the ability to restore directly from offloaded backups.
Name
Performance Tier
Placement Policy
Capacity Tier
Summary
Extend scale-out backup repository capacity with object storage:
CloudData Immutable
Add...
Define time windows when uploading to object storage is allowed
Window...
Copy backups to object storage as soon as they are created
Create additional copy of your backups for added redundancy by having all backups copied to the capacity tier as soon as they are created on the perfomance tier.
Move backups to object storage as they age out of the operational restore window
Reduce your long-term retention costs by moving older backups to object storage completely while preserving the ability to restore directly from offloaded backups.
Move backup files older than 14 days (your operational restore window)
Override...
Encrypt data uploaded to object storage
Password:
CloudData Offload to AWS S3 (Last edited: less than a day ago)
Add...
Manage passwords
< Previous
Apply
Finish
Cancel

图 4-24

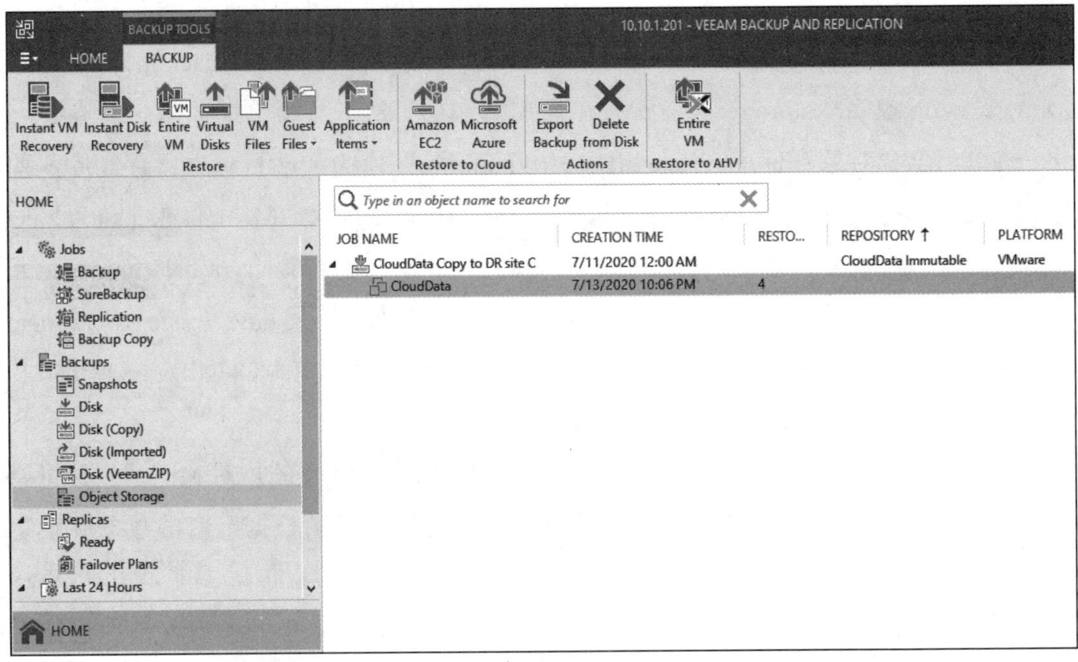
BACKUP TOOLS
10.10.1.201 - VEEAM BACKUP AND REPLICATION
HOME
BACKUP
Instant VM Recovery
Instant Disk Recovery
Entire VM
Virtual Disks
VM Files
Guest Files
Application Items
Restore
Amazon EC2
Microsoft Azure
Restore to Cloud
Export Backup
Delete from Disk
Actions
Entire VM
Restore to AHV
HOME
Type in an object name to search for
Jobs
Backup
SureBackup
Replication
Backup Copy
Backups
Snapshots
Disk
Disk (Copy)
Disk (Imported)
Disk (VeeamZIP)
Object Storage
Replicas
Ready
Failover Plans
Last 24 Hours
HOME
JOB NAME
CREATION TIME
RESTO...
REPOSITORY
PLATFORM
CloudData Copy to DR site C
7/11/2020 12:00 AM
CloudData Immutable
VMware
CloudData
7/13/2020 10:06 PM
4

图 4-25

## 4.5.2 示例六：从对象存储导入数据并将其恢复到 AWS

为了测试数据在云上的可恢复性，并模拟未来可能出现的故障，灾备管理员在云端的 AWS 中部署了一台 EC2 实例。在这个 EC2 实例中，安装了 VBR 软件，他会将已上传至云端对象存储的数据导入至这套全新部署在云中的 VBR 实例，并使用这些数据，将这些数据恢复成一个 EC2 实例。

1）在“BACKUP INFRASTRUCTURE”视图下，找到“Backup Repositories”，在工具栏中选择“ Add Repository”来添加 S3 对象存储，这和示例五中向灾备数据中心 C 添加对象存储的步骤完全一致。添加完成后，“ CloudData - S3 import”这个对象存储出现在“ Backup Repository”的清单中，从右键菜单或者上方工具栏中，可以找到“Import Backups”按钮，点击这个按钮打开“Import Backups”向导，如图 4-26 所示。

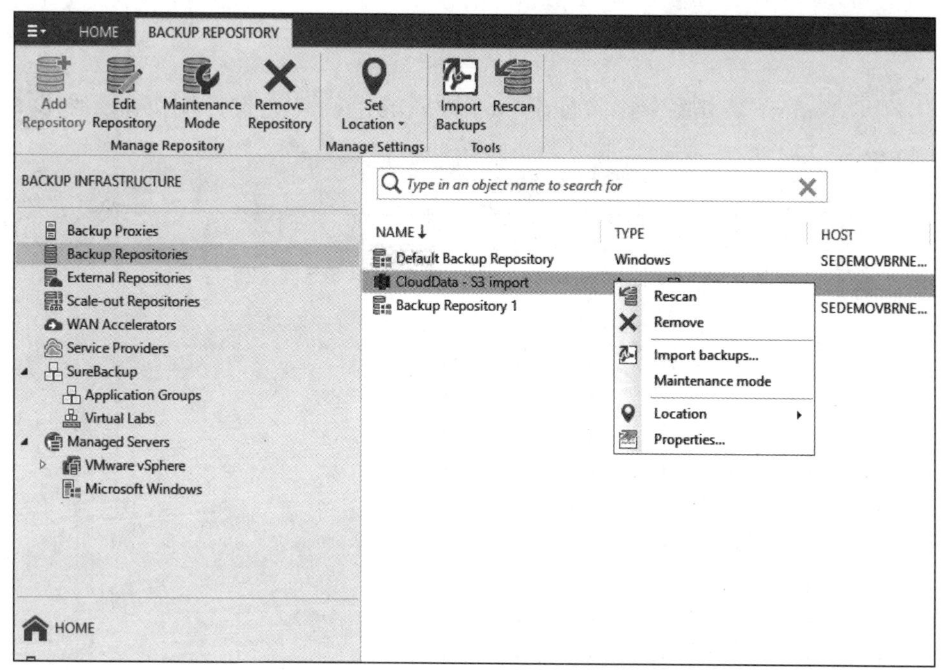


图 4-26

2）在“Password”步骤中，输入在备份时设定的 CloudData Offload to AWS S3 的密钥，用来解开云端数据的加密，如图 4-27 所示。

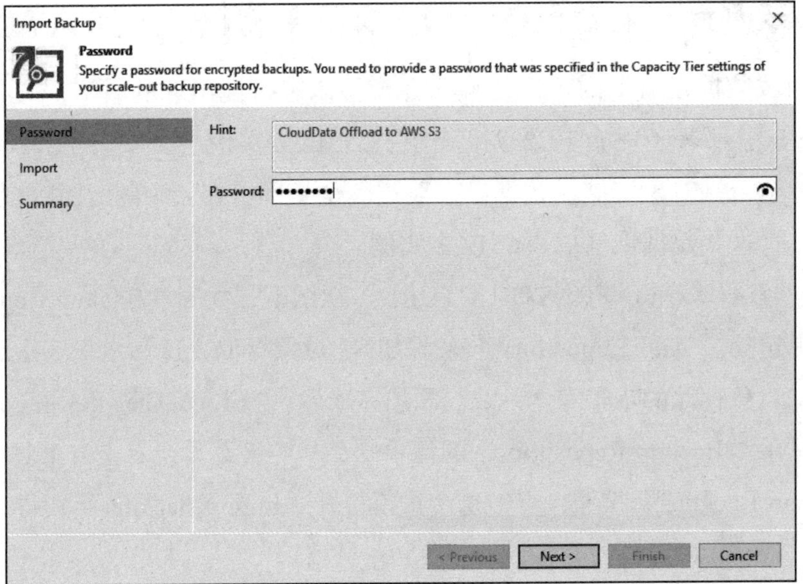


图 4-27

3）在“Import”步骤中，验证上一步输入的密钥，如果一切正常，那么可以进行导入操作了，如图 4-28 所示。

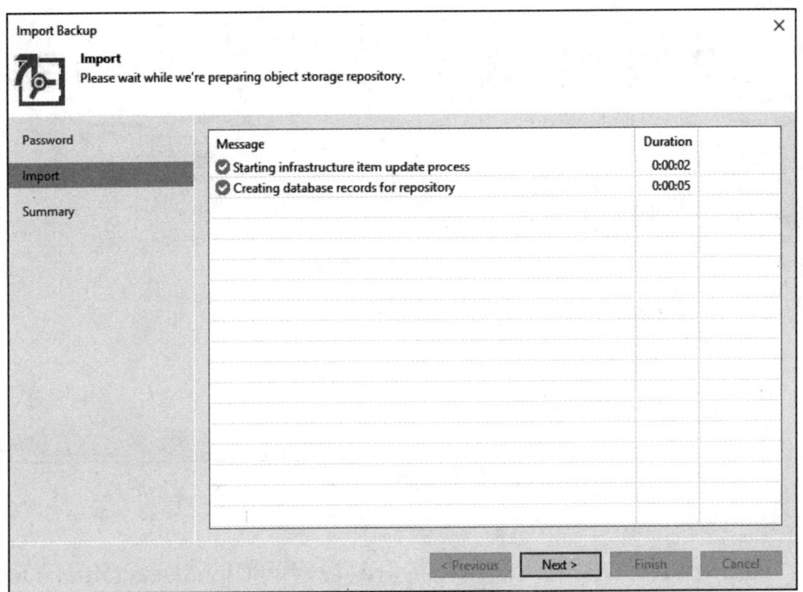


图 4-28

4）在“Summary”步骤中，检查完设置状态后，就可以开始导入了，如图 4-29 所示。

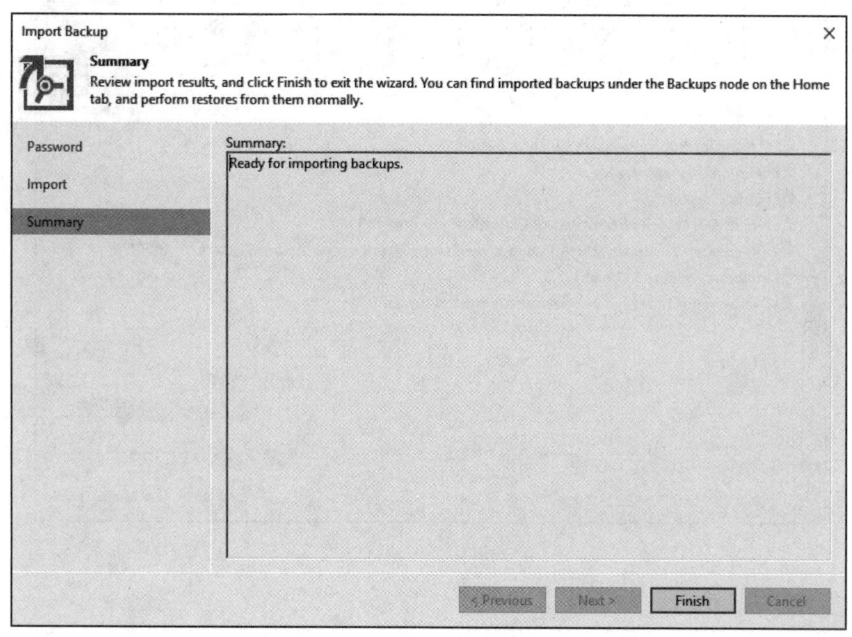


图 4-29

5）在导入过程中，可以找到之前的备份存档，并会看到相关的成功和失败状态，如图 4-30 所示。

6）在“Home”视图下的“Backups”中能找到还原点，右击 CloudData 备份存档后，可以找到“Direct Restore to AWS EC2”按钮，点击后启动恢复向导。在向导的“Machine”步骤中，会显示出 CloudData 这个 VMware 虚拟机的备份存档，如图 4-31 所示。

7）在“Account”步骤中，选择 AWS 的账号信息，并且指定需要恢复的 AWS 区域，在“AWS region”下拉菜单中选择“Global”，然后在“Data center region”的下拉菜单中会读取当前可用的 AWS 区域信息，选择“Asia Pacific (Tokyo)”这个区域，如图 4-32 所示。

8）在“Name”步骤中，为 EC2 虚拟机设定一个后缀 _restored，用来标识这个恢复测试，如图 4-33 所示。

System

| Name: | Configuration Database Resynchr... | Status: | Success |
|---|---|---|---|
| Action type: | Configuration Resynchronize | Start time: | 7/4/2020 8:09:19 PM |
| Initiated by: | sedemolab.local\Administrator | End time: | 7/4/2020 8:10:45 PM |

Log

| Message | Duration |
|---|---|
| Starting backup repositories synchronization | |
| Enumerating repositories | |
| Found 1 repository | |
| Processing capacity tier extents of CloudData - S3 import 1 | 0:01:22 |
| CloudData - S3 import: added 1 unencrypted, added 0 encrypted, updated 0, rem... | 0:01:18 |
| Importing backup 1 out of 1 | 0:01:11 |
| Backup repositories synchronization completed successfully | |

Close

图 4-30

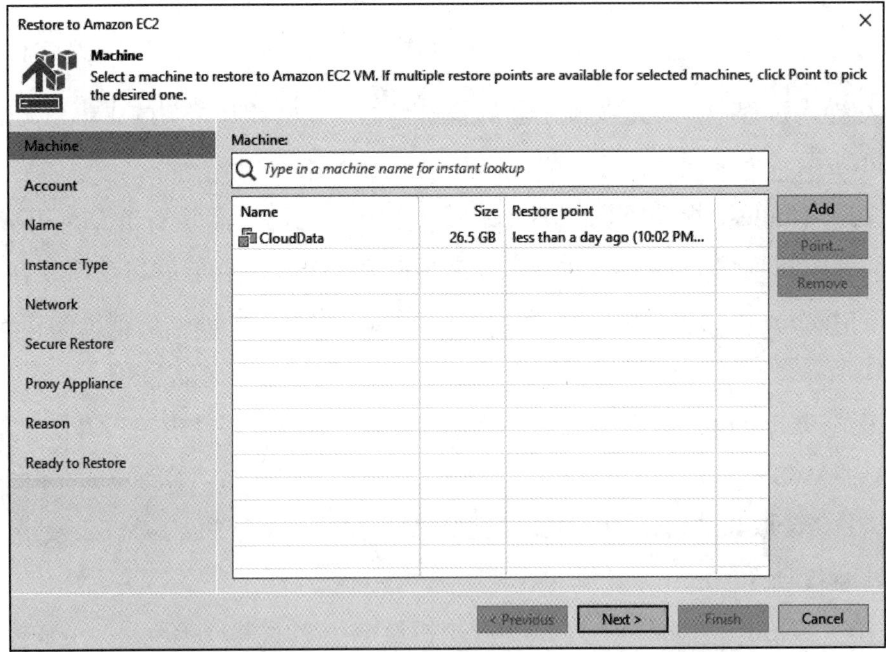


图 4-31

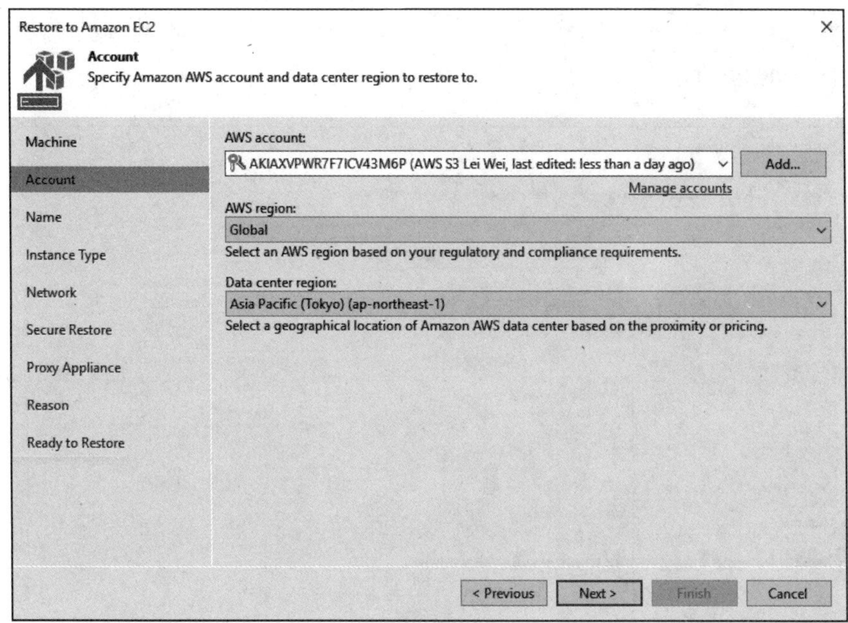


图 4-32

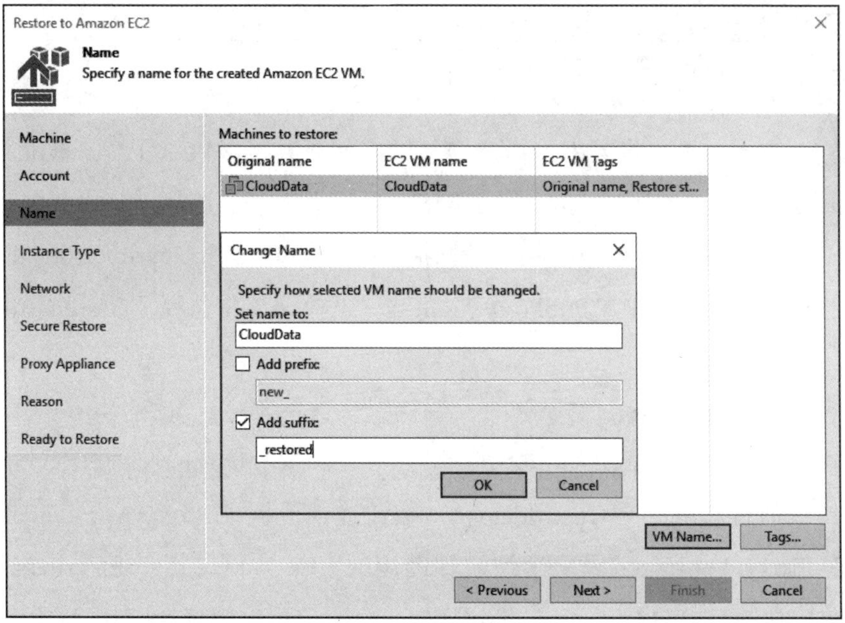

图 4-33

9）在“Instance Type”步骤中，指定恢复的“EC2 instance type”为“c5.xlarge”，

“OS license”为“Provided by Amazon AWS”。此时 VBR 会估算出这个实例每月的费用情况，如图 4-34 所示。

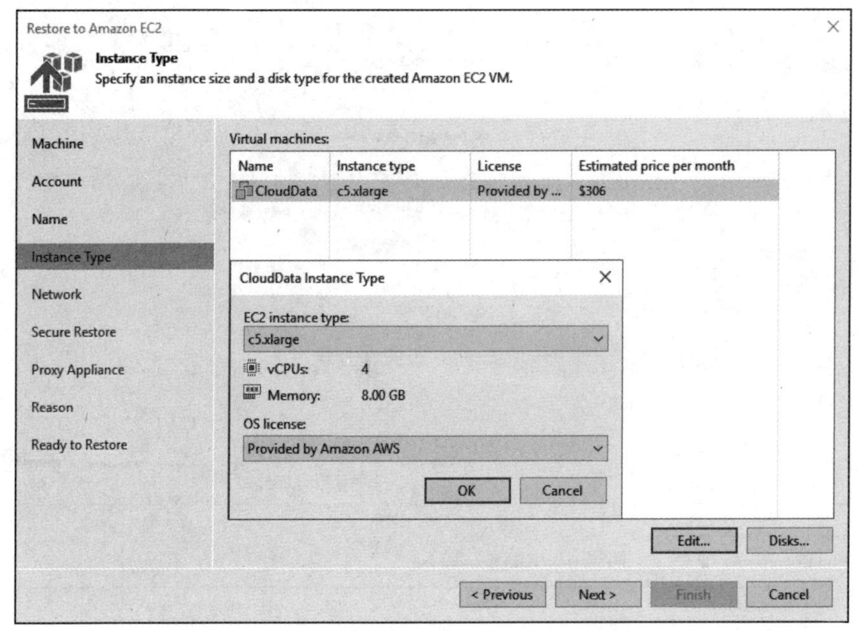


图 4-34

10）在“Network”步骤中，指定恢复的实例所在的 VPC，从 Amazon VPC 中选择“VeeamHK(10.0.0.0/16)”，从“Subnet”的下拉菜单中选择“10.0.0.0/16(ap-east-1c)”，从“Security group”的下拉菜单中选择“veeamaws-VcbSecurityGroup-1IMYEXA-8GOALA”这个安全组，从“Public IP Address”下拉菜单中选择“Assign”，如图 4-35 所示。

11）在“Secure Restore”步骤中，保持默认选项不变，如图 4-36 所示。

12）在“Proxy Appliance”步骤中，勾选“Use the proxy appliance(recommended)”复选框，然后通过右侧的“Customize…”按钮详细设置“Proxy Appliance Settings”中的选项，Proxy Appliance 是一个恢复辅助用的 EC2 实例，在“EC2 instance type”的下拉菜单中选择“c5.large”，在“Subnet”的下拉菜单中选择“10.0.0.0/16(ap-east-1c)”，以和步骤 10 中的实例处在同一个子网中。在“Security group”的下拉菜单中选择被分配了合适端口的“default”安全组，其他设置保持默认，如图 4-37 所示。

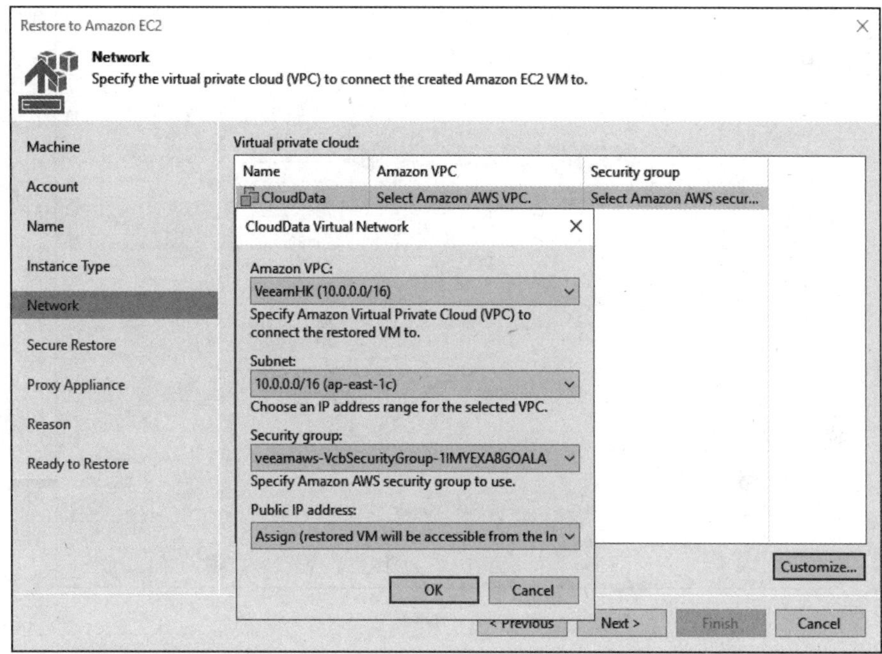
Restore to Amazon EC2
Network
Specify the virtual private cloud (VPC) to connect the created Amazon EC2 VM to.
Machine
Account
Name
Instance Type
Network
Secure Restore
Proxy Appliance
Reason
Ready to Restore
Virtual private cloud:
Name
Amazon VPC
Security group
CloudData
Select Amazon AWS VPC.
Select Amazon AWS secur...
CloudData Virtual Network
Amazon VPC:
VeeamHK (10.0.0.0/16)
Specify Amazon Virtual Private Cloud (VPC) to connect the restored VM to.
Subnet:
10.0.0.0/16 (ap-east-1c)
Choose an IP address range for the selected VPC.
Security group:
veeamaws-VcbSecurityGroup-1IMYEXA8GOALA
Specify Amazon AWS security group to use.
Public IP address:
Assign (restored VM will be accessible from the In
OK
Cancel
Customize...
< Previous
Next >
Finish
Cancel

图 4-35

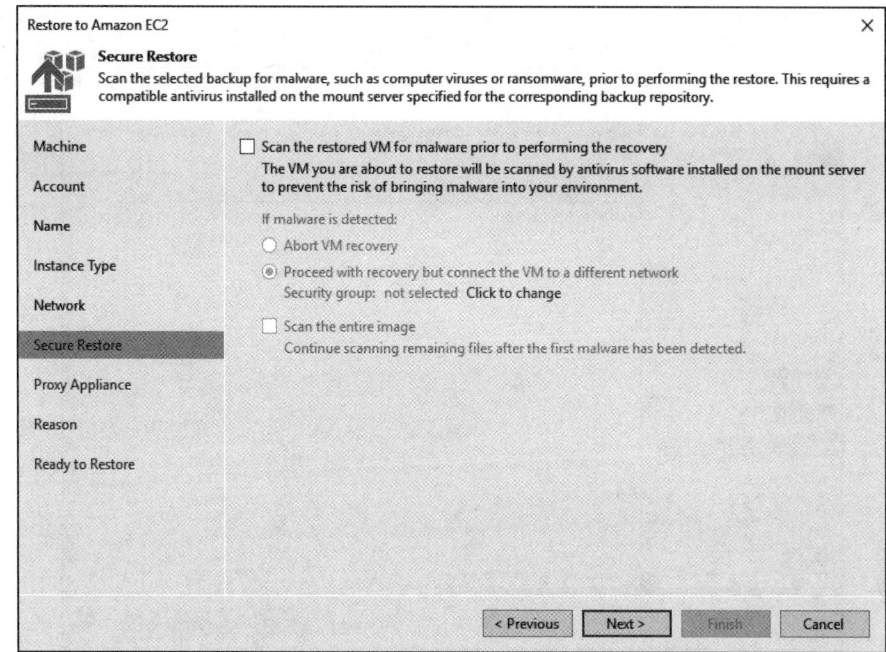
Restore to Amazon EC2
Secure Restore
Scan the selected backup for malware, such as computer viruses or ransomware, prior to performing the restore. This requires a compatible antivirus installed on the mount server specified for the corresponding backup repository.
Machine
Account
Name
Instance Type
Network
Secure Restore
Proxy Appliance
Reason
Ready to Restore
Scan the restored VM for malware prior to performing the recovery
The VM you are about to restore will be scanned by antivirus software installed on the mount server to prevent the risk of bringing malware into your environment.
If malware is detected:
Abort VM recovery
Proceed with recovery but connect the VM to a different network
Security group: not selected Click to change
Scan the entire image
Continue scanning remaining files after the first malware has been detected.
< Previous
Next >
Finish
Cancel

图 4-36

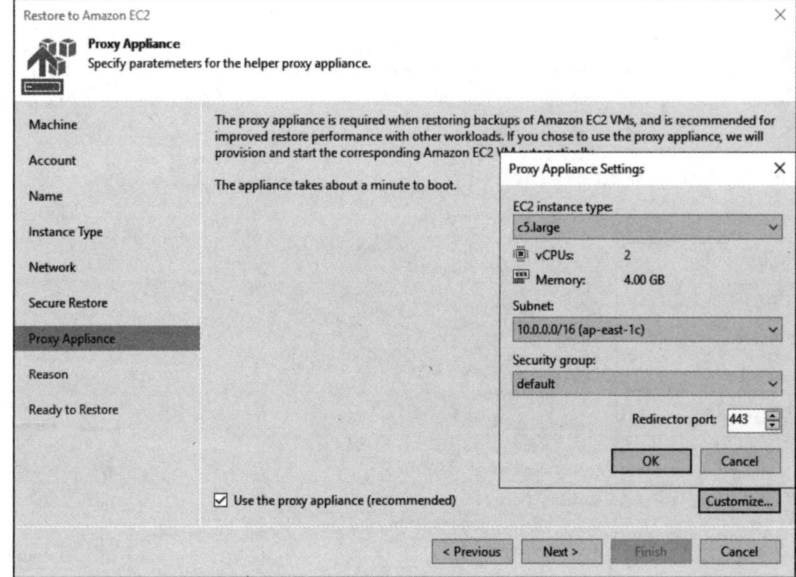


图 4-37

13）在“Reason”步骤中，填入恢复原因：在 AWS 中还原虚拟机存档，如图 4-38 所示。

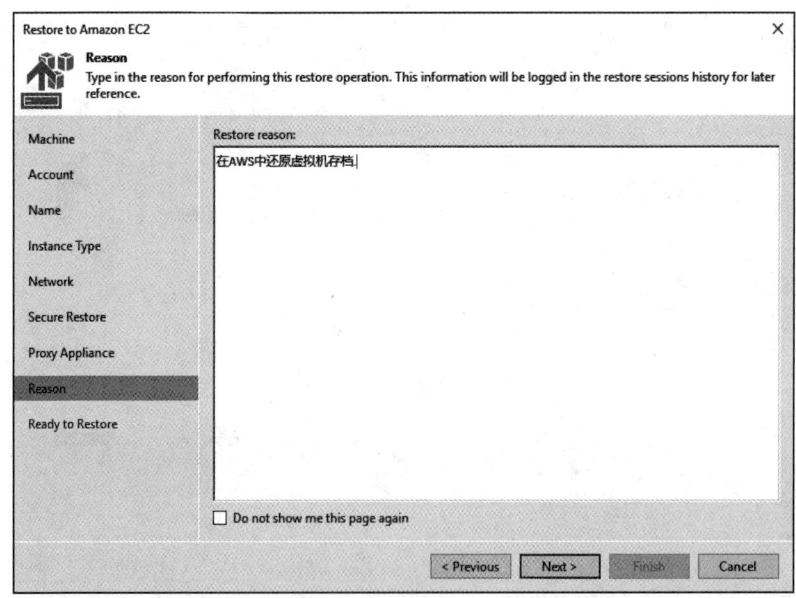


图 4-38

14）在 Ready to Restore 步骤中，查看汇总信息并勾选“Power on target VM after restoring”复选框，确认设置信息正确后，开始执行恢复操作，如图 4-39 所示。

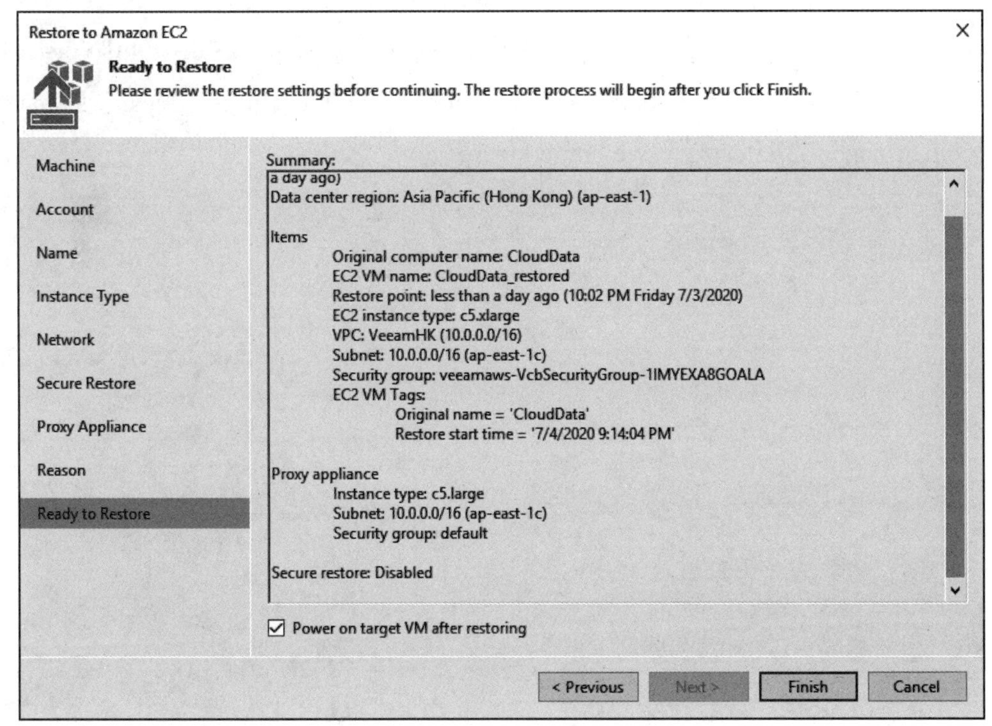


图 4-39

15）等待一段时间后，就可以在 AWS EC2 仪表盘中找到被恢复出来的虚拟机。

# 4.6 本章小结

本章介绍了相当多的二级存储库的概念与特性，首先讨论了二级存储库的定义、应用与架构设计，然后介绍了存储库关键组件的选择与使用。接着讨论了横向扩展备份存储库与对象存储库，并通过两个示例介绍了横向扩展备份存储库的使用，以及如何利用对象存储将数据恢复到 AWS 云。在第 5 章中，你将进一步了解数据存档与数据保留的相关内容，但是在继续学习之前，如果想了解更多的二级存储库的基础知识，可以访问 Veeam 的网站阅读相关内容。

# 参考文献

[1] Veeam Backup & Replication 10 User Guide for VMware vSphere - Repository [OL]. https://helpcenter.veeam.com/docs/backup/vsphere/backup_repository.html?ver=100.

[2] Amazon Simple Storage Service - Developer Guide [OL]. https://docs.aws.amazon.com/AmazonS3/latest/dev/Welcome.html.

# 第5章 数据存档和数据保留

不同于传统方式，在云环境下，新的数据管理技术通常会将备份数据以一种便携并可适配多云环境的特别格式存放到本地备份存储库或者灾备数据中心。根据不同的备份策略，备份数据的存储方式有所不同，效果也有较大的差异。数据保护管理员可以利用这些差异性实现各种各样的数据保护目标。本章将详细讨论在各种备份模式下，存档的方式及其各自的特点，使用不同保留方式产生的不同效果以及它们的使用场景。本章只讨论纯技术原理，不涉及相关示例。

# 5.1 备份模式和备份链

VBR（Veeam Backup & Replication）的备份作业大致可以分为两大类：一类是从生产系统上将数据取出来的主备份作业（Primary Backup Job）；另一类是备份数据的二次复制作业，即备份拷贝作业（Backup Copy Job）。这两种备份作业在备份模式上略有不同，但将两种作业合理搭配，能够完美地实现 3-2-1-0 数据保护黄金法则。

## 5.1.1 主备份作业中的备份模式

主备份作业的备份模式有两大类，分别是正向增量（Incremental）备份和反向增量（Reverse Incremental）备份。这两类模式配合不同的全量备份选项可以衍生出多种备份模式，图 5-1 展示了这几种模式之间的关系。本节将详细讨论各种备份模式的特点以及它们的使用场景。

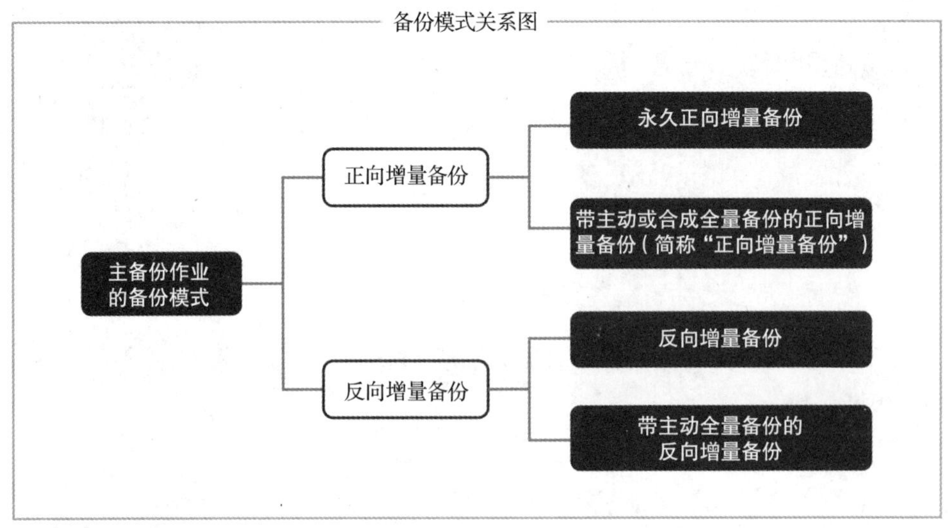


图 5-1

### 1. 正向增量备份和反向增量备份

VBR 在第一次执行正向增量备份时会先创建一个全量备份存档。执行完第一次全量备份作业后，VBR 执行后续备份作业时仅会对自上次备份作业执行以来已更改的数据块进行备份，并将这些数据块作为增量备份数据保存在增量备份存档中，如图 5-2 所示。

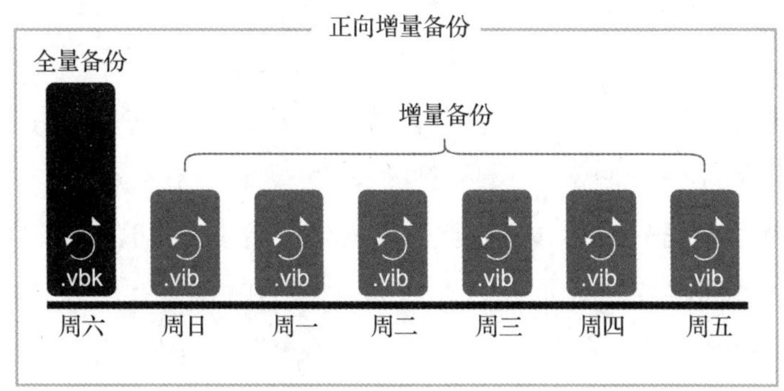


图 5-2

VBR 在第一次执行反向增量备份时会先创建一个全量备份存档，在执行后续备份作业中，VBR 仅备份自上次备份作业执行后已更改的数据块，并将备份的数据块“注入”前一个时间点产生的完整备份存档中，这样可以始终保证最新的备份存档是一份全量备份存档。在注入的过程中，被注入的那些数据块会被提取出来组合成一份反向增量备份存档，反向增量备份存档与全量备份存档按照备份时间的先后相关联，对于这样的模式，在进行数据恢复时 VBR 全自动感知还原点，通过反向注入恢复完整的数据，如图 5-3 所示。

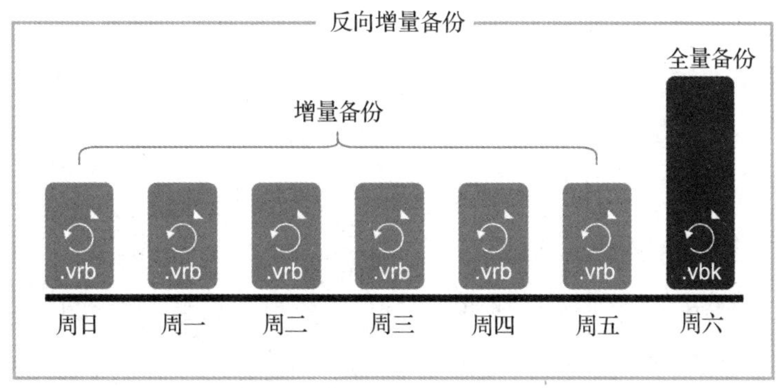


图 5-3

正向增量备份会创建两种格式的备份数据，一种是全量备份数据，其扩展名是 .vbk，另一种是正向增量备份数据，其扩展名是 .vib。反向增量备份也会创建两种格式的备份数据，一种是全量备份数据，其与正向增量备份一样，扩展名是 .vbk，而另一种是反向增量备份数据，其扩展名是 .vrb。虽然它们的文件类型不同，但实际上在 VBR 中最终呈现的还原点效果是完全一致的。

正向增量备份和反向增量备份的创建过程完全不同。正向增量备份的创建过程是变化数据的直接存放过程，VBR 从生产系统取得需要备份的变化数据，对其处理后直接写入 .vib 文件中。而对于反向增量备份来说，VBR 同样会先从生产系统取得需要备份的变化数据，然后 VBR 会将取得的变化数据和前一天的全量备份数据（.vbk）进行整合，即将变化数据注入全量备份存档中，而在注入的同时，提取出那些将被覆盖的数据块，将它们写入一个 .vrb 文件中，以创建出一个特殊的存档。对这份存档进行恢复时，通过往 .vbk 的再次反向注入，变回原来的状态。

反向增量备份中最新的全量备份存档的产生实际上类似于一个合成全量备份的创建过程，这个过程中存在复杂的数据提取、注入和组合操作，因此这种模式相比直接写入文件的正向增量备份要慢一些，而它的好处是，最新的还原点永远是一份完整的全量备份存档，如果需要频繁地使用最新的还原点，实现快速地恢复至最新的还原点，那么反向增量备份是一个很不错的选择。

在正向增量备份中，VBR 能够提供定期全量备份选项，这个全量备份可以由合成的方式（Synthetic Full）创建，也可以由主动提取生产完整数据的方式（Active Full）创建。而在反向增量备份中，VBR 仅提供了主动提取生产完整数据的方式来创建全量备份。

如图 5-4 所示，在 VBR 备份作业设置的高级选项中，可以为该作业选择备份模式，这由选择 Reserve incremental（slower）或者 Incremental（recommended）来实现，不同备份模式会产生不同类型的增量备份存档；而复选框"Create synthetic full backups periodically"和"Create active full backups periodically"则为这两种模式提供更多的全量备份存档创建时间选择。在没有勾选这些复选框的时候，系统不会创建第二份全量备份存档，而在勾选了这些复选框后，系统将根据所设定的时间，在指定的时间点创建全量备份。

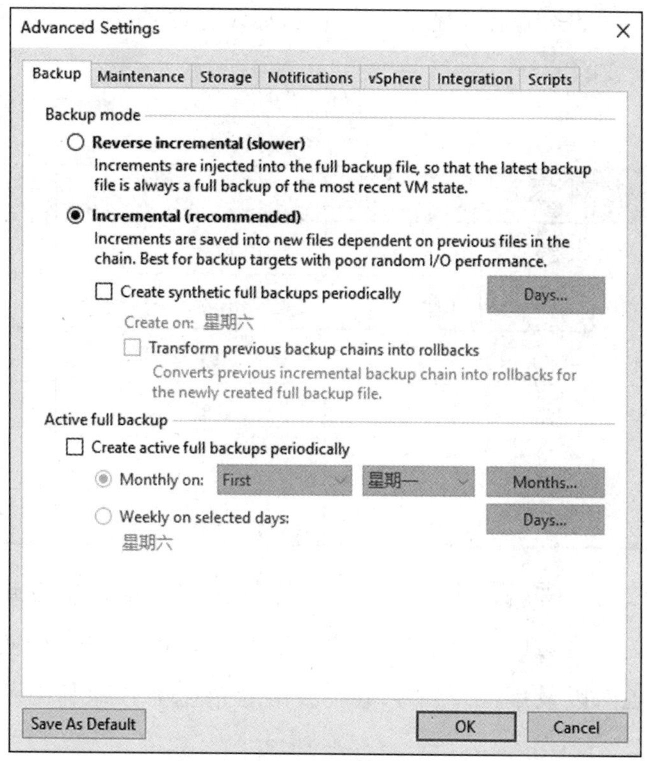


图 5-4

结合全量备份作业的选项设置，VBR 的备份模式及其产生的备份链会衍生出多种不同的模式，分别如下：

- 永久正向增量备份：不加入任何合成全量备份和主动全量备份；
- 正向增量备份：加入定期的合成全量备份或主动全量备份；
- 反向增量备份：不加入任何主动全量备份；
- 反向增量备份（带主动全量备份）：加入定期的主动全量备份。

对于反向全量备份来说，除初始全量备份以外，最新的全量备份存档创建是一个增量数据注入前一份备份存档并形成最新全量备份的过程，和正向增量备份的合成全量备份模式类似，因此对于反向增量备份来说，并没有合成全量备份的必要，也就不存在这种衍生模式。而对于设置了主动全量备份的反向增量备份，它几乎不在实际场景中使用，本书对这种模式不展开具体讨论。

各种模式在实际的运行中对 I/O、容量以及设备兼容性会有不同的要求，表 5-1 详细比较了各种模式的差异。

表 5-1　VBR 主备份作业中不同备份模式的差异

| | 永久正向增量备份 | 正向增量备份 | 反向增量备份 |
|---|---|---|---|
| 备份速度 | 一般 | 最快 | 最慢 |
| 还原点数量的可预测性 | 可预测 | 浮动 | 可预测 |
| 全量备份的还原点数量 | 1 份 | 至少 2 份 | 1 份 |
| 低速备份存储兼容性 | 一般 | 好 | 一般 |
| 磁带兼容性 | 兼容 | 兼容 | 有限制 |
| 重删设备兼容性 | 不兼容 | 兼容 | 不兼容 |

对于绝大多数的日常备份来说，通常会选择正向增量备份方式，它是最有效的平衡备份时间和备份容量的一种方式，然而在某些情形下，合理使用增量备份、带全量备份的增量备份以及反向增量备份能够帮助企业更好地利用基础架构的性能达成数据保护的目标。

## 2. 主动全量备份

主动全量备份通常穿插在正向增量备份过程中进行，它的执行过程和每个备份作业的第一次全量备份执行过程完全一致，它会从生产系统中读取数据并将其存放至备份存储库，因此它和第一次全量备份一样，会产生大量的 I/O、消耗大量的时间并占用大量的备份存储空间。在计划使用主动全量备份时，需要特别注意它会带来的这个负面影响，确保有能满足这个模式的网络带宽、备份窗口以及足够的备份空间。

### （1）推荐使用的场景

1）使用 DELL EMC DataDomain 或 HPE StoreOnce 等重删设备作为备份存储库，但是重删设备没有使用一些专有的技术（如 DELL EMC DDBoost 技术、HPE Catalyst 技术）而是使用 SMB 或者 NFS 协议来存取数据；

2）低端备份存储设备作为备份存储库，存储设备使用软件 Raid 或没有使用硬件 Raid 缓存，如低端 NAS 设备或没有 SAS 控制器缓存的服务器。

**（2）不推荐使用的场景**

1）没有足够的备份窗口；

2）对 I/O 性能非常敏感且负载接近饱和的虚拟机进行备份。

主动全量备份的操作可以由管理员主动发起，因此，每个备份作业的工具栏上都会有一个“Active Full”按钮，在必要的情况下，管理员可以人工发起这个主动全量备份作业。

### 3. 合成全量备份

合成全量备份分成前半过程和后半过程来完成，前半过程中，合成全量备份和普通的增量备份一样，会从生产系统读取变化的数据块，这时候通常会使用 CBT 技术来快速提取变化的数据块，在这个过程中读取的数据量非常少，通常仅为总数据量的 5%～10%。后半过程中，VBR 会在备份存储库中完成全量备份的合并过程，利用历史还原点中的数据和从生产系统中获取到的最新数据，在备份存储库中对数据进行组合，从而创建一份和当前的生产系统状态完全一致的全量备份存档。因此，合成全量备份并不会消耗生产系统的大量的 I/O 和备份网络资源，而是会消耗备份存储库的 I/O，这正好和主动全量备份相反，进而完美弥补了主动全量备份的所有缺陷。

**（1）推荐使用的场景**

1）使用 ReFS 和 XFS 作为文件系统的备份存储库；

2）使用支持设备端完成合成全量备份操作的重删设备，如 DELL EMC DataDomain（使用 DDBoost 协议）、HPE StoreOnce（使用 Catalyst 协议）和 Exagrid 等；

3）备份存储库使用的磁盘的速度比较快，具有使用硬件 Raid 缓存做加速的磁盘设备。

**（2）不推荐使用的场景**

1）使用 SMB 或者 NFS 协议的 DELL EMC DataDomain、HPE StoreOnce 等重删设备；

2）低端备份存储设备作为备份存储库，设备使用软件 Raid 或没有使用硬件

Raid 缓存，如低端 NAS 设备或没有 SAS 控制器缓存的服务器。

合成全量备份的操作是 VBR 系统自动根据一定条件所进行的操作，因此管理员无法人工发起这个操作，VBR 会根据设定的条件，在条件满足时进行自动合成操作。

根据 ReFS 和 XFS 文件系统的特性，合成全量备份可以使用 FastClone 和 Refcink 的 API，这时候，合成全量备份操作几乎没有任何额外开销，不需要花很长的时间，不产生额外的 I/O，没有占用重复的容量，所带来的收益是任何其他模式不可比拟的。关于 ReFS 和 XFS 的使用，请参考 4.2 节。

### 4. 永久正向增量备份

这是一个特殊的备份模式，虽然管理员并没有勾选合成全量备份的选项，但实际上由于永久正向增量备份节省存储空间的特性，在每次执行备份作业的时候，都会进行备份存档的注入操作，注入操作完成后可以生成一份全量备份存档。管理员要使用这种模式时，需要特别关注在注入备份存档时，备份存储的 I/O 使用情况。对于总容量不大、每日数据量变化也不大的虚拟机，比较适合使用这种模式。

### 5. 不同备份模式间的切换

根据备份存储的更换（例如，将备份存储从高速的存储换为重删设备），或者备份存储容量的限制（例如，正向增量备份会占用大量的备份存储空间），VBR 会调整备份模式。VBR 可以轻松地在多种备份模式之间切换。它不会转换以前创建的备份存档，而是通过以下方式在现有的备份存档中创建一个新的备份存档：

1）如果从反向增量备份模式切换到永久正向增量备份模式或正向增量备份模式，那么 VBR 会在反向增量备份存档之后创建一组正向增量备份存档。反向增量备份存档中的全量备份存档用作正向增量备份存档的起点。

2）如果从永久正向增量备份模式或正向增量备份模式切换到反向增量备份模式，那么 VBR 首先会在增量备份存档之后创建一个主动全量备份存档，以此完整的备份存档为起点开始执行反向增量备份模式。

3）如果从永久正向增量备份模式切换到正向增量备份模式，那么 VBR 将根据设置的时间点创建主动或合成全量备份存档。

4）如果从正向增量备份模式切换到永久正向增量备份模式，那么 VBR 将不再创建主动或合成全量备份存档。自最近一次主动或合成全量备份以来创建的还原点数达到保留限制时，将删除过期的备份存档。删除过期的备份存档后，最终只会保留一份全量备份存档。此后，随着创建每个还原点，最早的增量备份存档将与全量备份存档合并。

### 5.1.2 备份拷贝作业中的备份模式

备份拷贝作业分为两种，一种是简单模式，另一种是 GFS(Grandfather-Father-Son) 模式。

简单模式的备份拷贝作业和主备份作业中的永久正向增量备份过程完全一致，因此它所创建的还原点也是由全量备份存档 .vbk 和增量备份存档 .vib 组成的，在执行每次备份作业时，都会进行注入备份存档的过程。

GFS 模式可以认为是 GFS 全量备份存档模式和简单模式的组合，日常备份存档和简单模式完全一样，而 GFS 备份存档一般用来长期保留和存放数据，这些存档会以全量备份的形式存放在备份存储库中。

在 GFS 备份存档中，通常会把每周的备份存档称为“子备份”，把每月的备份存档称为“父备份”，把每年的备份存档称为“祖备份”。另外 VBR 还引入了一种额外的备份存档，即每季度的备份存档。所有的这些存档都用于归档。

在 GFS 模式下创建全量备份存档时，默认的创建方式为合成全量备份，这个过程是在目标备份存储库设备上进行的，那么对于异地传输备份存档来说会非常有效，因为完全不占用异地传输的网络带宽。而这种默认方式所面临的限制和普通的合成全量备份面临的限制完全一样，因为它就是常规的合成全量备份的过程，推荐的使用场景和限制条件可参考 5.1.1 节中的合成全量备份部分。

当然，因为这个过程有利有弊，VBR 为备份拷贝作业也提供了主动全量备份的选项。在备份拷贝作业中选中“Read the entire restore point from source backup instead of synthesizing it from increments”复选框后，VBR 会使用主动全量备份来替换备份拷贝作业中的合成全量备份操作。

### 5.1.3 各种备份模式下的备份链

所谓备份链，是一组相互关联的备份存档，它们组合在一起形成了一系列的还原点。在 VBR 中，备份链根据备份模式的不同，可以是 vbk 文件和 vib 文件的组合，也可以是 vbk 文件和 vrb 文件的组合。备份集由一个或者多个备份链组成，每个备份链都是一个整体，备份链中的文件缺一不可，缺少任何一个 vib、vrb 或者 vbk 文件，整个备份链的数据都会被破坏。因此判断是否是一个备份链，最直接的方法是确认全量备份存档可以影响哪些增量备份存档，全量备份存档以及受其影响的增量备份存档属于一个备份链。

VBR 备份作业中的还原点会依照备份模式并根据备份作业的执行发生动态的变化，永远没有一个固定模式，因此在设计备份作业时不用太在意备份还原点的数量，VBR 始终能保证满足最少还原点数量的要求，这个和传统意义上死板的备份策略有很大的不同。在 VBR 中，正向增量备份和反向增量备份的备份链完全不同。备份链的创建由以下几个关键因素决定：备份模式、备份保留策略、全量备份的执行时间点。在 VBR v10 版本中，保留策略可以设置为时间模式或者数量模式。而此时配合上计划作业中按小时、按天、按月等多种执行方式，那么还原点和由还原点组成的备份链所产生的变化会非常多。

使用不同的备份模式创建的备份集略有差异，表 5-2 给出了各种模式下备份集中备份链的数量。

表 5-2　使用不同备份模式创建的备份集中的备份链的数量

| 备份模式 | 备份链 | 备份模式 | 备份链 |
| --- | --- | --- | --- |
| 正向增量 | 多个 | 反向增量 | 1 个 |
| 永久正向增量 | 1 个 | 备份复制 | 1 个 |

从表 5-2 中可以看出，只有正向增量备份存在着多个备份链的情况。也就是说，只有在正向增量备份模式下，在进行数据合成和删除的时候，是在新的备份链中进行的；而在其他的备份模式下，所有的数据合成和删除操作都将在同一个备份链上进行。后者的潜在风险是备份链上的数据会被二次修改。

### 5.1.4 从备份链中提取单个还原点

虽然 VBR 的备份存档格式的可移动性非常强，但是 VBR 的备份存档 vbk、vib 和 vrb 的组合方式也具有非常强的关联性，对于有关联的文件，缺失了任何个体，都可能会对恢复造成影响。如果要移动单个还原点，可以使用 VBR 中备份存档的导出（Export）功能。在每个备份存档的工具栏中，都可以找到这一功能，使用导出功能，无论这个还原点的文件是如何组成的（vbk/vib/vrb），导出操作结束后，最终都能得到一个合成的 vbk 文件。这个 .vbk 文件是该还原点的完整数据，它完全不依赖其他任何备份存档文件。因此，只要根据需要复制和剪切这个 vbk 文件，就能实现备份存档的移动，同时这个独立的还原点也能用于单个还原点的独立磁带归档。

VBR 可以同时导出处在不同备份存储库中的多个备份作业的还原点，被导出的还原点和原备份存档存放于同一个备份存储库中，在 VBR 的备份存档中会出现在“Backups（Imported）”节点下，管理员可以根据需要保留或者移除这个存档在 VBR 中的记录，也可以在 Export 向导中设置在一定时间后自动删除这个导出存档。

## 5.2 数据保留策略

对备份下来的数据如果不做任何删除，那么数据将会永久存放于 VBR 的备份存储库中，这样对备份存储库的占用会越来越大。在 VBR 的计划任务中，可以设置数据的保留策略，根据不同的设置规则会自动清理数据，并释放存储空间。数据保留策略跟随备份作业的运行而进行，在每次备份作业执行到最后，数据保留策略会检查当前存档是否满足删除条件，如果满足，则会删除超过保留期限的备份存档。

数据保留策略定义了要在备份存储库中保留多少个还原点或将备份数据保留多少天。这两种方式为不同的使用场景提供了简单的计算方式，灾备管理员可以根据实际数据保留场景灵活选择。

对于定期执行的备份作业，使用还原点或者天数作为备份数据保留策略都可以满足数据保留需求。对于在定期执行备份作业之外还会手工执行一些计划外的备份作业，这时推荐使用按天数来保留数据。例如，每天按计划自动执行一次备份作业，数据保留 14 个还原点，即希望保留 14 天的备份数据。如果每天还会手工执行一些备份作业，一天内可能会有多个还原点，那么虽然设置了保留策略为 14 个还原点，但不能满足保留 14 天备份数据的要求。此时建议按天数来设置备份数据保留策略，这样就可以解决按照还原点设置备份作业时不定期执行备份作业所带来的备份数据保留时间缩短的问题。

对于按天数来设置备份保留策略来说，默认最小还原点数为 3，VBR 不计算在保留策略运行当天创建的还原点。例如，如果在星期六创建一个备份作业，并将备份数据保留时间设置为 3 天，然后每天创建完整备份。在星期日，VBR 将保留在 4 天（星期四、星期五、星期六和星期日）内创建的还原点，在星期三创建的还原点将不计算在内。在星期三，VBR 将删除星期六创建的备份文件，并保留在 4 天（星期日、星期一、星期二和星期三）内创建的还原点。保留期限可能会比设置的保留天数更长，具体取决于指定的备份模式。由于备份链中的数据存在关联性，因此不同备份模式的保留策略在实际使用中的表现完全不同，本节将详细讨论各种备份模式的数据保留策略。

## 5.2.1　正向增量备份的数据保留策略

正向增量备份的备份集至少由两个备份链组成，这是这一备份模式的特点。如图 5-5 所示，对于最新的备份链 B 来说，在没有执行新的全量备份之前，最新的还原点写入都会依赖于备份链 B 中的全量备份和其他增量备份还原点，此时，这样的备份链被称为未封闭的备份链；对于备份链 A 来说，任何一个新写入的还原点都不会依赖备份链 A 中的还原点，此时，这样的备份链被称为封闭的备份链。

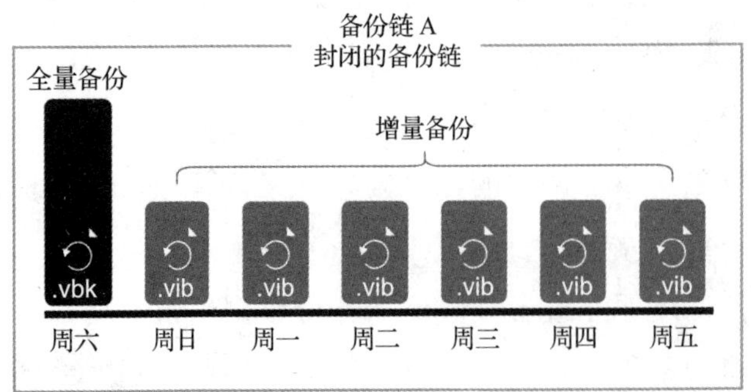

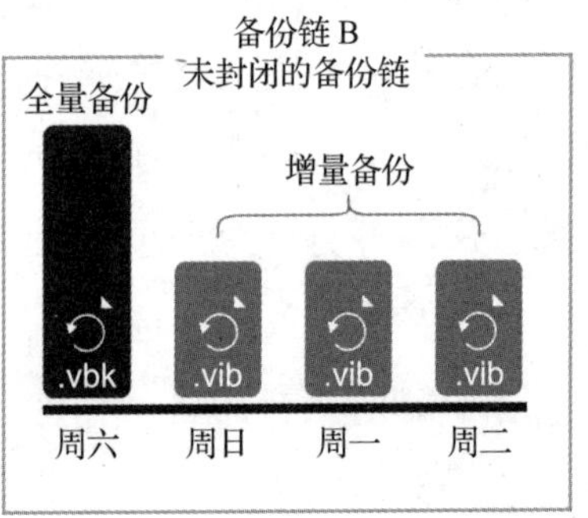


图　5-5

封闭的备份链可以作为整体被安全地删除，而未封闭的备份链一旦被破坏，那么将会影响下一次的增量备份，备份作业会重新执行全量备份来保证数据的完整性。在第 4 章中我们提到通过 SOBR 向对象存储库中转移数据，这时候在 Move 模式下，VBR 只会转移封闭的备份链中的存档数据。

使用正向增量备份模式时，当现有还原点数量大于保留策略中定义的最小还原点数量时，VBR 并不会立即自动从备份存储库中删除备份存档。只有当 VBR 确认在删除超过保留策略的封闭的备份链后仍有符合保留策略要求数量的还原点可以被用来进行数据恢复时，才会删除封闭的备份链。

下面举例来说明该数据保留策略的工作过程。在 VBR 中，备份作业配置如表 5-3 所示。

表 5-3 使用正向增量备份模式时，VBR 中的备份作业配置

| 备份作业中的配置项 | 配置内容 |
|---|---|
| Retention policy | 7 Restore points |
| Backup Mode | Incremental (recommended) |
| Create Synthetic Full 复选框 | 勾选并在 Days 窗口中选择周六执行 |
| Transform previous backup chains into rollbacks | 不选 |
| Active full backup | 不选 |
| Schedule | 选择 Daily，执行每日备份 |

### 执行效果

在备份作业的第一个备份周期，创建备份链 A，在第一个周六创建全量备份，之后六天进行增量备份；在第二个备份周期，创建备份链 B，在第二个周六创建合成全量备份，同时系统检测到当前的还原点数量大于 7 个，但是因为删除备份链 A 中任何一个还原点都会破坏整个备份链 A，导致备份链 A 中的 7 个还原点全部失效，因此无法进行还原点的清理操作，系统会继续保留完整的封闭的备份链 A，在之后的六天继续执行增量备份。

在第二个周五，系统完成增量备份后，检测到在删除备份链 A 后，剩余的还原点数量为 7 个，满足最少保留 7 个还原点的要求，此时系统触发保留策略，删除过期的备份链 A，释放备份存储空间，如图 5-6 所示。

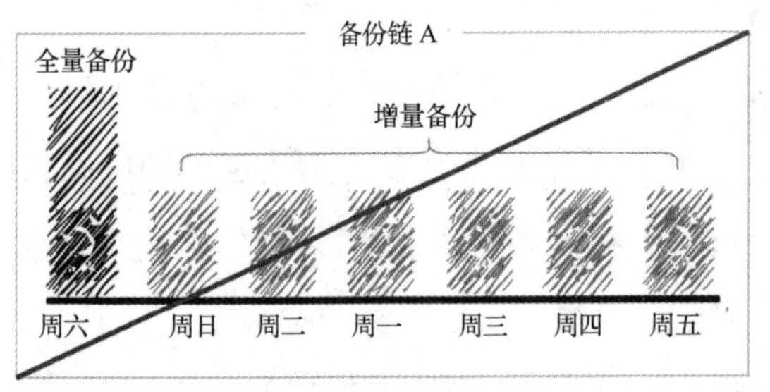


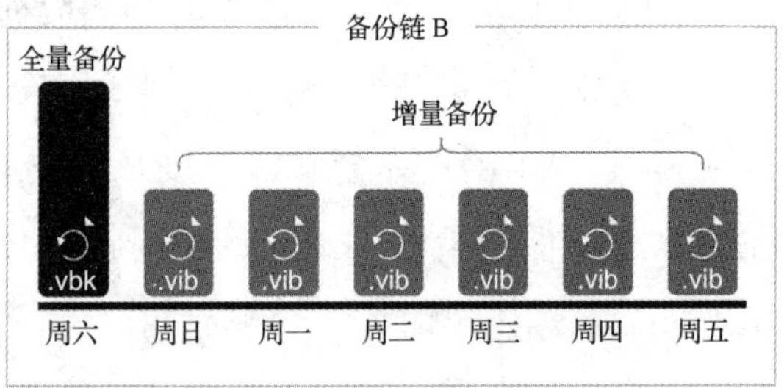


图 5-6

## 5.2.2 永久正向增量备份的数据保留策略

永久正向增量备份只有一个备份链，所以数据保留策略设置的还原点数量和实际备份产生的还原点数量是一致的。如果永久正向增量备份链中的还原点数量超过了保留策略设置的还原点数量，那么 VBR 会处理最早的增量备份存档和全量备份存档，清理过期数据。

下面举例来说明该数据保留策略的工作过程。在 VBR 中，备份作业配置如表 5-4 所示。

表 5-4 使用永久正向增量备份模式时，VBR 中的备份作业配置

| 备份作业中的配置项 | 配置内容 |
| --- | --- |
| Retention policy | 5 Restore points |
| Backup Mode | Incremental（recommended） |
| Create Synthetic Full 复选框 | 不选 |
| Transform previous backup chains into rollbacks | 不选 |
| Active full backup | 不选 |
| Schedule | 选择 Daily，执行每日备份 |

### 执行效果

如图 5-7 所示，在备份作业中创建一个周期为 5 天的备份链，其中最早的一份备份在周六创建，为全量备份，之后 4 份为增量备份。在第六天（即周四），系统执行新的增量备份，执行完成后，检测到还原点数量超过 5 个，系统开始执行注入操作。这个注入操作会将周日的 vib 备份存档的数据块注入周六的全量备份中，替换相关数据块形成一份新的周日的全量备份存档。在注入完成后，周六的全量备份存档自动消失，该 vbk 文件自动变为周日的全量备份。

完成注入过程后，磁盘上存在两份周日的备份存档，一份为 vbk 文件，另一份是 vib 文件，接下去系统会进入删除过程，将已经被注入 vbk 文件中的 vib 备份存档从备份链中删除，之后每个还原点创建好后都会重复这个过程。

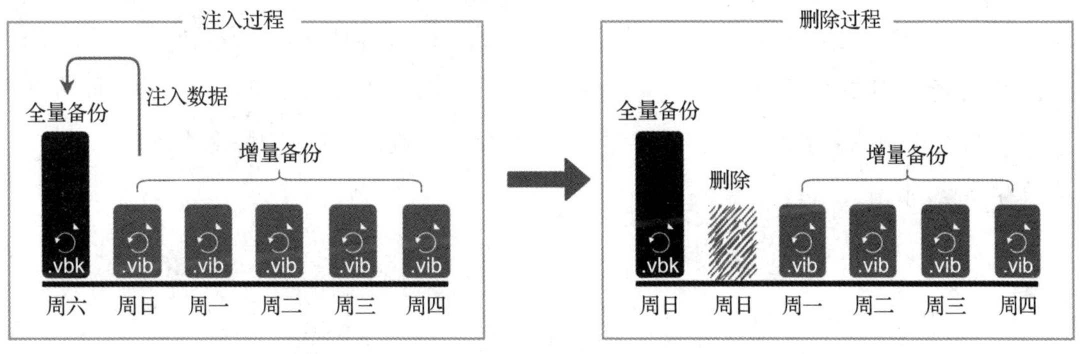


图 5-7

## 5.2.3 反向增量备份的数据保留策略

与永久正向增量备份的还原点相似，反向增量备份也只有一个备份链，因此数据保留策略设置的还原点数量和实际备份产生的还原点数量是一致的。如果反向增量备份链中的还原点数量超过了保留策略设置的还原点数量，VBR 会立刻删除最早的 vrb 文件，清理过期数据。

下面举例来说明该数据保留策略的工作过程。在 VBR 中，备份作业配置如表 5-5 所示。

表 5-5 使用反向增量备份模式时，VBR 中的备份作业配置

| 备份作业中的配置项 | 配置内容 |
|---|---|
| Retention policy | 5 Restore points |
| Backup Mode | Reverse Incremental |
| Create Synthetic Full 复选框 | 不可选 |
| Transform previous backup chains into rollbacks | 不可选 |
| Active full backup | 不选 |
| Schedule | 选择 Daily，执行每日备份 |

### 执行效果

如图 5-8 所示，在备份作业中创建一个周期为 5 天的反向增量备份链，其中最新的一份备份在周六创建，为全量备份，其他更早的备份存档为反向增量备份存档。随着每天新的备份存档产生，最早的那份备份存档并不被其他的备份存档所依赖，因此当整个备份链中的备份存档数量超过 5 个，系统会自动删除最早的 vrb 文件，释放存储空间。

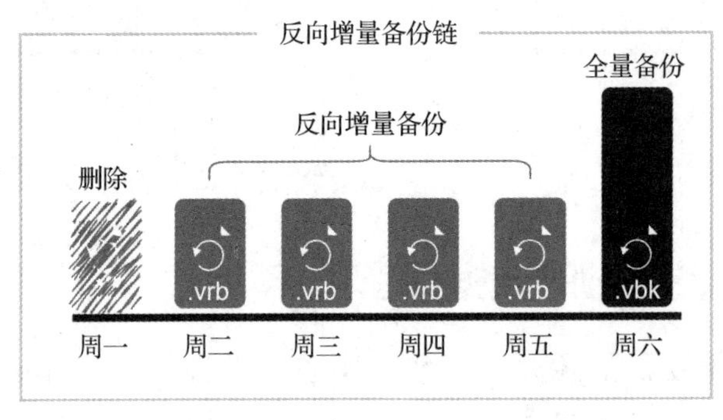


图 5-8

## 5.2.4 删除无效数据策略

除了在主备份作业中设置备份存档的保留时间，某些情况下，在 VBR 完成配置并运行备份作业后，可能需要对基础架构或备份策略进行更改。例如，将某些虚拟机或物理主机从已经运行了一段时间的备份作业中排除，后续执行的备份作业不会

对这些已经从备份作业中排除的虚拟机或物理主机进行备份，这些已经排除在备份作业之外的虚拟机或物理主机之前产生的备份存档终将过期或无效，但这些过期或无效的备份存档没有达到保留策略的要求，不会进行自动删除。如果不能删除这些过期或无效的备份存档数据，那么主备份作业的数据保留策略将会受影响，从而导致过期、无效数据不能被删除，使大量不需要留存的备份存档仍存于备份存储库中，浪费备份存储库空间，进而可能影响主备份作业的执行。

VBR 在对备份存档进行二次操作时非常小心和谨慎，虽然造成的负面影响不可避免，但是在某些场景下必须要进行备份存档的二次操作。因此在备份作业的高级设置（Advanced Settings）中，针对某些场景，需要设置存储级数据维护和文件级数据维护来确保被处理后的备份数据的完整性和一致性。如图 5-9 所示，这里的存储级数据维护分为两部分：

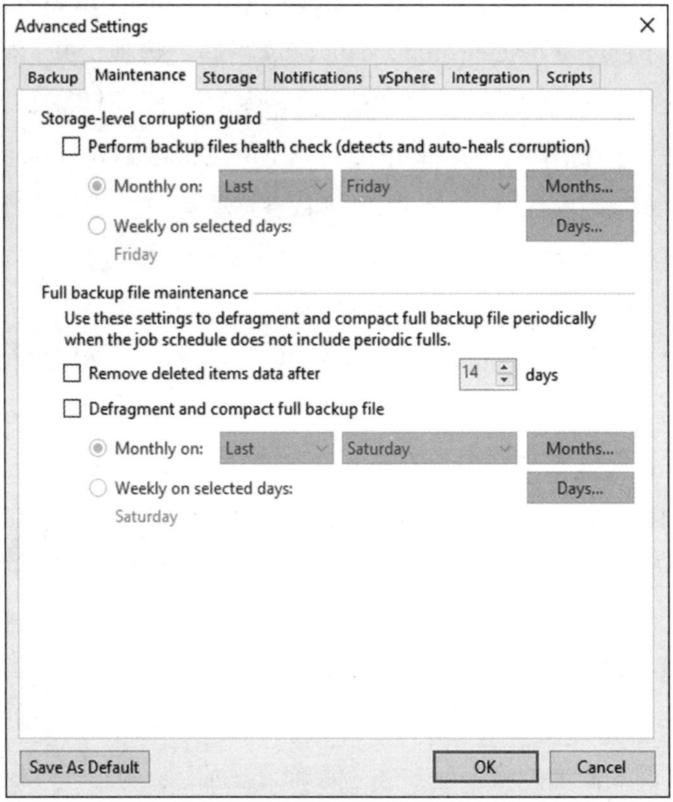

图 5-9

- 存储级别损毁保护（Storage-level corruption guard）：这个选项用来保证所有备份数据的一致性，它会校验备份存档中的数据块，找出坏块并进行自我修复。一般建议所有不做定期主动全量备份的作业都开启这个选项，它对合成全量备份数据的健康度非常有帮助；而对于在存储级别已经包含了数据修复功能的那些备份存储设备，比如 EMC DataDomain、HPE StoreOnce 等重删设备，建议关闭这个选项。需要注意的是，这个存储级数据维护选项会额外增加备份作业的执行时间，管理员可以指定在某个特定的时间来执行以上这些操作。在设置这个选项前，务必根据实际备份存储库的性能、备份数据容量做好相关的测试采样，之后再决定最终的执行时间，这样做能对整体的备份作业长期运行有一个比较好的预期。
- 全量备份存档维护（Full backup file maintenance）包含两个选项：“Remove deleted items data after”和“Defragment and compact full backup file”。
  - 勾选“Remove deleted items data after”这个选项，并指定已删除虚拟机的备份数据的保留天数。如果某个虚拟机不再可用（例如，该虚拟机已被删除或从备份作业中排除），那么 VBR 在指定的时间内将其数据保留在备份存储库中。过期后，VBR 将从备份数据库中删除已删除虚拟机的数据。通过该策略可以防止已经不需要保护的虚拟机数据长时间留在备份存储库中。
  - 勾选“Defragment and compact full backup file”选项后，可进行全量备份存档（vbk 文件）的碎片整理和数据重构。启用“Remove deleted items data after”这个选项后，对于包含多个虚拟机的备份存档，已删除虚拟机的备份存档仍将保留在备份存储库中。仅当达到还原点保留限制或启用了“Defragment and compact full backup file”后才会真正删除已标记要删除的虚拟机的备份数据块。这个选项是除了正向增量备份之外的其他备份模式必选的，它无论是对 vbk 文件的容量节省和后期恢复数据的速度来说，都有极大帮助。同样对于重删设备来说，无须开启这个选项，因为重删设备有自己的数据维护和管理方法，能确保数据存放的合理性。

在经常会发生变更的备份作业中，建议勾选“Remove deleted items data after”

选项，并指定所删除项目的数据必须保留在备份存储库中的时间。在删除无效数据时，必须谨慎对所删除的数据使用保留策略，强烈建议将保留策略设置为 3 天或更长时间，以防止不必要的数据丢失。在设置“ Remove deleted items data after”选项来删除无效的备份数据的同时，还需要配置 VBR 的常规保留策略来保证备份链中具有足够的还原点数。

## 5.3 长期数据保留策略

长期数据保留策略使用 GFS 备份模式，即可以将备份存档存储数周、数月甚至数年。对此，VBR 不会创建任何特殊的新备份存档，而是使用在备份作业运行时创建的备份存档，并使用特定的 GFS 标志来标记这些备份存档。

为了将备份存档标记为长期保留，VBR 可以为这些文件分配以下类型的 GFS 标志：每周（W）、每月（M）或每年（Y）。VBR 分配的 GFS 标志的类型取决于在备份作业配置中设置的 GFS 保留策略。GFS 标志只能分配给在 GFS 保留策略指定的时间段内创建的全量备份存档。

一旦 VBR 将 GFS 标志分配给完整的备份存档，便无法再删除或修改该备份存档，VBR 的短期保留策略不会覆盖 GFS 设置的保留策略。

当指定的保留期限结束时，VBR 将取消全量备份存档的 GFS 标志。如果备份存档未被分配任何其他 GFS 标志，则可以根据短期保留策略对其进行修改和删除，如图 5-10 所示。

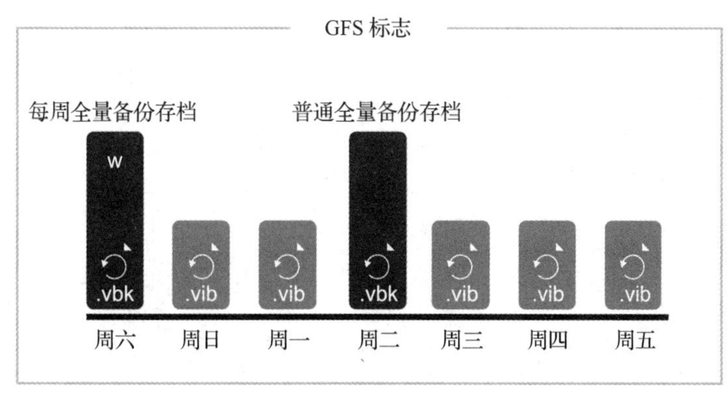


图 5-10

## 5.4 本章小结

本章主要介绍了 VBR 的备份模式、备份链和数据保留策略，备份模式直接决定了它所产生的备份链以及之后的数据保留策略。本章首先详细说明了各种备份模式及其一些具体分支，比较了各种模式之间的差异，然后从数据保留周期出发又详细说明了各分支的数据保留状况，最后对于长期保留的备份存档进行了说明。本章没有提及具体的示例。从第 6 章开始，我们将会详细介绍数据的使用、数据的自助使用、数据的自动化使用以及数据管理方面的话题。

## 参考文献

[1] Veeam Backup & Replication 10 User Guide for VMware vSphere – Backup Chain [OL] . https://helpcenter.veeam.com/docs/backup/vsphere/backup_files.html?ver=100.

[2] VBR Restore Points Simulator[OL]. https://vee.am/rps.

# 第6章 云数据再利用

随着企业数字化转型的不断推进，数据的重要性不仅仅体现在确保数据可用性、业务不间断和可恢复性上。现今的企业对数据有更高的期望，希望数据能够作为资产得到有效利用，为企业提供业务价值。备份和灾备保存下来的数据不仅可以在意外或者灾难发生时用来进行恢复，更重要的是，这些数据来自生产环境，是某一个时间点的生产数据的完全拷贝，因此建议正确利用这些备份存档数据，发挥其最大的价值。当前主流的云数据再利用方式主要包括：

- 数据实验室
- 数据集成 API
- 数据库即时呈现

本章将会详细讨论如何通过这 3 种方式使用备份存档，在介绍完各种使用方式的理论知识后，会通过丰富的实战场景演示示例，说明数据再利用的方式。

## 6.1 数据实验室

通常的备份存档以静态的数据形态存在，它虽然是一组系统的镜像存档，但是没有运行在虚拟或者物理平台上，备份存档仅仅是以磁盘上连续的数据存档形式保存的。绝大多数情况下，为了满足数据重删、压缩和加密的要求，备份存档以一种非常特殊的格式存在，这种格式的数据将完全无法被正常的虚拟化或者物理平台所访问。数据实验室是通过一种模拟方式，将这些数据以原生格式呈现给虚拟化平台，通过虚拟化平台灵活的计算资源分配，加载这些被重删、压缩和加密的备份存档，使这些备份存档能直接运行起来，此时数据实验室中的备份存档将不再是一组系统的镜像存档，而将是一组真正能够被访问和使用的系统。

数据实验室的使用场景非常丰富，在数据实验室中可以实现以下功能：

- 备份存档验证（SureBackup）：验证备份存档文档和复制存档文件的可恢复性。
- 按需沙盒（On-Demand Sandbox）：在确认系统可用的情况下，将这些系统以服务的形式提供给测试、开发、排错等场景使用的隔离沙盒环境。
- 分阶段还原（Staged Restore）：将恢复的步骤分成多个阶段，使数据在回到生产环境之前，先进入数据实验室中进行处理，确保系统的数据按照预期的目标回到生产环境中。
- 安全还原（Secure Restore）：增加安全性和减少中断扫描备份与杀毒软件接口，防止在恢复数据时产生二次病毒感染，满足各种合规性要求。

使用数据实验室的功能，可以提高与备份相关的操作的效率，以及改善 IT 服务及运维工作，提升 DevOps 效率。数据实验室也适用于安全和取证的场景，从而确保合规性和遵从性。

在 VBR 中，一个完整的数据实验室由虚拟实验室（Virtual Lab）、应用组（Application Group）、存档验证作业（SureBackup Job）这三个组件组成：

- 虚拟实验室：这是一个隔离的虚拟化沙盒环境，应用组中的虚拟机和被验证的虚拟机都会在这个沙盒中启动起来。
- 应用组：在验证某些虚拟机时，这些虚拟机需要依赖其他的服务才能正常启动和工作，应用组中的虚拟机就会为被验证或使用的虚拟机提供所依赖的服务来使其正常工作。举例来说，当需要去验证一台 Exchange 服务器时，该 Exchange 服务器的启动需要依赖 AD 和 DNS 服务，因此需要将提供 AD 和 DNS 服务的虚拟机加入应用组中，用来为 Exchange 服务器提供启动依赖。
- 存档验证作业：自动或者手动执行备份存档验证。该作业可以定时执行。也可以手动执行。这个作业将虚拟实验室、应用组以及备份存档组织在了一起。

## 6.1.1 虚拟实验室

虚拟实验室本身几乎不消耗任何资源，可以部署在任意的 ESXi 或者 Hyper-V 主机上，当虚拟实验室启动的时候，才会请求分配计算资源给这些虚拟机。虚拟实验室会在虚拟化环境中创造出一套不同于生产环境的隔离网络，它将生产环境中的网络完整地镜像至虚拟实验室创造出来的这套网络中，在虚拟实验室中启动的虚拟机和原虚拟机拥有一模一样的 IP 地址配置，因此在虚拟实验室中启动的这些虚拟机能够像在生产环境中一样正常地工作。

虚拟实验室会全自动地部署一套隔离网络，这套隔离网络包含以下组件：代理设备（Proxy Appliance）、隔离网络（Isolated Network）、伪装地址（IP Masquerading）和静态 IP 映射（Static IP Mapping）。

### 1. 代理设备

为了能够和生产网络通信，VBR 使用一个代理设备。这个代理设备是一个基于 Linux 系统的轻量级虚拟机，它会被创建在每一个虚拟实验室中。在每一个虚拟实验室中，将会使用且只会使用一个代理设备，通过这个代理设备的多个网卡，虚拟实验室中的虚拟机和生产环境进行连通。

因为这个代理设备是VMware或者Hyper-V平台上的虚拟机，所以使用虚拟网卡时，完全遵循虚拟化平台的所有限制。举例来说，在VMware vSphere 7中，每台虚拟机的网卡上限为10个，代理设备需要用1个固定的网卡和VBR进行管理通信，因此它会占用1个能够和VBR进行通信的管理地址，而剩下的9个网卡则可以用于隔离网络。

在配置虚拟实验室过程中，首先会为这个代理设备配置和VBR通信的管理地址，VBR需要通过TCP的22端口和443端口与代理设备进行必要的管理通信。

这个代理设备还将会为生产系统中的每一个网络映射出一一对应的隔离网络，它和虚拟化平台中生产网络的端口组或虚拟网络一一对应。举例来说，生产环境中的虚拟机CloudData使用了vSphere中的端口组ProdVLAN100，那么在配置虚拟实验室的隔离网络时，会为这个端口组分配它的对应网络端口组VirtualLab ProdVLAN100，它的VLAN标签也会从生产网络的端口组中继承过来。

这个代理设备会用一块网卡连接隔离网络中的隔离端口组。因此，它需要一个可以和该网络内的虚拟机进行正常通信的IP地址。比较常见的配置方法是：将原网络中的网关地址分配给这个网卡，这样既可以避免数据实验室内的网络冲突，又能够为数据实验室内的虚拟机提供网关服务。

### 2. 隔离网络

虚拟实验室利用VMware和Hyper-V的虚拟交换机能力，根据生产网络全自动地部署出一套隔离网络。隔离网络创建在虚拟化平台中指定的ESXi或者Hyper-V服务器上，这个网络会被隔离在某一台服务器上，也就是说，虚拟实验室在某一台服务器的某一个或某几个特定的端口组内运行。对于VMware ESXi来说，基于分布式交换机的特性，这个虚拟实验室还能被扩展到多个服务器。

虚拟实验室的隔离网络本质上是和生产环境一一对应且完全隔离的网络，原网络环境的虚拟交换机类型（是标准交换机还是分布式交换机）并不影响虚拟实验室的隔离网络，因此无论是单主机的场景还是跨主机的场景，数据实验室都会使用独立的虚拟交换机或分布式交换机来创建隔离网络，唯一的区别就是单主机使用标准交换机，跨主机使用分布式交换机。标准虚拟交换机通常不包含任何上联口（Uplink），因此从物理上来说，它严格地和物理网络隔离开来；对于分布式交换机来说，使用它是为了跨主机访问，因此它必然会包含上联口，此时为了严格地和生产网络进行物理隔离，在设计这个分布式交换机时，一般要求它的上联口接入一个独立的物理交换机或者给其分配独立的隔离 VLAN。

### 3. 伪装地址

伪装地址的本质是网络地址转换（NAT）服务，代理设备通过网络地址转换，将隔离网络中的地址转换成一个全新的地址呈现给生产网络进行访问。这个地址转换不改变原服务器中的任何设置，所有变化仅在代理设备上进行，这个新地址并不存在于任何一台生产或者备份存档中，因此在 VBR 中将它称为伪装地址，它将数据实验室中真实的地址伪装成了一个完全独立的访问地址，为生产网络提供必要的访问。

伪装网络是代理设备设置过程中的必选项，每一个端口组都会被分配一个伪装网络，并且每个端口组的伪装网络的子网都会不同。

举例来说，生产网络中的虚拟机 CloudData 的地址是 10.10.1.180，伪装网络设置为 192.168.1.D，那么这台虚拟机的备份存档在虚拟实验室中启动起来后的伪装地址会被自动分配为 192.168.1.180。

### 4. 静态 IP 映射

除了伪装网络的 NAT 访问方式，VBR 还提供另外一种静态 IP 映射的访问方式。这个静态映射需要为隔离网络内的虚拟机手工分配 IP 映射，而被分配的 IP 地址不能是一个伪装地址，需要是与在虚拟实验室中启动起来的虚拟机所在网络同网段的空闲 IP 地址。

举例来说，生产网络中的虚拟机 CloudData 的地址是 10.10.1.180，同时生产网络中 10.10.1.181 这个地址并没有被任何系统使用，此时，可以将在数据实验室中启动起来的 CloudData 的访问 IP 设置为 10.10.1.181，而它的隔离网络 IP 为 10.10.180。通过这样的配置，生产网络中的任何服务器都可以通过 10.10.1.181 这个地址访问在数据实验室内启动起来的这个虚拟机。

静态 IP 映射和伪装地址在虚拟实验室中可以同时存在，两者没有冲突。伪装地址是配置静态 IP 映射的基础条件，因此它是一个必选项；而静态 IP 映射是一种额外辅助方式，因此它是一个可选项。

### 6.1.2 应用组

应用组是数据实验室中的一个可选项，不是数据实验室的必选项。在一些独立工作场景中，通常可以没有任何应用组，只有需要依赖关系的场景才会用到应用组。然而在一些复杂的大型工作负载场景中，绝大多数应用程序都会依赖身份验证系统，以保证正常工作，这时候，常见的应用组通常是由 Active Directory、DNS、DHCP、NTP 等基础架构类服务器组成的。

构成应用组的服务器也是由备份存档或者灾备存档组成的，它和一般的数据实验室中的其他机器没什么不同，只是在数据实验室开启后，它会自动地被优先开启。之后，这些应用组中的虚拟机首先会按照管理员设置的验证流程全自动完成应用组基础架构服务器的可用性验证，当验证通过后，这些基础架构服务器已经被确认为可以对外提供基础架构服务，此时一个完整的数据实验室就可以开始对外提供服务了。

### 6.1.3 存档验证作业

数据实验室在运行时需要创建一个作业，即存档验证作业。通常情况下，这个作业用于验证备份存档数据的可用性，从这个作业的名称来看，它本身也仅仅像一个备份存档验证功能，但是隐藏在这个作业背后的是 Veeam 数据实验室的强大功能。

每一个数据实验室的运行都需要有存档验证作业的支持，每个存档验证作业都会运行在一个特定的虚拟实验室中，换句话说，就是每一个虚拟实验室同一时间只能够被一个存档验证作业所使用，如果某个存档验证作业没有完成运行，那么其他的存档验证作业将无法使用这个数据实验室。

存档验证作业会关联三个要素，分别是虚拟实验室、应用组以及需要验证的备份作业。存档验证作业的设计初衷是去验证备份存档的可恢复性，因此在 VBR 中，它被设计成一个可执行的计划作业。在这个计划作业中，备份或者灾备后的存档会在虚拟实验室中全自动地开启，然后通过一系列自动化验证机制完成验证。

而对于任何一个需要被正常使用的备份存档数据，首先需要保障这些数据在数据实验室中恢复后是可用的，因此只要是需要使用数据实验室功能的任何场景，VBR 首先会通过存档验证作业的自动验证机制对开启的存档进行一系列验证，只有完全通过验证，VBR 才会将它的访问权限分发给需要访问它的使用者。

## 6.1.4 示例七：数据实验室应用

在前几章的示例中，管理员已经对虚拟机 CloudData 完成了备份和复制，管理员需要为虚拟机 CloudData 设置全自动的备份存档校验作业，以确保这台虚拟机的备份存档的可恢复性。这个备份存档的校验作业会在每天主备份作业完成后立刻自动进行，而验证完成后，会对备份存档再次执行一次奇偶校验，以确保数据块和校验前是一致的。

另外，由于 CloudData 中运行着 SQL Server 数据库，因此管理员需要为这个 SQL Server 配置所依赖的 Active Directory 应用组，确保其能正常启动运行。Active Directory 的虚拟机也已经通过备份存放在备份存储库中。

### VBR 的配置

1）进入 VBR 的控制台，切换到“BACKUP INFRASTRUCTURE”视图，找到“Virtual Labs”这个节点，从这里打开“Virtual Labs”的添加向导，添加一个新的数据实验室，如图 6-1 所示。打开向导后，在“Name”步骤中输入虚拟实验室的名称“Virtual Lab for CloudData”，如图 6-2 所示。

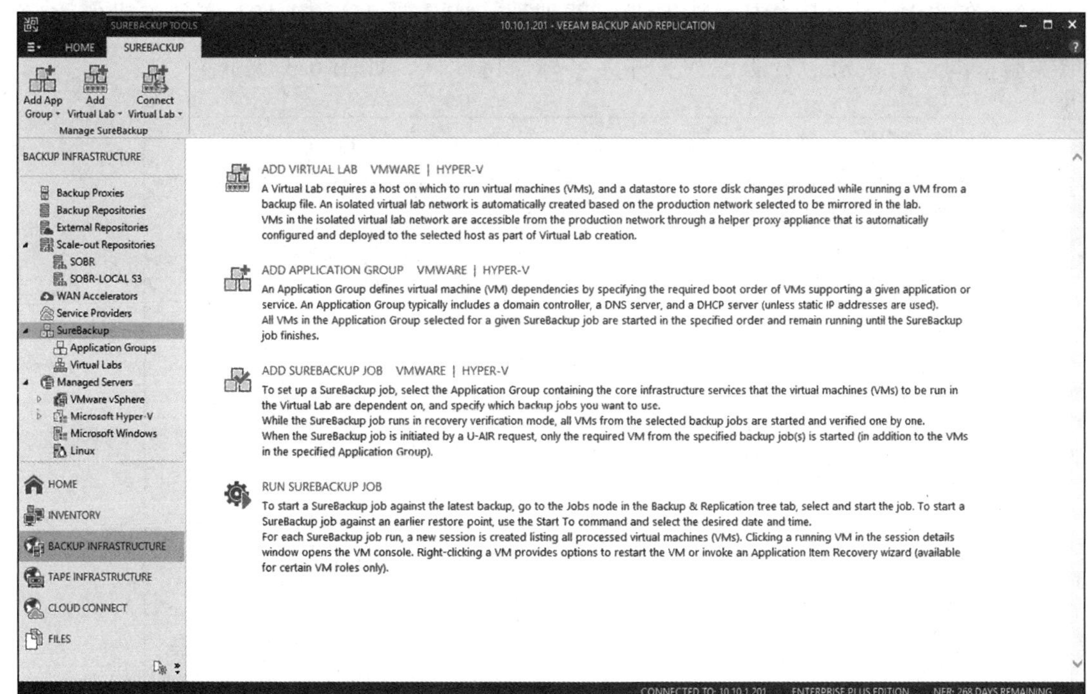


图 6-1

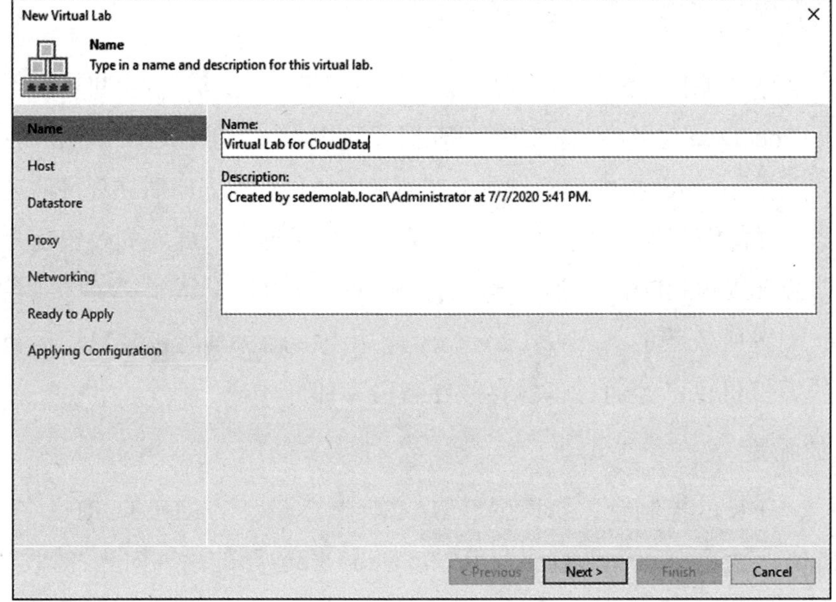


图 6-2

2）在“Host”步骤中，从虚拟化基础架构中选择 10.10.1.101 这台主机作为虚拟实验室的运行主机。资源池和文件夹名称保持默认，如图 6-3 所示。

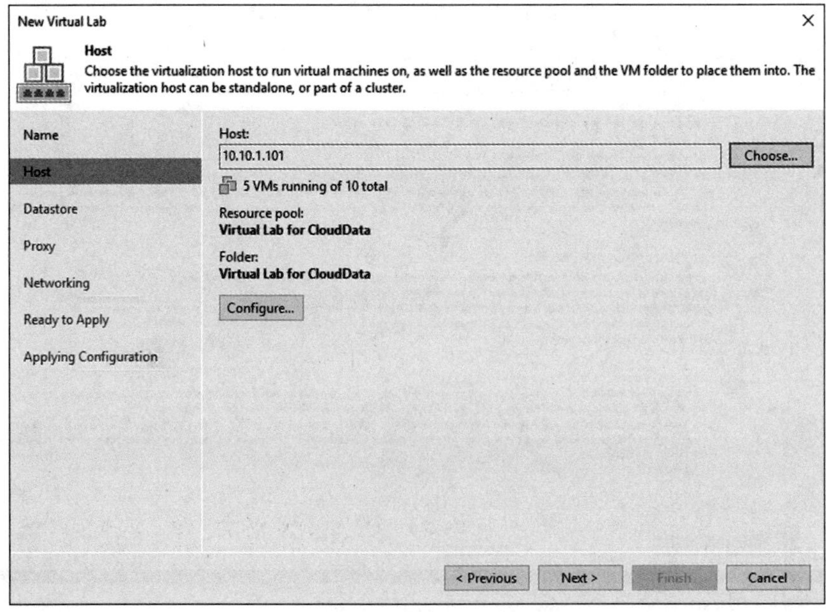


图 6-3

3）在“Datastore”步骤中，保持默认设置。

4）在“Proxy”步骤中，为代理设备设置“Production network”及其网络配置，使它能够和 VBR 通信，被 VBR 管理。将“ Production Network”的端口组设置为“ SEDEMOPORT01”，然后为它分配 IP 地址 10.10.1.42，子网掩码为 255.255.255.0。其他配置保持默认设置，如图 6-4 所示。

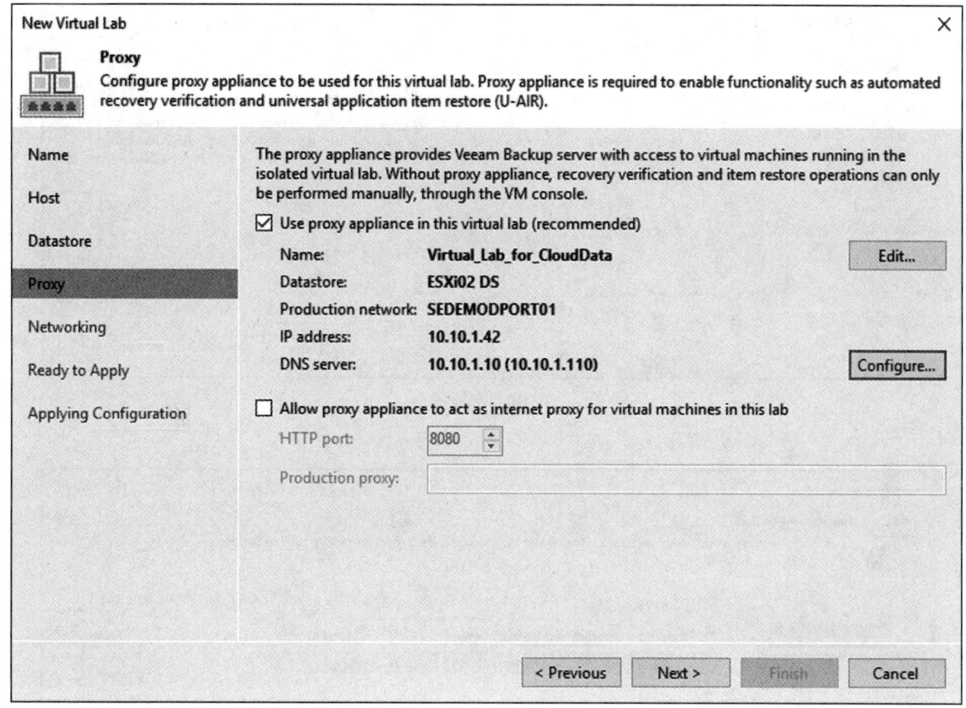


图 6-4

5）在“ Networking”步骤中，勾选“ Advanced single-host (manual configuration)”复选框。此时会额外出现三个新的步骤，分别是“ Isolated Networks”“ Network Settings”和“Static Mapping”，用于配置虚拟实验室的核心服务，如图 6-5 所示。

6）在“ Isolated Networks”步骤中，设置虚拟机 CloudData 的生产网络和隔离网络的对应关系。在此处的映射关系中，映射为实际数据实验室中的所有隔离网络，上限是 9 个不同网络的一一映射。CloudData 的备份存档在数据实验室中启动后，将会连接到“Virtual Lab for CloudData SEDEMODPORT01”这个端口组上，如图 6-6 所示。

New Virtual Lab

**Networking**

Specify whether the virtual machines to be run in this virtual lab are connected to a single, or multiple production networks.

Name
Host
Datastore
Proxy
Networking
Isolated Networks
Network Settings
Static Mapping
Ready to Apply
Applying Configuration

○ **Basic single-host (automatic configuration)**

Automatic configuration of virtual lab networking. Isolated network is created using parameters of network that the Veeam Backup server is located in, which is assumed to be production network. Recommended option for configurations with a single production network.

◉ **Advanced single-host (manual configuration)**

Manual configuration of virtual lab networking. Recommended for advanced scenarios, when some production virtual machines have dependencies on virtual machines located in different networks. This option also enables access to additional networking configuration settings.

○ **Advanced multi-host (manual configuration)**

Manual configuration of virtual lab networking that enables creation of virtual labs spanning multiple hosts, enabling for virtual labs for replicas located on different hosts with non-shared storage. This option leverages Distributed Virtual Switch (DVS) available in Enterprise Plus edition of VMware vSphere.

Distributed virtual switch: none
Choose...

< Previous　Next >　Finish　Cancel

图 6-5

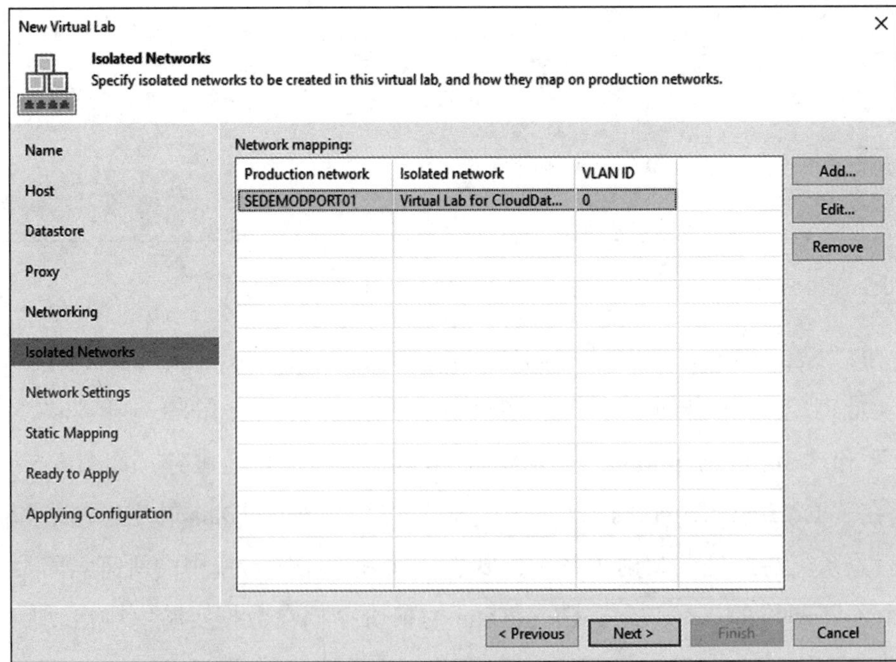


图 6-6

7）在“Network Settings”步骤中，为连接到在上一步骤中创建的端口组的虚拟网卡设置 IP 地址，同时设置伪装网络。在“Choose isolated network to connect this vNIC to:”的下拉菜单中，选择在上一步骤中设定的端口组名称，然后在“IP address”中填入 CloudData 这台机器的网关地址 10.10.1.1 和子网掩码 255.255.255.0，这时候同样连接到这个端口组的 CloudData 备份存档将能够和这个网关进行正常通信，以便被正确地通过 NAT 转发相关通信。

在伪装网络设置中，将“IP Address”设置为 192.168.1.D，其中最后一位 D 是不可修改的，代表在整个子网，VBR 会自动完成所有 IP 的一一对应。勾选“Enable DHCP service on this interface”复选框，确保使用 DHCP 服务的那些机器也会被正确地分配 IP 地址，如图 6-7 所示。

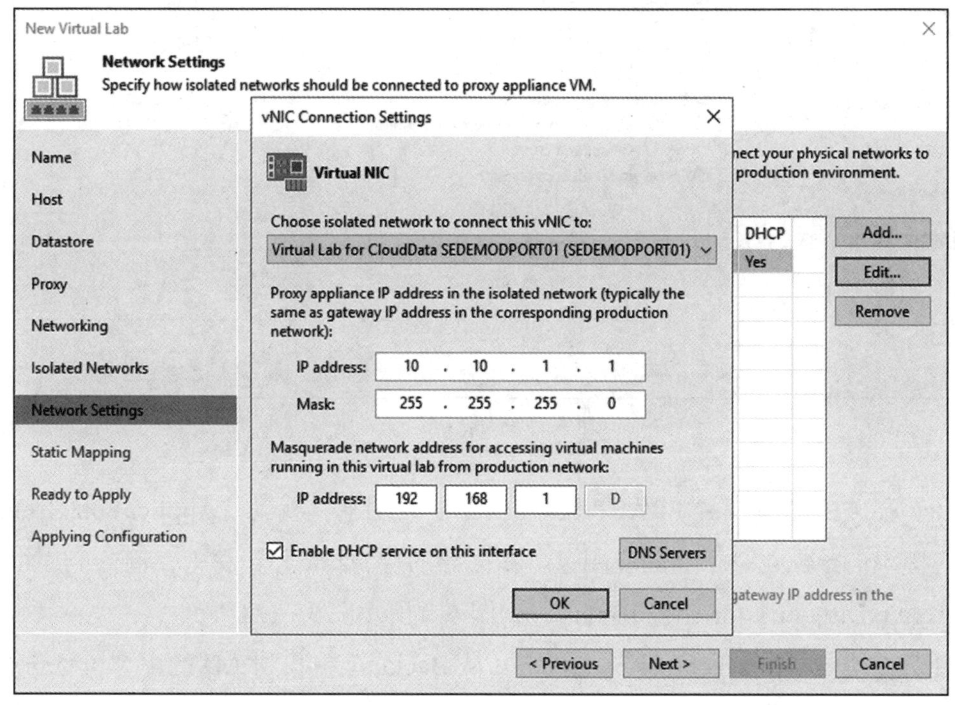


图 6-7

8）在“Static Mapping”步骤中，保持默认设置，管理员将不使用静态 IP 映射功能。

9）在“Ready to Apply”步骤中，可以查看到在以上步骤中设置的配置信息，确认无误后，开始创建虚拟实验室。创建过程非常快，只需几分钟，而此时，在 vSphere Client 中，能够看到已经被创建出来的资源池、代理设备虚拟机和相关网络端口组，如图 6-8 所示。

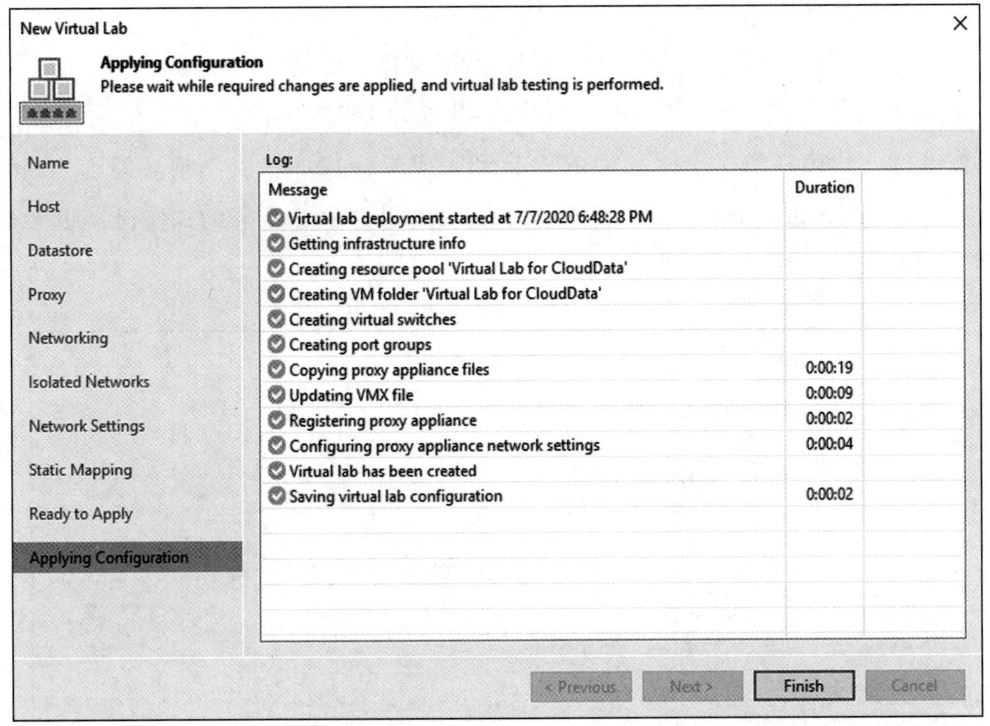


图 6-8

10）在“BACKUP INFRASTRUCTURE”视图下，找到“Application Groups”，通过应用组向导创建一个新的应用组。在向导的“Name”步骤中，输入应用组的名称“Active Directory for CloudData”，如图 6-9 所示。

11）在“Virtual Machines”步骤中，从 Backups 中找到 AD 的虚拟机备份存档，添加到“Application group VMs”列表中，编辑这个添加进来的虚拟机存档，在 Role 标签卡下，选中“DNS Server”“Domain Controller（Authoritative Restore）”和“Global Catalog”后，VBR 会自动调整“Startup Options”标签卡下的配置，其他选项保持默认设置，如图 6-10 所示。

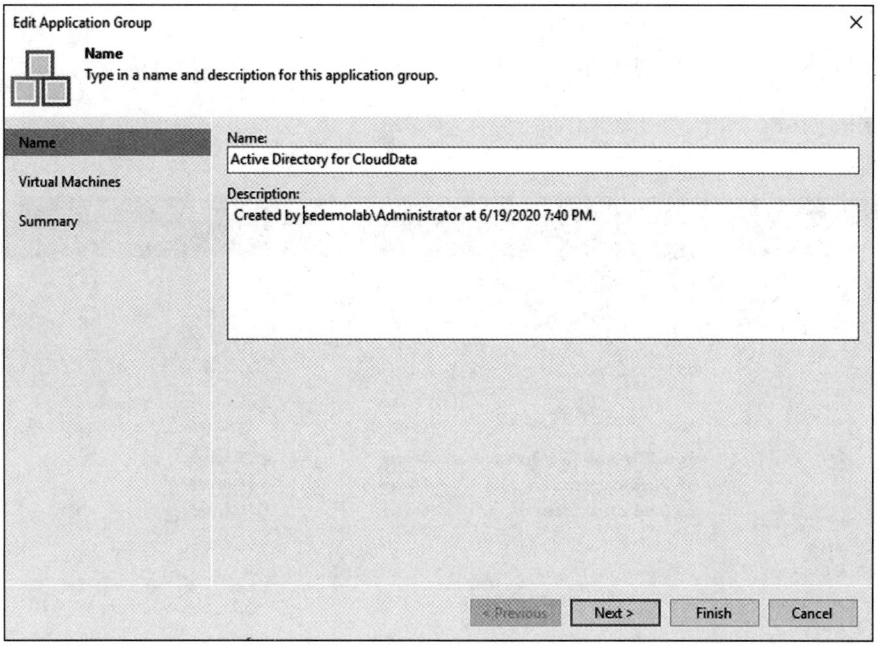

Edit Application Group
Name
Type in a name and description for this application group.
Name
Virtual Machines
Summary
Name:
Active Directory for CloudData
Description:
Created by sedemolab\Administrator at 6/19/2020 7:40 PM.
< Previous
Next >
Finish
Cancel

图 6-9

Edit Application Group
Virtual Machines
Application group defines virtual machines running p
Typically, any application group should contain at lea
Name
Virtual Machines
Summary
Application group VMs:
VM
Role
AD
Verification Options
Role
Startup Options
Test Scripts
Credentials
Select roles:
Role
DNS Server
Domain Controller (Authoritative Restore)
Domain Controller (Non-Authoritative Restore)
Global Catalog
Mail Server
SQL Server
Veeam Backup for Microsoft Office 365
Web Server
Startup options and test scripts will be automatically configured based on the roles you have selected. Review and adjust the recommended configuration on the corresponding tabs.
OK
Cancel
< Previous
Next >
Finish
Cancel

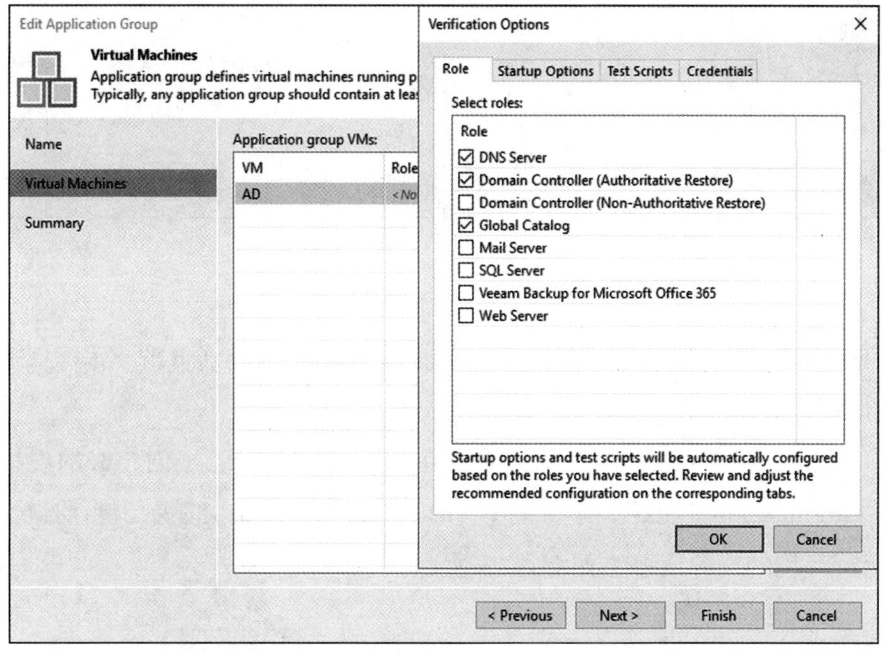

图 6-10

12）在“Summary”步骤中，确认以上设置无误后，完成应用组的配置。

13）回到“Home”视图下，从上方工具栏中，选择“SureBackup Job”来打开验证作业的向导，如图 6-11 所示。

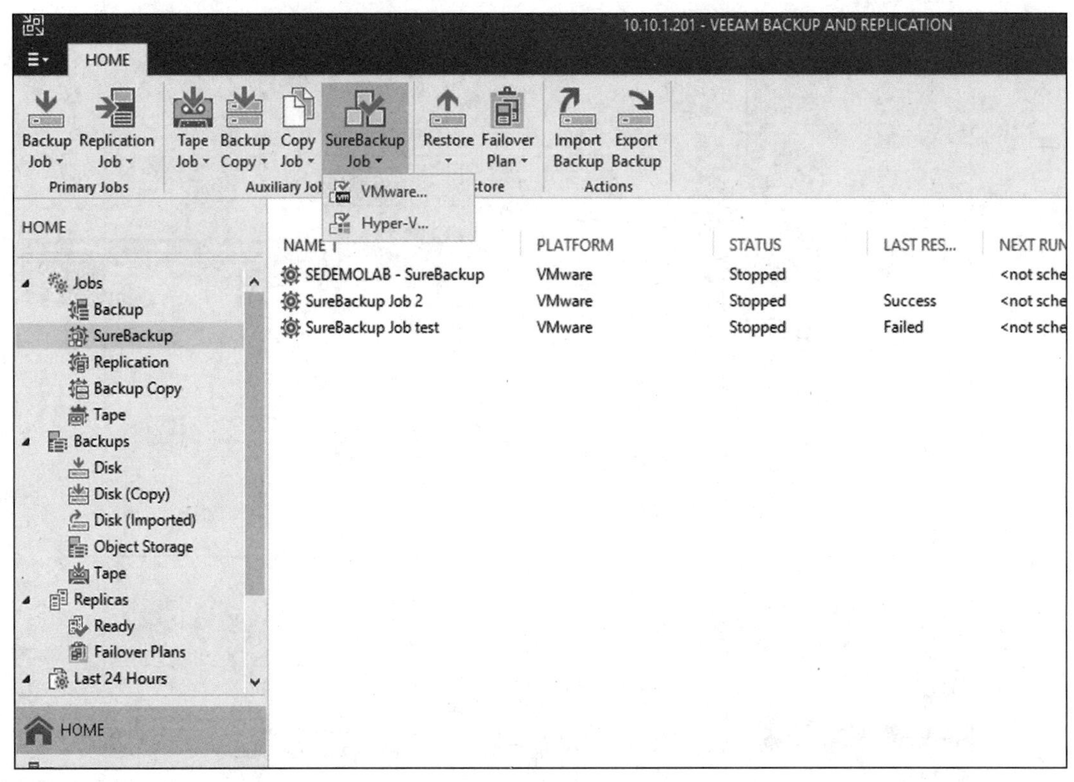


图 6-11

打开向导后，在“Name”步骤中，输入 SureBackup Job 的名称“CloudData Verification”，如图 6-12 所示。

14）在“Virtual Lab”步骤中，选择在前面的步骤中已经创建好的虚拟实验室“Virtual Lab for CloudData”，下方的“Virtual lab info”中会显示出当前这个虚拟实验室所运行环境的资源信息，如图 6-13 所示。

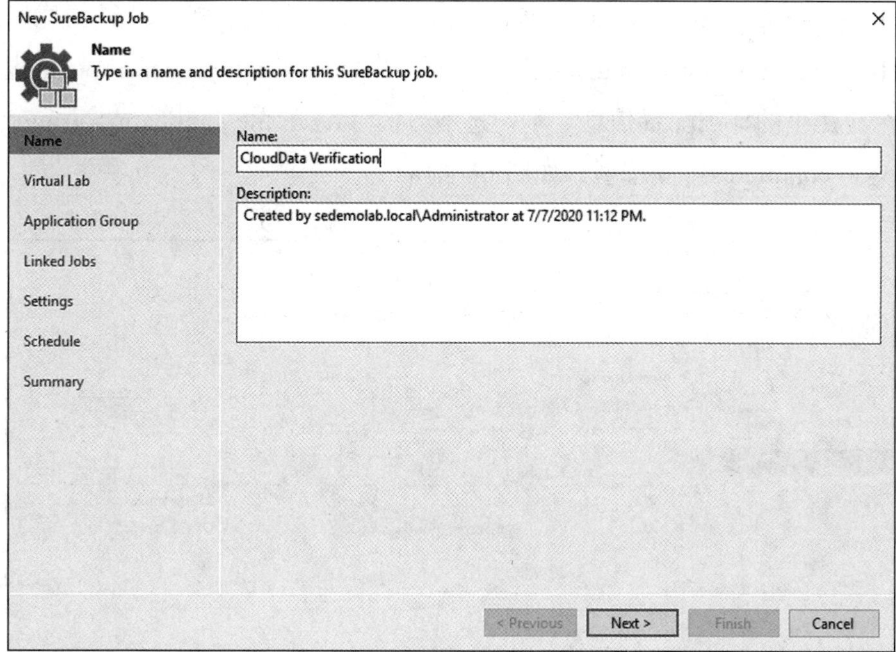

New SureBackup Job
Name
Type in a name and description for this SureBackup job.
Name
Virtual Lab
Application Group
Linked Jobs
Settings
Schedule
Summary
Name:
CloudData Verification
Description:
Created by sedemolab.local\Administrator at 7/7/2020 11:12 PM.
< Previous
Next >
Finish
Cancel


图 6-12

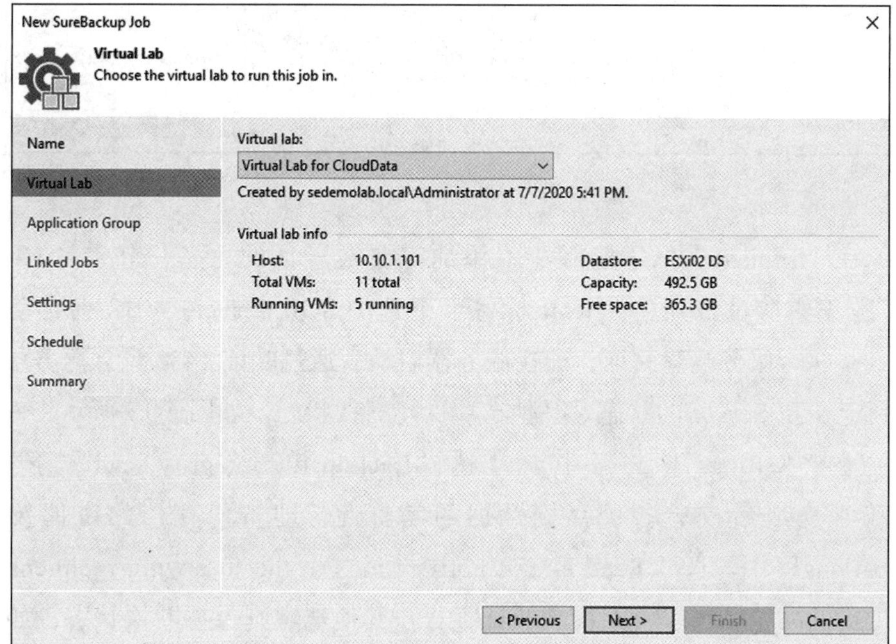

New SureBackup Job
Virtual Lab
Choose the virtual lab to run this job in.
Name
Virtual Lab
Application Group
Linked Jobs
Settings
Schedule
Summary
Virtual lab:
Virtual Lab for CloudData
Created by sedemolab.local\Administrator at 7/7/2020 5:41 PM.
Virtual lab info
Host: 10.10.1.101
Total VMs: 11 total
Running VMs: 5 running
Datastore: ESXi02 DS
Capacity: 492.5 GB
Free space: 365.3 GB
< Previous
Next >
Finish
Cancel


图 6-13

15）在“Application Group”步骤中，选择在前面的步骤中已经创建好的应用组“Active Directory for CloudData”，下方的“Application group info”中也会出现当前这个应用组的详细配置信息。不勾选下方的“Keep the application group running after the job completes”复选框，如图 6-14 所示。

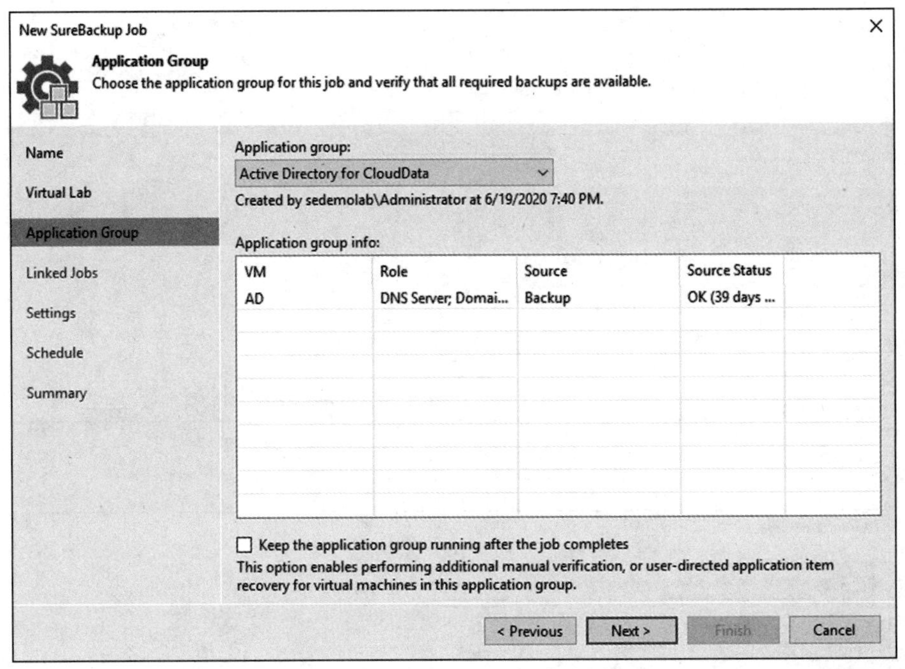


图 6-14

16）在“Linked Jobs”步骤中，添加需要被验证的主备份作业“CloudData Backup”，编辑验证选项，在 Role 标签卡下选中 SQL Server，VBR 会自动为这个 SQL Server 执行服务端口验证，即在服务器启动后通过验证 1433 默认服务端口的服务状态判定 SQL Server 的状态。其他选项保持默认状态，如图 6-15 所示。

17）在“Settings”步骤中，勾选“Backup file integrity scan”下的复选框，在验证完成后校验备份存档数据的完整性，即备份存档的奇偶校验。在“Notifications”中勾选“Send e-mail notifications to the following recipients:”，并填入管理员的邮箱，用于自动接收验证报告。其他选项则保持默认状态，如图 6-16 所示。

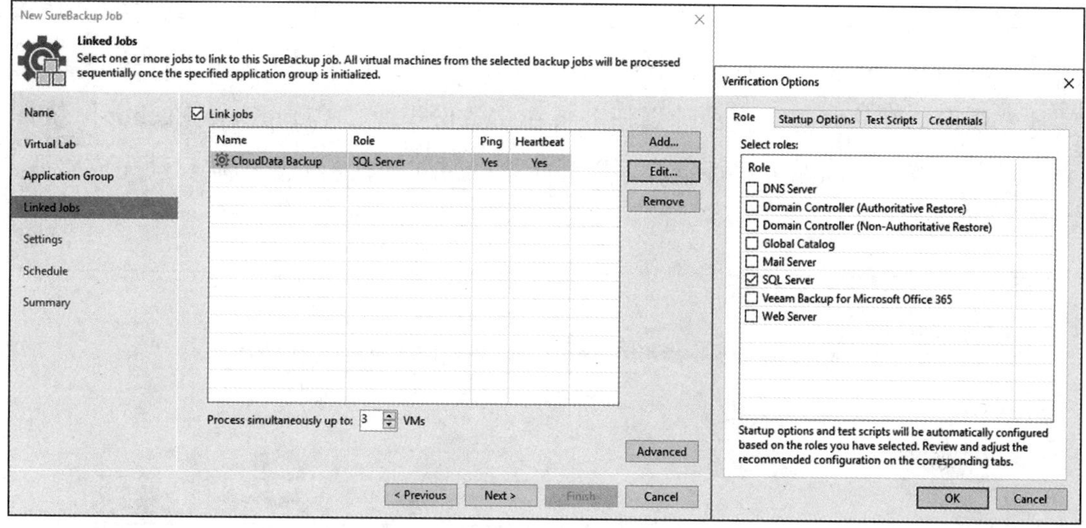
New SureBackup Job
Linked Jobs
Select one or more jobs to link to this SureBackup job. All virtual machines from the selected backup jobs will be processed sequentially once the specified application group is initialized.
Name
Virtual Lab
Application Group
Linked Jobs
Settings
Schedule
Summary
Link jobs
Name
Role
Ping
Heartbeat
CloudData Backup
SQL Server
Yes
Yes
Add...
Edit...
Remove
Process simultaneously up to: 3 VMs
Advanced
< Previous
Next >
Finish
Cancel
Verification Options
Role
Startup Options
Test Scripts
Credentials
Select roles:
Role
DNS Server
Domain Controller (Authoritative Restore)
Domain Controller (Non-Authoritative Restore)
Global Catalog
Mail Server
SQL Server
Veeam Backup for Microsoft Office 365
Web Server
Startup options and test scripts will be automatically configured based on the roles you have selected. Review and adjust the recommended configuration on the corresponding tabs.
OK
Cancel

图 6-15

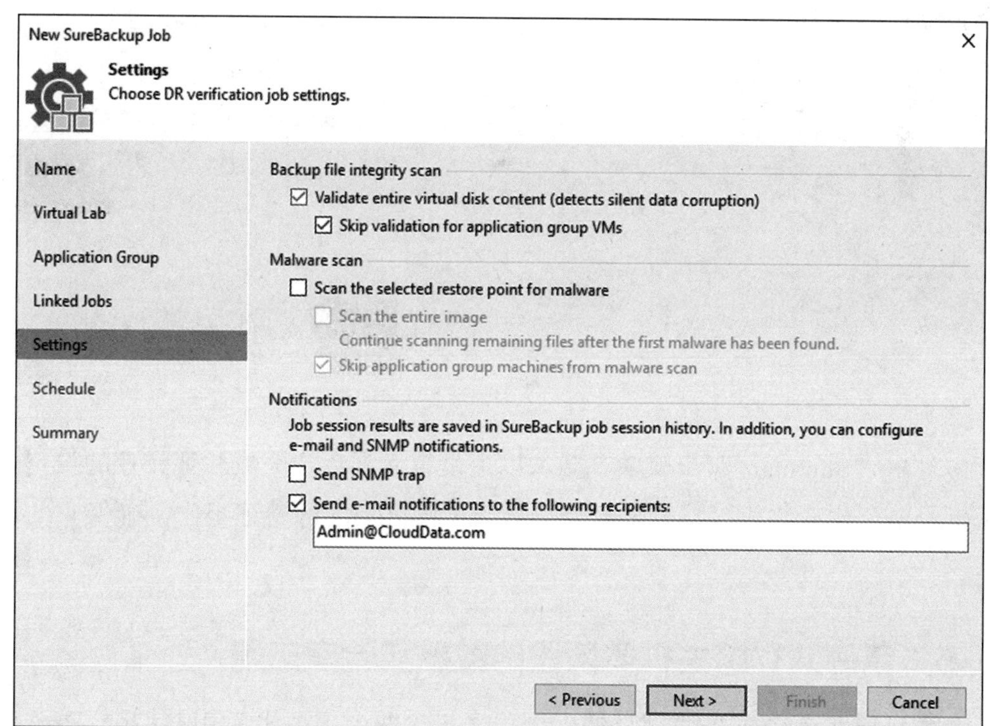
New SureBackup Job
Settings
Choose DR verification job settings.
Name
Virtual Lab
Application Group
Linked Jobs
Settings
Schedule
Summary
Backup file integrity scan
Validate entire virtual disk content (detects silent data corruption)
Skip validation for application group VMs
Malware scan
Scan the selected restore point for malware
Scan the entire image
Continue scanning remaining files after the first malware has been found.
Skip application group machines from malware scan
Notifications
Job session results are saved in SureBackup job session history. In addition, you can configure e-mail and SNMP notifications.
Send SNMP trap
Send e-mail notifications to the following recipients:
Admin@CloudData.com
< Previous
Next >
Finish
Cancel

图 6-16

18）在“Schedule”步骤中，勾选“Run the job automatically”复选框，并选中“After this job：”选项，在下拉列表中选择主备份作业“CloudData Backup”。其他选项保持默认状态。这个计划任务将在主备份作业“CloudData Backup”执行完成后立刻执行，确保每次备份的存档都能第一时间被存档验证作业自动完成验证，如图 6-17 所示。

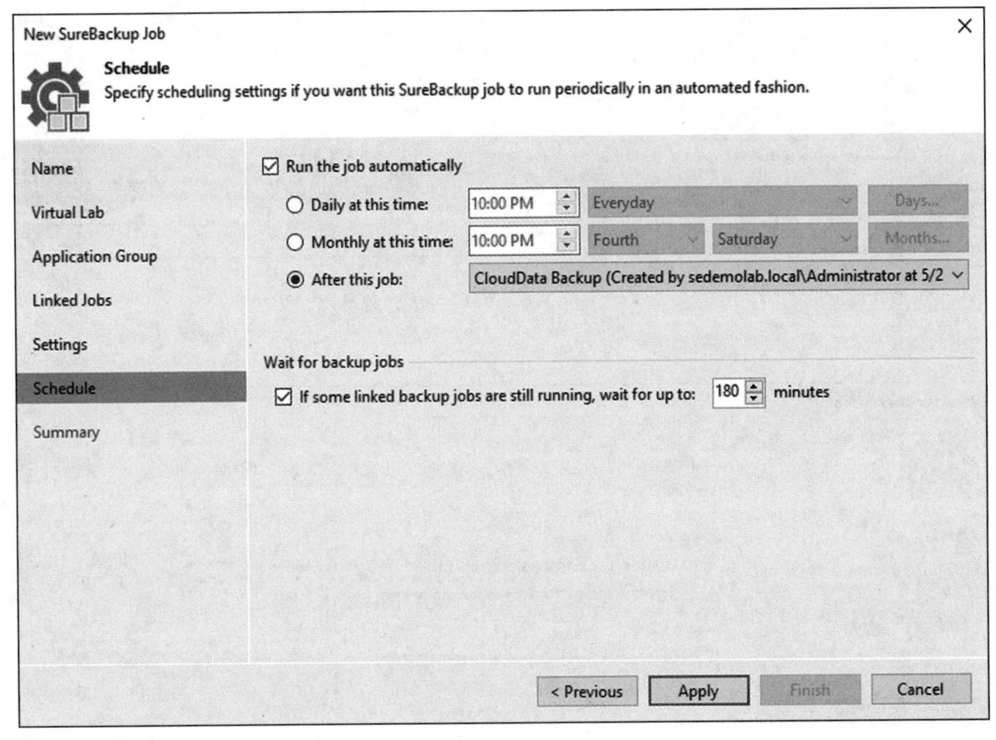


图 6-17

19）在“Summary”步骤中，确认以上设置无误后，完成验证作业的设定。之后，每次备份作业完成后，管理员就会收到 CloudData 的验证报告，确保它的可恢复性。

### 6.1.5 示例八：跨主机多网段的数据实验室应用

如图 6-18 所示，灾备管理员的应用程序包含两个虚拟机，其中 CloudData 虚拟机是 App 服务器，连接在 App 子网的虚拟交换机上，而 CloudData_DB 虚拟机是数据库服务器，连接在DB子网的虚拟交换机上。在两个子网之间，管理员设置了相应的访问策略，允许App访问它的DB。在完成了数据的灾备后，管理员希望为他的这组应用程序建立数据实验室，在数据实验室中，他能和在当前的生产环境中一样，使用各个子网进行正常通信。

另外，由于App子网和DB子网的机器运行在不同的ESXi上，对应的灾备存档也运行于不同的灾备主机上，因此灾备管理员会借助VMware分布式交换机构建这个数据实验室，这里会使用跨主机的数据实验室配置。

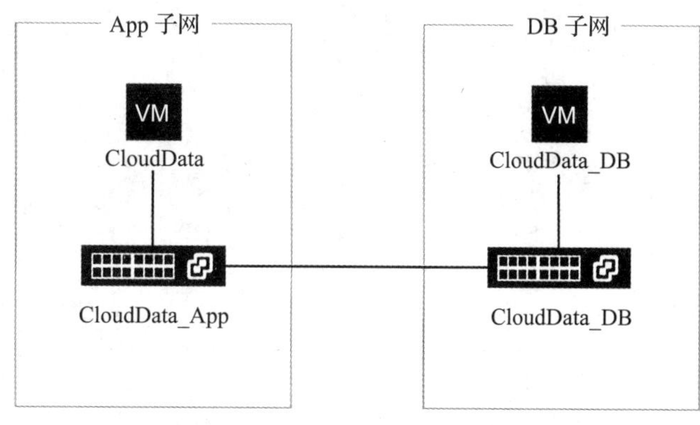


图 6-18

### VBR的配置

1）在配置前，管理员首先要在vSphere上为这个跨主机的数据实验室创建专用的分布式虚拟交换机“CloudData_Lab_DV”，这个分布式交换机是独立管理的，与生产网络物理隔离。建立完成后，将运行着两个灾备存档的App主机和DB主机接入对应的分布式交换机中，如图6-19所示。

2）打开VBR控制台，配置跨主机的数据实验室，前4步可参考示例七中的步骤1～4，完全一样，而到了“Networking”步骤中，选择第三项“Advanced mult-host（manual configuration)”，同时点击“Choose…”按钮选择在上一步中创建的分布式交换机“CloudData_Lab_DV”，如图6-20所示。

CloudData_Lab_DV - Add and Manage Hosts

✔ 1 Select task
✔ 2 Select hosts
3 Manage physical adapters
4 Manage VMkernel adapt...
5 Migrate VM networking
6 Ready to complete

**Manage physical adapters**

Add or remove physical network adapters to this distributed switch.

Assign uplink　Unassign adapter　View settings

| Host/Physical Network Adapters | In Use by Switch | Uplink | Uplink Port Group |
|---|---|---|---|
| 10.10.1.100 | | | |
| On this switch | | | |
| vmnic2 | CloudData_Lab_DV | Uplink 1 | CloudData_Lab_... |
| On other switches/unclaimed | | | |
| vmnic0 | SELABDSwitch 01 | -- | -- |
| vmnic1 | SELABDSwitch 02 | -- | -- |
| 10.10.1.101 | | | |
| On this switch | | | |
| vmnic2 | CloudData_Lab_DV | Uplink 3 | CloudData_Lab_... |
| On other switches/unclaimed | | | |
| vmnic0 | SELABDSwitch 01 | -- | -- |
| vmnic1 | SELABDSwitch 02 | -- | -- |

CANCEL　BACK　NEXT

图　6-19

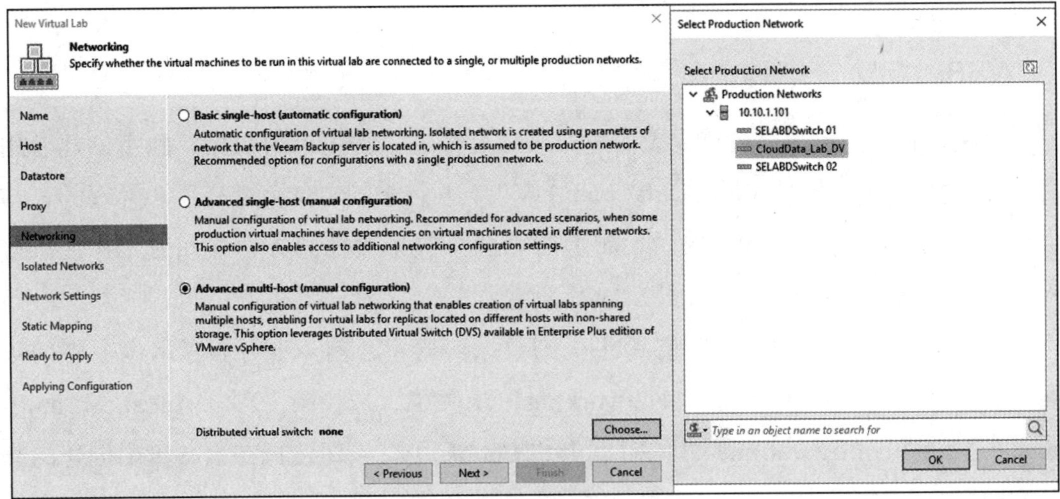


图　6-20

3）在“Isolated Networks”步骤中，设置 App、DB 的生产网络和隔离网络的对应关系。在此处的映射关系中，App 的灾备存档在数据实验室中启动后，将会连接到“CloudData DVLab CloudData_App”这个端口组上；DB 的灾备存档在数据实验室中启动后，将会连接到“CloudData DVLab CloudData_DB”这个端口组上，如图 6-21 所示，VBR 自动读取到了两个网络原来的 VLAN ID 并继承。

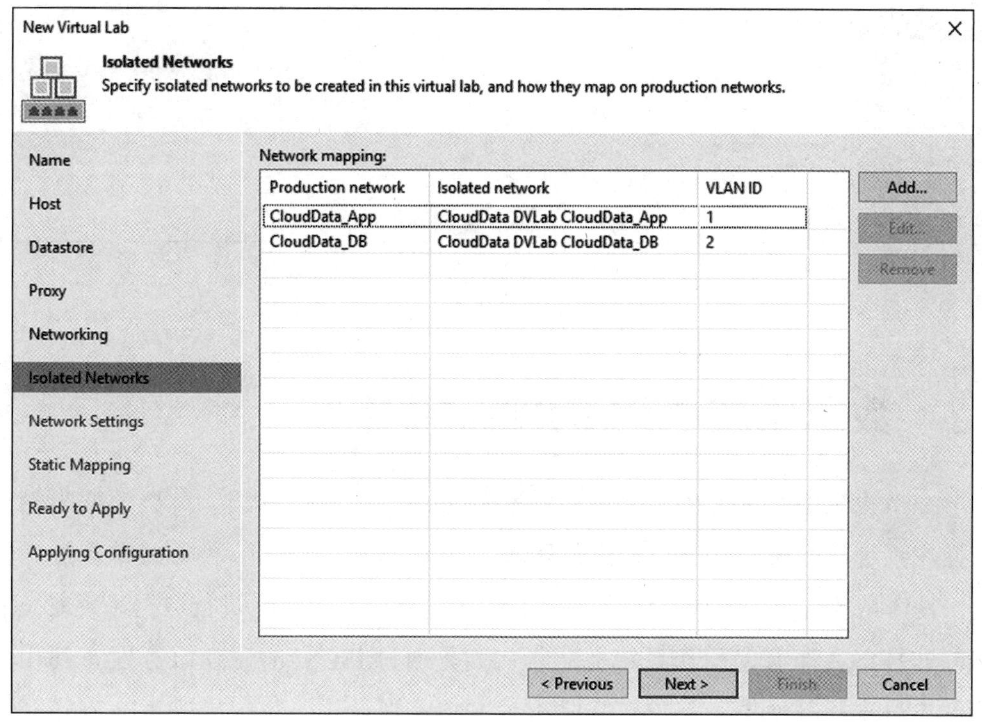


图 6-21

4）在“Network Settings”步骤中，与示例七中的配置类似，只是这里需要将两个网络都设置成伪装网络，并且为了使两个网络之间能够通信，需要勾选复选框“Route network traffic between vNICs”，如图 6-22 所示。

5）配置完成后，其余步骤只需要保持默认设置，由此，跨主机的数据实验室就配置好了。此时，虽然数据实验室的代理设备在启动时是在一台主机上启动起来，但是借助分布式交换机的能力，它可以让运行于另外一台主机上的虚拟机实现隔离网络的访问。

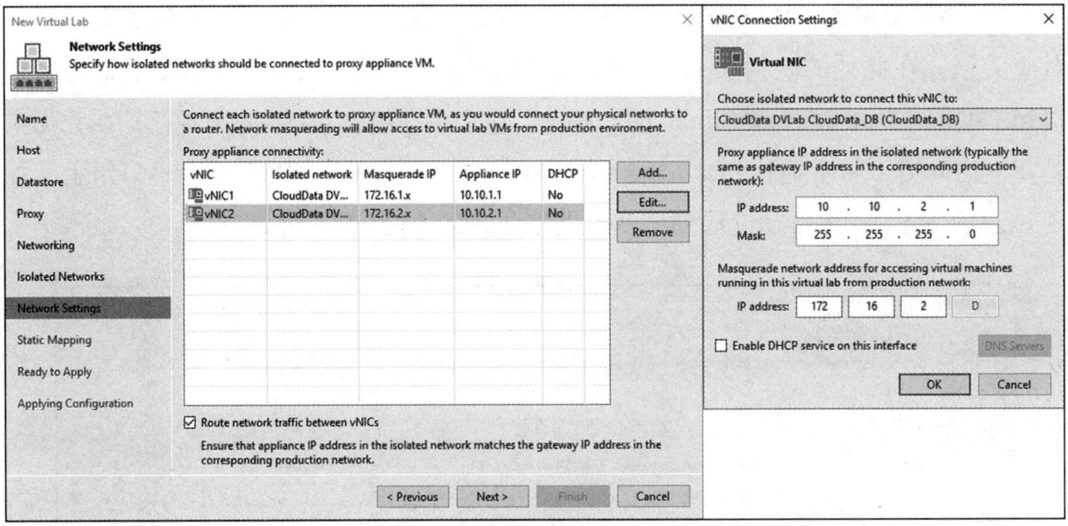

图 6-22

# 6.2 数据集成 API 的发布服务

上一节提到的数据实验室是通过挂载的方式运行备份存档，存档数据跟随着原有的操作系统以运行的状态呈现给使用者。VBR 还可以以另一种方式呈现静态备份数据，具体是通过数据集成 API 来完成的。通过数据集成 API 进行数据呈现时，静态数据并非挂载在原有的操作系统上运行，而是通过 iSCSI 的磁盘服务发布到相关服务器后再呈现和被使用。与数据实验室最大的差别在于，数据集成 API 方式完全不依赖虚拟化环境，在没有 VMware 和 Hyper-V 的情况下，依然能够轻松实现数据的挂载。在 VBR 中，绝大多数镜像级的备份存档都支持这种形式的发布，主要如下：

- VMware 镜像级备份
- VMware 镜像级复制
- Hyper-V 镜像级备份
- Hyper-V 镜像级复制
- Veeam Agent for Windows 的镜像级备份
- Veeam Agent for Linux 的镜像级备份

### 6.2.1 数据集成 API 的工作原理

数据集成 API 的工作原理非常简单，当发起 API 后，VBR 的挂载服务器相当于变成一台 iSCSI 存储机头，为所有有权限访问 iSCSI 存储的系统提供 iSCSI 的服务。通过该服务，VBR 的存档数据被提供出来，管理员可以按需从备份或复制存档中选择需要的数据。在这个数据集成服务建立起来后，数据使用者可以通过 iSCSI 的存储协议，直接挂载发布出来的卷，读取其中的数据，使用其中的数据。如图 6-23 所示，在数据集成服务将备份存档发布出来后，备份系统变成了一套 iSCSI 存储系统，里面存放的数据是之前的历史备份数据。

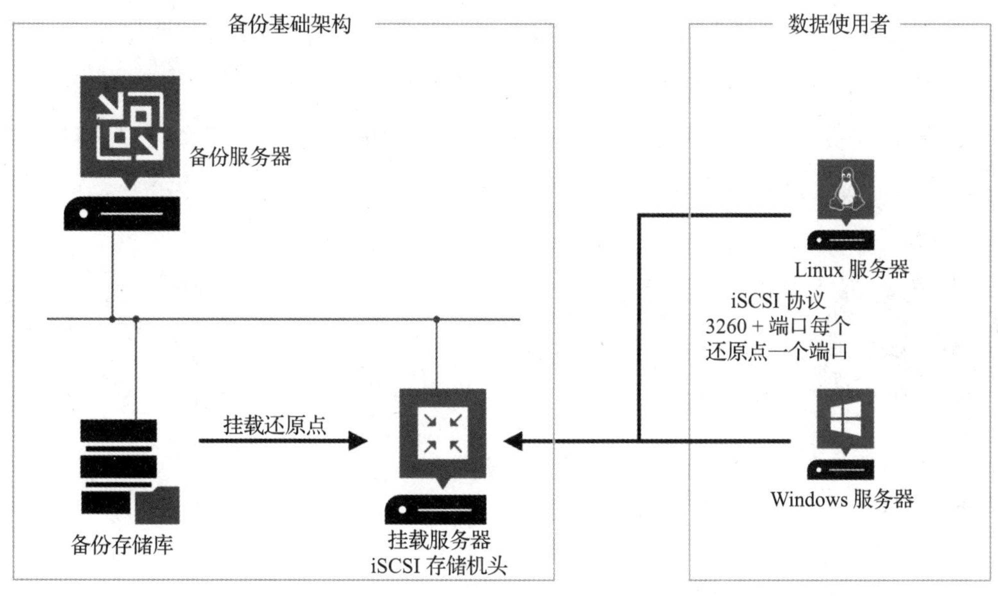


图 6-23

### 6.2.2 数据集成 API 的使用方式

数据集成 API 的使用过程需要利用 PowerShell cmdlet 来实现，在使用这套 API 时，除了会用到本身提供的 4 个 cmdlet 之外，还会涉及 VeeamPS Snapin 的加载、备份服务器的连接、备份存档获取、还原点获取等一系列相关的 cmdlet。数据集成 API 服务的使用流程如下：

1）加载 VeeamPS Snapin：`Add-PSSnapin VeeamPSSnapin`。

2）连接备份服务器：`Connect-VBRServer`。

3）获取备份存档并存入变量 $backup 中：`Get-VBRBackup`。

4）从上一步获取到的备份存档中，找出需要的还原点并存入变量 $restorepoints 中：`Get-VBRRestorePoint`。

5）运行发布命令，其中需要传递还原点参数 $restorepoints，指定允许访问这个 iSCSI 存储的服务器 IP 列表：`Publish-VBRBackupContent`。

6）命令运行后，在 VBR 中运行的作业里面会看到一个 Disk Publish（磁盘发布）的新任务；

7）如果灾备管理员非常清楚挂载服务器的地址和 IP，那么可回到需要使用这些数据的 Windows 或者 Linux 操作系统中去直接通过 iSCSI initiator 访问存储；

8）假如灾备管理员并不清楚这个挂载服务器的地址和 IP，那么可以通过获取发布会话的状态获取当前会话的情况，并存入 $sessions 变量中：`Get-VBRPublishedBackupContentSession`。

9）然后可以从这个会话中获取更进一步的详细的 iSCSI 连接信息：`Get-VBRPublishedBackupContentInfo`。

10）通过在客户端挂载 iSCSI 卷，读取磁盘内容，刷新相关分区后，就可以直接访问文件系统中的数据。此时的访问行为，就完全和正常的操作系统使用 iSCSI 磁盘系统的行为没有任何区别了。

11）结束使用后，从客户端上卸载该 iSCSI 卷，断开访问连接，回到 VBR，通过 VBR 控制台中的 Stop 按钮，可以结束数据集成 API 的发布服务，回收已发布的 iSCSI 卷。当然这一切也可以通过 API 完成：`Unpublish-VBRBackupContent`。

在全自动的 API 交互过程中，以上过程完全可以以 API 的方式集成到第三方系统中，被第三方系统灵活地调用存档，以进行人工智能、机器学习、深度学习等应用程序的数据使用。

### 6.2.3 示例九：数据集成 API 应用

CloudData 这个应用的管理员希望使用一套机器学习（Machine Learning）系统

对其系统最近3天的数据进行分析，找到这3天中数据的变化轨迹。为了不影响CloudData的正常使用，应用管理员希望将该分析过程放到备份系统上进行，借助VBR已经备份的存档和数据集成API来实现他的想法。

### 在VBR上的操作过程

1）创建一个connect.ps1文件，输入以下内容，以在PS控制台和VBR之间建立初始连接。

```
# VBR Server (Server Name, FQDN or IP)
$vbrServer = Read-Host "请输入VBR地址，可以是域名或者IP"
# VBR Credentials
Write-Host "Please input your VBR credentials."
$Credential=Get-Credential -Message "Please input your VBR credentials"
$vbrusername = $Credential.Username
$vbrpassword = $Credential.GetNetworkCredential().password

# Connect
# Load Veeam Snapin
If (!(Get-PSSnapin -Name VeeamPSSnapIn -ErrorAction SilentlyContinue)) {
    If (!(Add-PSSnapin -PassThru VeeamPSSnapIn)) {
        Write-Error "Unable to load Veeam snapin" -ForegroundColor Red
        Exit
    }
}

# Connect to VBR server
$OpenConnection = (Get-VBRServerSession).Server
If ($OpenConnection -ne $vbrServer){
    Disconnect-VBRServer
    Try {
        Connect-VBRServer -user $vbrusername -password $vbrpassword -server
            $vbrServer- ErrorAction Stop
    } Catch {
        Write-Host "无法连接备份服务器- $vbrServer" -ForegroundColor Red
        Exit
    }
}
# endConnect
```

2）在PS控制台中，运行以上脚本后，如果没有出现“无法连接备份服务器”的提示，那么VBR和PS就连接成功了。

3）在PS控制台中，运行命令，获取备份存档。

```
$backup = Get-VBRBackup -Name "CloudData Backup"
```

4）在 PS 控制台中，运行命令，从备份存档中获取最近 3 天的还原点。

```
$points = Get-VBRRestorePoint -Backup $backup -Name "CloudData" | Sort-Object -
    Property CreationTime -Descending | Select-Object -First 3
```

5）在 PS 控制台中，运行命令，分别将 3 个还原点发布出去，供客户端 10.10.1.175 访问。命令执行后，回到 VBR 控制台中，将会在运行中的作业里看到 3 个 Disk Publish 任务，如图 6-24 所示。

```
foreach ($pt in $points) { Publish-VBRBackupContent -RestorePoint $pt -AllowedIps
    "10.10.1.175" -RunAsync}
```

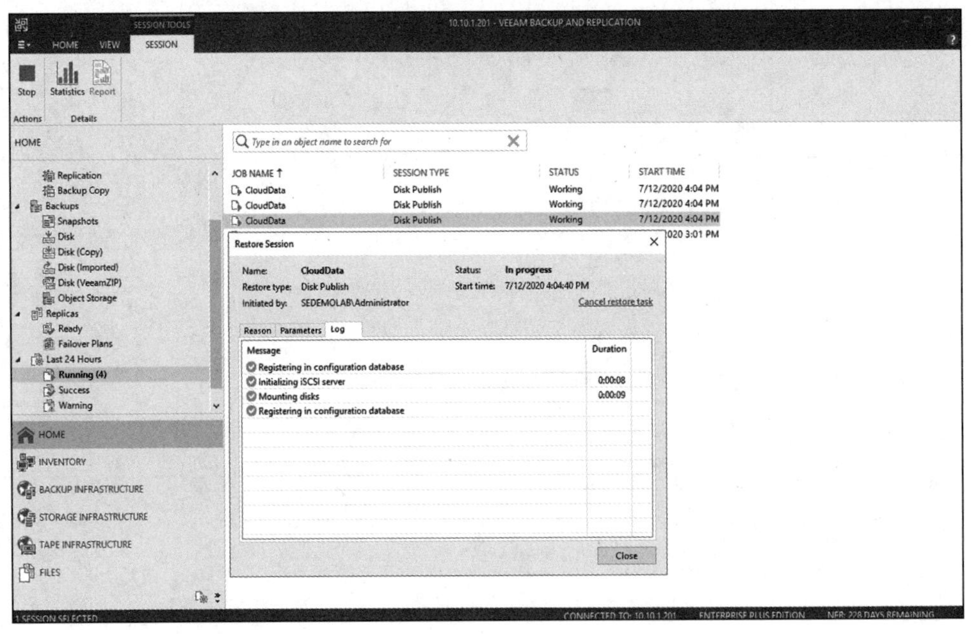


图　6-24

6）在 PS 控制台中，运行以下命令，获取当前的这 3 条发布会话。

```
$sessions = Get-VBRPublishedBackupContentSession
```

7）在 PS 控制台中，运行以下命令，将当前的 iSCSI 会话输出至 PS 控制台，可以看到 3 块磁盘分别以 3 条 iSCSI 通道，通过 3 个端口发布给访问者。

```
foreach ($s in $sessions) { Get-VBRPublishedBackupContentInfo -Session $s }
```

8）从 10.10.1.175 这台客户端登录系统，打开 Windows 的“iSCSI Initiator”程序，在“Discovery”标签下，通过“Discover Portal”逐个添加 10.10.1.111:3260、10.10.1.111:3261、10.10.1.111:3262 这 3 个 iSCSI 目标设备。添加完成后，回到“Targets”标签下，会发现在“Discovered targets”中已经列出了这 3 个目标设备，但是它们处于 Inactive 状态，分别选中每一个，点击下方的“Connect”按钮，就能将这 3 个磁盘都挂载上，如图 6-25 所示。

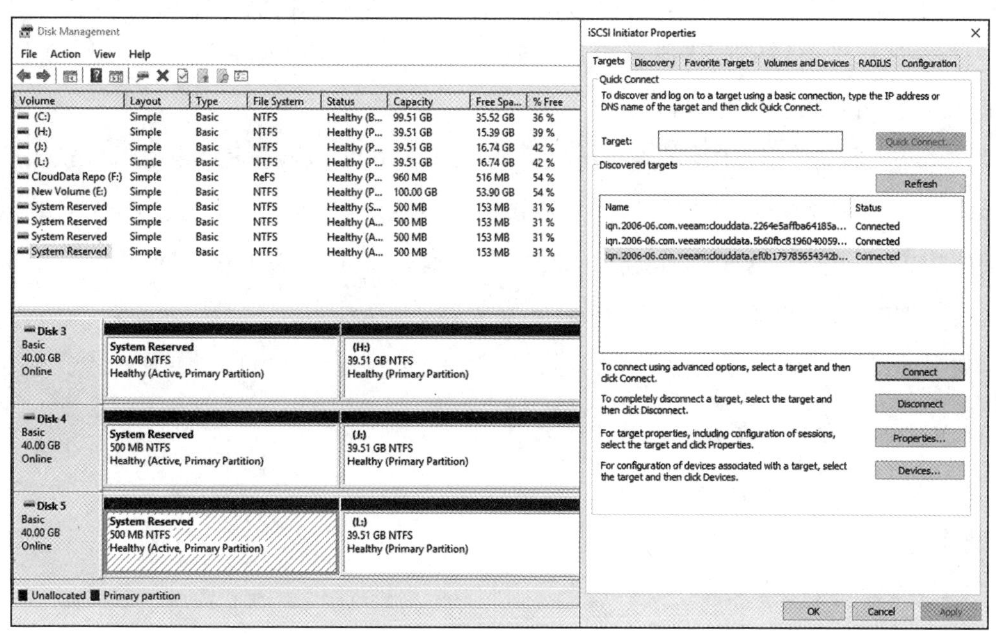


图 6-25

9）打开 10.10.1.175 的磁盘管理器，刷新后，能够看到挂载上来的 3 块新磁盘。将这些磁盘联机并给其分配盘符后，就可以在资源管理器中使用它们了。

10）打开 10.10.1.175 上的 Machine Learning 分析系统，加载分析场景后，开始分析近 3 天的数据。至此，整个过程全部完成，这里使用 10.10.1.111 这台服务器作为存储系统的机头，而使用 10.10.1.175 这台机器作为分析系统运行的环境，这些和源服务器 CloudData 完全没有任何关系，不占用生产系统的任何资源。

11）在分析结束后，管理员得到了他希望得到的结果，在 10.10.1.175 上，从

“iSCSI Initiator”中断开这3个目标设备的连接，回到VBR的控制台中，点击每个作业工具栏上的“Stop”按钮，终止“Disk Publish”任务。

## 6.3 数据库即时呈现

VBR中数据的第三种呈现方式是数据库即时呈现：数据库的数据文件可以被即刻发布至对应数据库系统，数据库系统能随时使用存在于备份数据中的经压缩重删后的数据库的数据文件。整个过程中，数据并不是被解压恢复出来的，而是由VBR以一种模拟方式通过iSCSI通道再次呈现给数据库，由数据库系统读取其中内容，并以立刻可用的形态呈现出来。

这个过程利用VBR的Veeam Explorer for SQL Server和Veeam Explorer for Oracle的细颗粒度恢复功能来实现。和数据集成API一样，它也完全不依赖虚拟化基础架构，只需要数据库系统的支持即可，因此，IT管理员需要提前准备好用于挂载这些数据文件的SQL服务器和Oracle服务器。

数据库的即时呈现可以使用任意通过VBR镜像级备份技术创建的还原点，包括：

- VMware镜像级备份
- VMware镜像级复制
- Hyper-V镜像级备份
- Hyper-V镜像级复制
- Veeam Agent for Windows镜像级备份
- Veeam Agent for Linux镜像级备份
- Storage Snapshot

### 6.3.1 数据库即时呈现的工作原理

数据库即时呈现实际上是数据集成API在数据库上的特殊应用。在发起数据库即时呈现时，VBR会将数据文件所在的虚拟磁盘文件通过挂载服务器的iSCSI服务挂载至目标服务器上。在目标服务器的磁盘管理器中，可以看到被挂载上来的磁盘文件，但是这些磁盘文件并未被分配盘符，而是被挂载至 C:\VeeamFLR（Linux 下的 Oracle 为 /tmp 文件夹），在 C:\VeeamFLR 文件夹中能找到完整的原始磁盘卷的所有文件。VBR 根据通过应用感知获得到的数据库文件路径，对相应的数据库文件进行一系列处理后，全自动挂载至数据库系统中。

以 SQL 服务器为例，在发起数据库即时呈现任务后，VBR 通过 Veeam Explorer 上的恢复作业启动 iSCSI 存储服务，为 SQL 服务器提供一份以前的磁盘数据镜像，同时 VBR 通知 SQL 服务器从指定的数据路径中找到 .mdf 和 .ldf 数据文件，进行正确处理后将其挂载起来。SQL 服务器可以像访问本地文件一样访问数据库中的内容。当发布任务结束后，在 VBR 中，对 SQL 清理数据库中的相关记录，而对 Windows 则清理相关的挂载点和 iSCSI 连接，自动恢复为备份存档状态。

当然，这个过程也能够通过 API 全自动化地进行，整个过程从挂载到卸载可以完全集成至第三方系统中。

## 6.3.2 示例十：数据库即时呈现

在 CloudData 上面运行的是 SQL 服务器数据库，CIO 希望构建一套 BI 决策分析系统以打破企业信息孤岛、提升企业信息资源的利用率，快速、准确、即时地将企业各个系统有价值的信息反馈给决策层。因为企业是 24 小时运行，直接以生产系统作为数据源，会导致一些系统的数据库出现多次宕机。为了不影响业务，BI 决策分析系统不能使用生产系统作为数据源。灾备管理员建议借助 VBR 从备份数据中快速发布数据库至备用环境中的 SQL 服务器 SQLALWAYSON 001 上来解决 BI 决策分析系统数据源的问题。

### VBR 上的操作步骤

1）在 VBR 的“Home”视图下，从 Backups 中找到 CloudData 的备份集，从右键菜单中选择“Restore application items->Microsoft SQL Server databases”，如图 6-26 所示。

打开 Veeam Explorer for SQL Server 的向导，在“Restore Point”步骤中，选择最新的还原点，如图 6-27 所示。

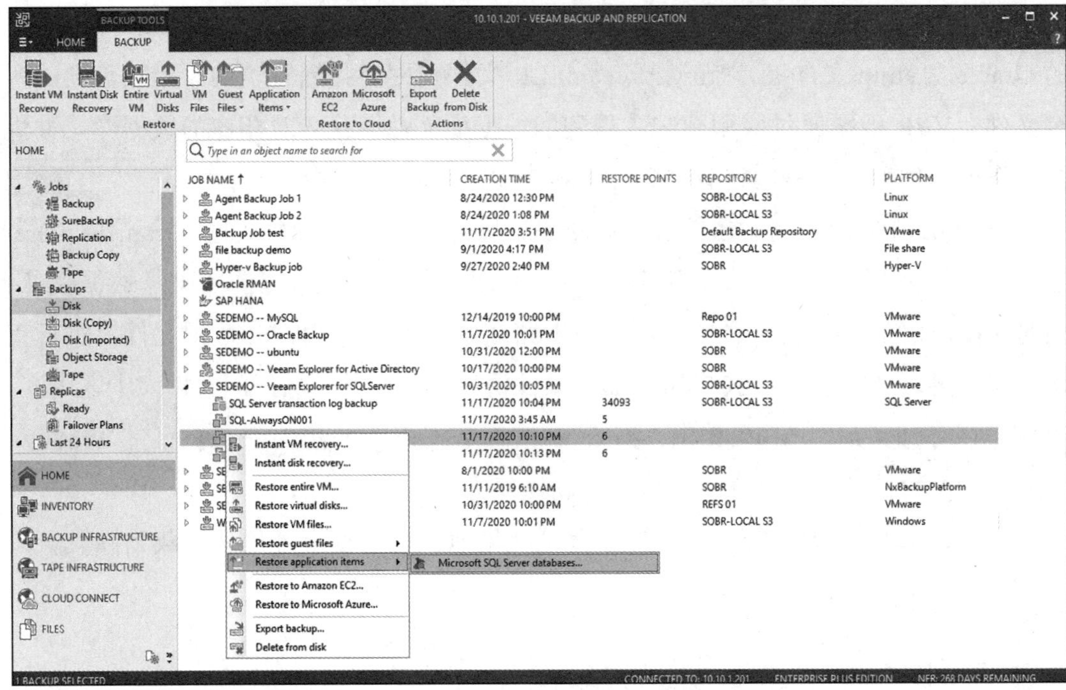
BACKUP TOOLS
10.10.1.201 - VEEAM BACKUP AND REPLICATION
HOME
BACKUP
Instant VM Recovery
Instant Disk Recovery
Entire VM
Virtual Disks
VM Files
Guest Files
Application Items
Restore
Amazon EC2
Microsoft Azure
Restore to Cloud
Export Backup
Delete from Disk
Actions
HOME
Type in an object name to search for
Jobs
Backup
SureBackup
Replication
Backup Copy
Tape
Backups
Disk
Disk (Copy)
Disk (Imported)
Object Storage
Tape
Replicas
Ready
Failover Plans
Last 24 Hours
HOME
INVENTORY
BACKUP INFRASTRUCTURE
TAPE INFRASTRUCTURE
CLOUD CONNECT
FILES
JOB NAME
CREATION TIME
RESTORE POINTS
REPOSITORY
PLATFORM
Agent Backup Job 1 8/24/2020 12:30 PM SOBR-LOCAL S3 Linux
Agent Backup Job 2 8/24/2020 1:08 PM SOBR-LOCAL S3 Linux
Backup Job test 11/17/2020 3:51 PM Default Backup Repository VMware
file backup demo 9/1/2020 4:17 PM SOBR-LOCAL S3 File share
Hyper-v Backup job 9/27/2020 2:40 PM SOBR Hyper-V
Oracle RMAN
SAP HANA
SEDEMO -- MySQL 12/14/2019 10:00 PM Repo 01 VMware
SEDEMO -- Oracle Backup 11/7/2020 10:01 PM SOBR-LOCAL S3 VMware
SEDEMO -- ubuntu 10/31/2020 12:00 PM SOBR VMware
SEDEMO -- Veeam Explorer for Active Directory 10/17/2020 10:00 PM SOBR VMware
SEDEMO -- Veeam Explorer for SQLServer 10/31/2020 10:05 PM SOBR-LOCAL S3 VMware
SQL Server transaction log backup 11/17/2020 10:04 PM 34093 SOBR-LOCAL S3 SQL Server
SQL-AlwaysON001 11/17/2020 3:45 AM 5
11/17/2020 10:10 PM 6
11/17/2020 10:13 PM 6
8/1/2020 10:00 PM SOBR VMware
11/11/2019 6:10 AM SOBR NxBackupPlatform
10/31/2020 10:00 PM REFS 01 VMware
11/7/2020 10:01 PM SOBR-LOCAL S3 Windows
Instant VM recovery...
Instant disk recovery...
Restore entire VM...
Restore virtual disks...
Restore VM files...
Restore guest files
Restore application items
Microsoft SQL Server databases...
Restore to Amazon EC2...
Restore to Microsoft Azure...
Export backup...
Delete from disk

图 6-26

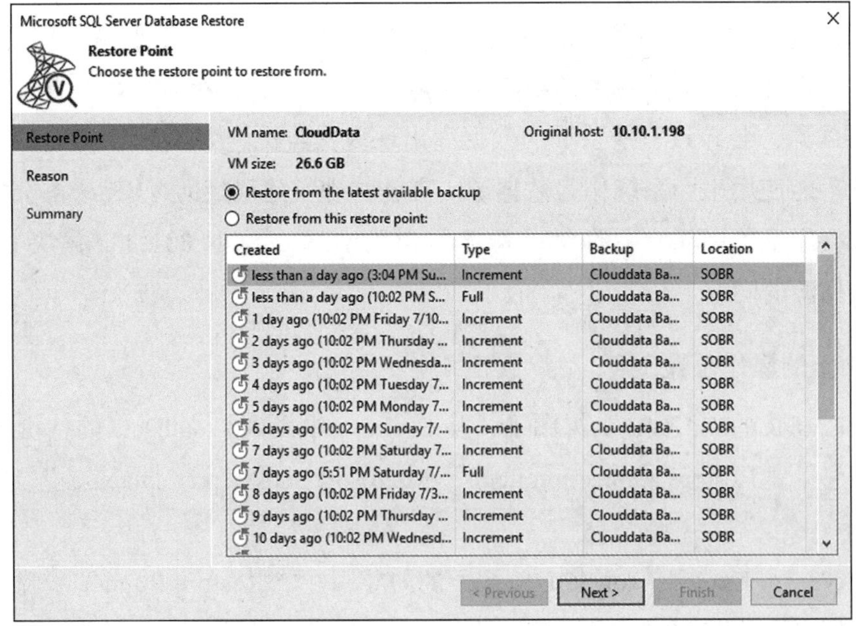
Microsoft SQL Server Database Restore
Restore Point
Choose the restore point to restore from.
Restore Point
Reason
Summary
VM name: CloudData
Original host: 10.10.1.198
VM size: 26.6 GB
Restore from the latest available backup
Restore from this restore point:
Created | Type | Backup | Location
less than a day ago (3:04 PM Su... Increment Clouddata Ba... SOBR
less than a day ago (10:02 PM S... Full Clouddata Ba... SOBR
1 day ago (10:02 PM Friday 7/10... Increment Clouddata Ba... SOBR
2 days ago (10:02 PM Thursday ... Increment Clouddata Ba... SOBR
3 days ago (10:02 PM Wednesda... Increment Clouddata Ba... SOBR
4 days ago (10:02 PM Tuesday 7... Increment Clouddata Ba... SOBR
5 days ago (10:02 PM Monday 7... Increment Clouddata Ba... SOBR
6 days ago (10:02 PM Sunday 7/... Increment Clouddata Ba... SOBR
7 days ago (10:02 PM Saturday 7... Increment Clouddata Ba... SOBR
7 days ago (5:51 PM Saturday 7/... Full Clouddata Ba... SOBR
8 days ago (10:02 PM Friday 7/3... Increment Clouddata Ba... SOBR
9 days ago (10:02 PM Thursday ... Increment Clouddata Ba... SOBR
10 days ago (10:02 PM Wednesd... Increment Clouddata Ba... SOBR
< Previous
Next >
Finish
Cancel

图 6-27

2）在“Reason”步骤中，输入“BI 决策分析使用，数据库发布服务”，如图 6-28 所示。

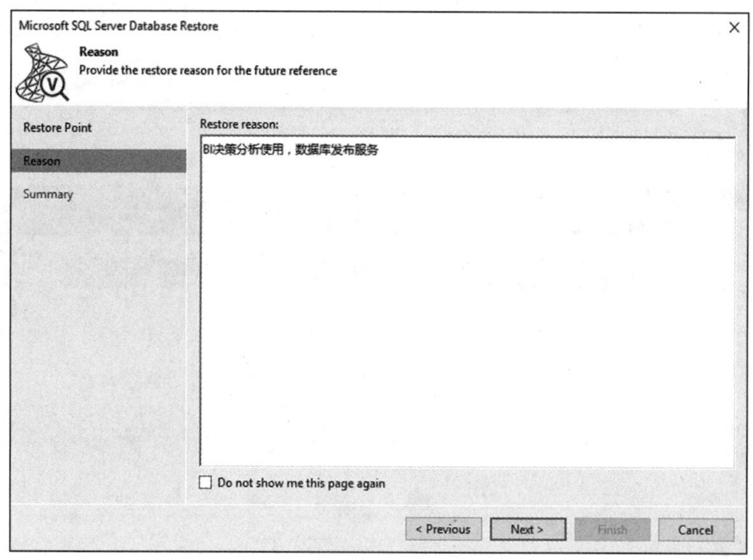


图 6-28

3）在“Summary”步骤中，确认设置信息无误后，点击“Finish”按钮，VBR 会打开一个 Veeam Explorer for SQL Server 的新窗口，如图 6-29 所示。

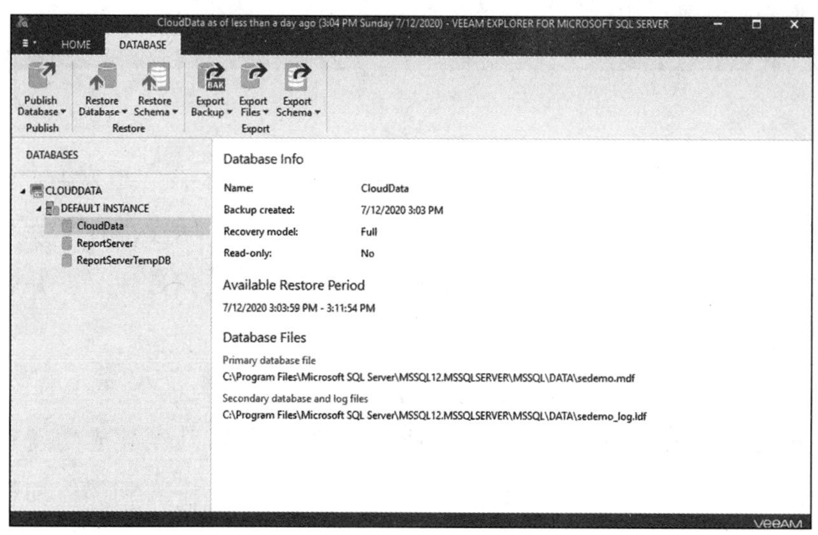


图 6-29

4）在 Veeam Explorer for SQL Server 窗口中，找到左边 DATABASE 清单中被正确识别出来的数据库 CloudData，灾备管理员可利用发布功能，将其发布到备用环境中。点击上方工具栏中的“Publish”按钮，选择“Publish to another server”，启动 Publish 向导。在“Specify restore point”步骤中，保持默认状态，选镜像级的备份点作为快速发布的还原点，如图 6-30 所示。

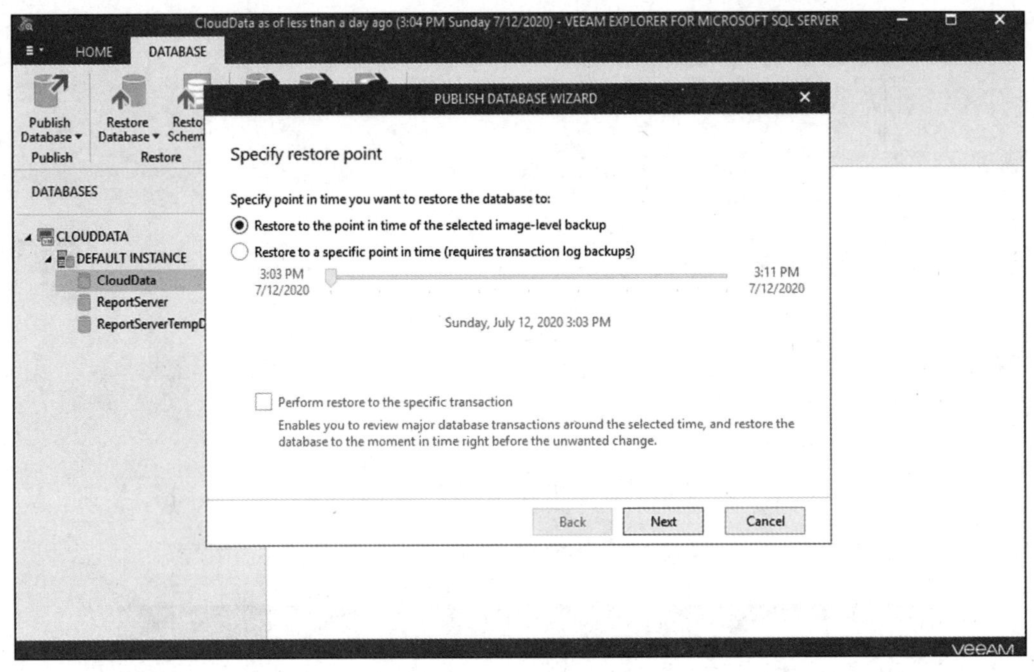


图 6-30

5）在“Specify target SQL Server connection parameters”步骤中，将“Server name”设置为备用环境中 SQL 服务器的名称 SQLALWAYSON001，数据库名称保持原始的 CloudData 不变，输入 SQLALWAYSON001 的数据库账号，开始发布数据库，如图 6-31 所示。

6）Veeam Explorer for SQL Server 全自动开始接下去的发布工作，等待几分钟后，Veeam Explorer for SQL Server 会提示 SQL 服务器已经被成功发布了。点击“OK”按钮确定后，能在 Veeam Explorer for SQL Server 中看到黑体加粗的临时发布的数据库，如图 6-32 所示。

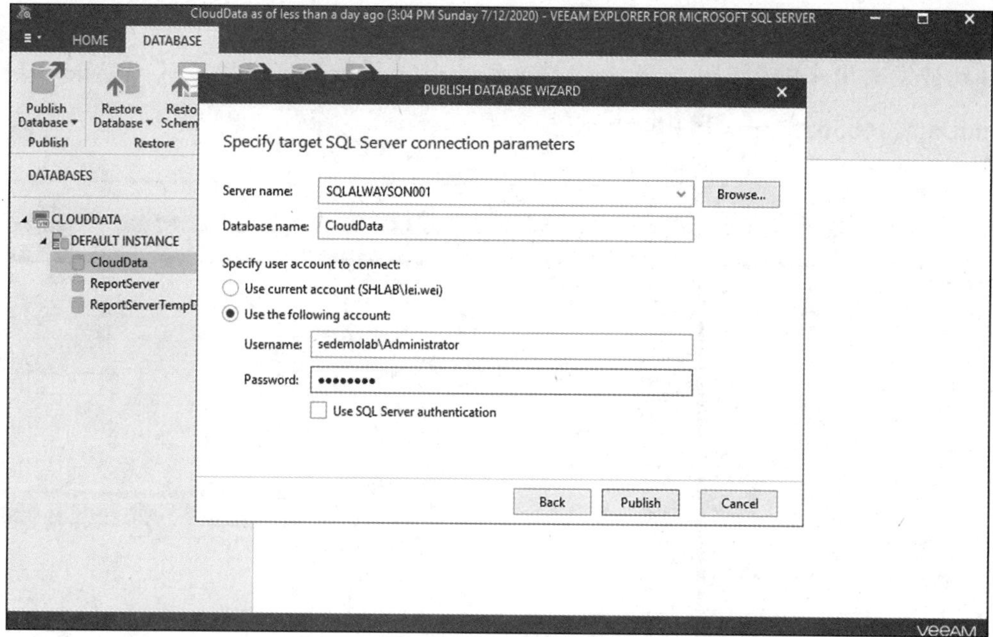
CloudData as of less than a day ago (3:04 PM Sunday 7/12/2020) - VEEAM EXPLORER FOR MICROSOFT SQL SERVER
HOME
DATABASE
Publish Database
Publish
Restore Database
Restore
DATABASES
CLOUDDATA
DEFAULT INSTANCE
CloudData
ReportServer
PUBLISH DATABASE WIZARD
Specify target SQL Server connection parameters
Server name:
SQLALWAYSON001
Browse...
Database name:
CloudData
Specify user account to connect:
Use current account (SHLAB\lei.wei)
Use the following account:
Username:
sedemolab\Administrator
Password:
Use SQL Server authentication
Back
Publish
Cancel
veeam

图 6-31

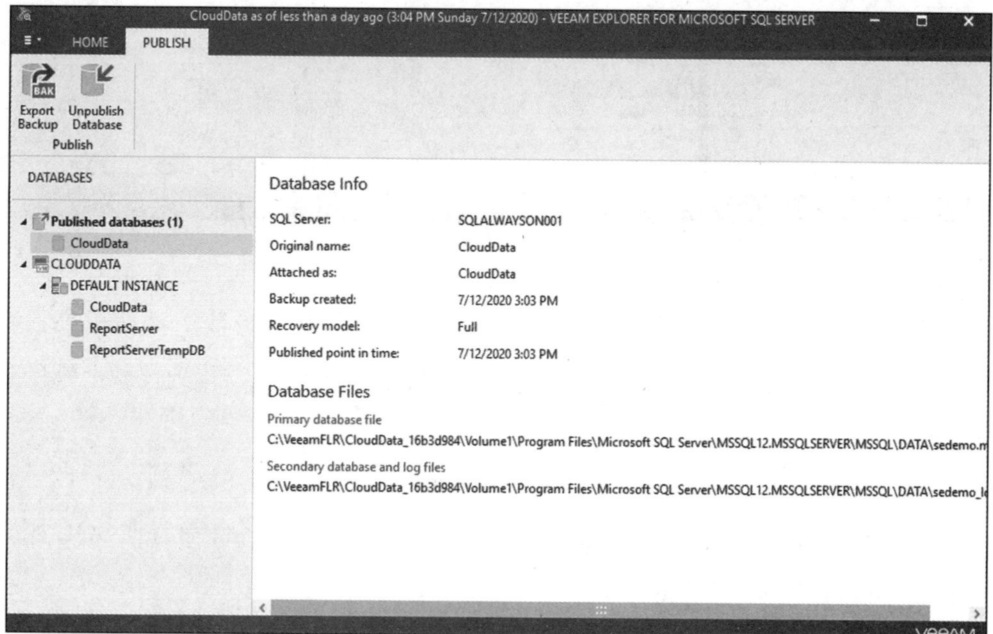
CloudData as of less than a day ago (3:04 PM Sunday 7/12/2020) - VEEAM EXPLORER FOR MICROSOFT SQL SERVER
HOME
PUBLISH
Export Backup
Unpublish Database
Publish
DATABASES
Published databases (1)
CloudData
CLOUDDATA
DEFAULT INSTANCE
CloudData
ReportServer
ReportServerTempDB
Database Info
SQL Server: SQLALWAYSON001
Original name: CloudData
Attached as: CloudData
Backup created: 7/12/2020 3:03 PM
Recovery model: Full
Published point in time: 7/12/2020 3:03 PM
Database Files
Primary database file
C:\VeeamFLR\CloudData_16b3d984\Volume1\Program Files\Microsoft SQL Server\MSSQL12.MSSQLSERVER\MSSQL\DATA\sedemo.m
Secondary database and log files
C:\VeeamFLR\CloudData_16b3d984\Volume1\Program Files\Microsoft SQL Server\MSSQL12.MSSQLSERVER\MSSQL\DATA\sedemo_l
veeam

图 6-32

7）打开 SQL Management Studio 连接上 SQLALWAYSON001 这台数据库后，能看到被发布出来的数据库，检查数据文件，会发现数据文件位于“C:\VeeamFLR\CloudData_16b3d984……”中，如图 6-33 所示。

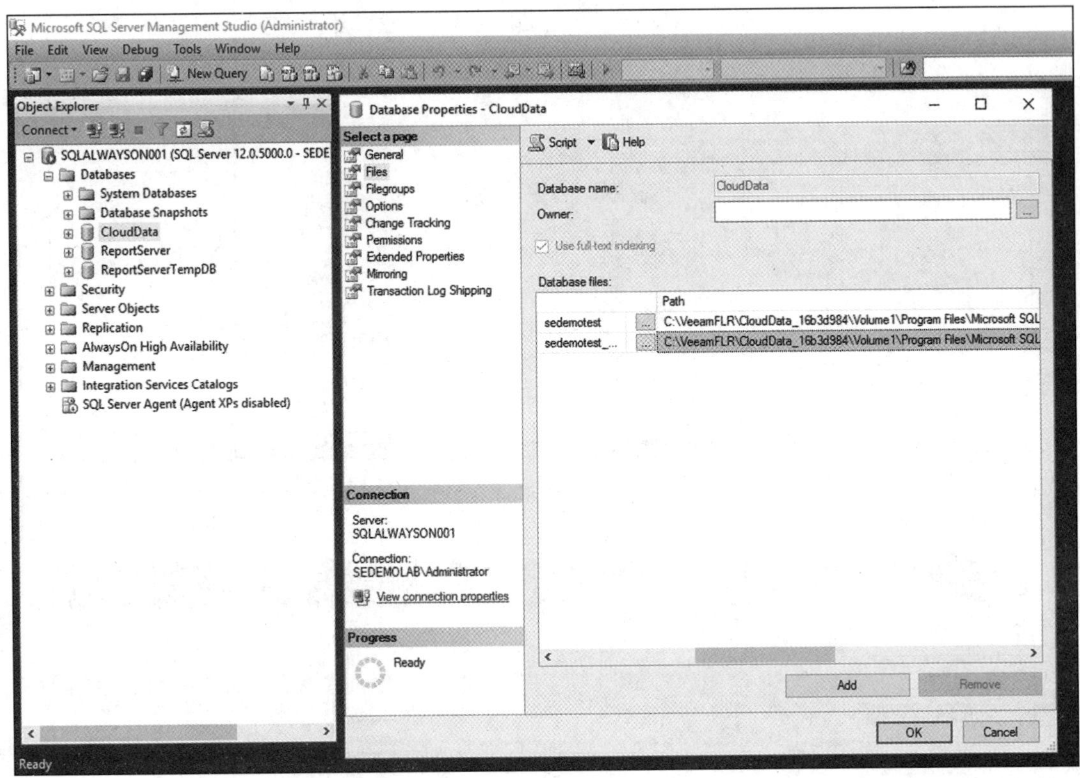


图 6-33

8）当前的数据文件通过 iSCSI 协议，从 VBR 的挂载服务器上挂载出来，打开 SQLALWAYSON001 上面的 iSCSI Initiator 和磁盘管理器，可以看到挂载上来的备份磁盘 Disk 1，如图 6-34 所示。

9）使用完毕后，灾备管理员回到 Veeam Explorer for SQL Server 中，通过“Unpublish Database”按钮回收挂载出去的备份存档，系统将自动清理 SQL 服务器上的所有信息，回到初始状态，如图 6-35 所示。

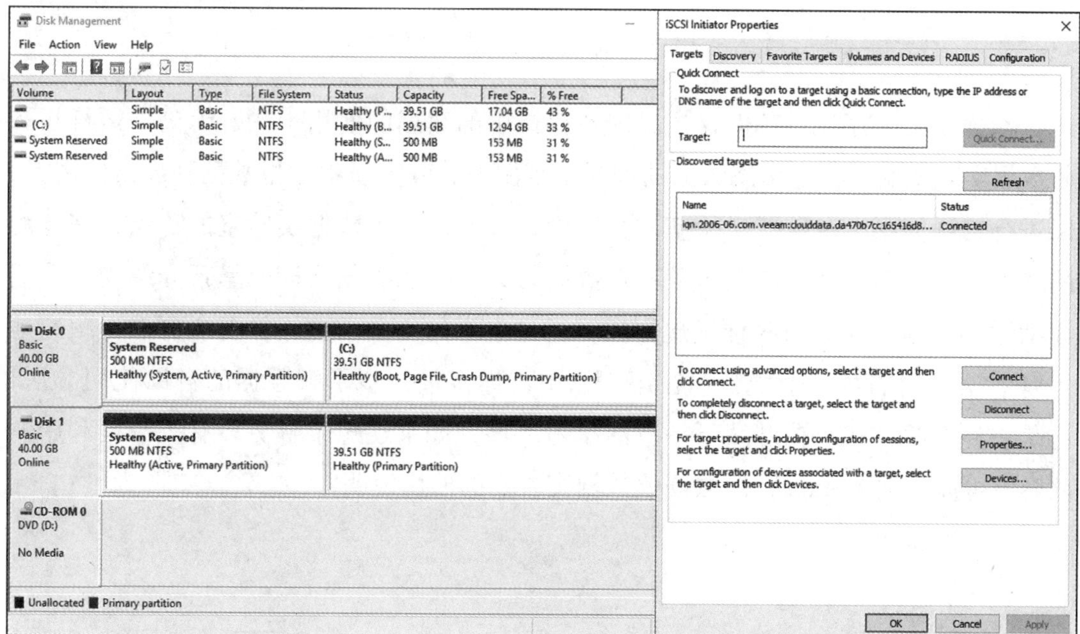
Disk Management
File Action View Help
Volume Layout Type File System Status Capacity Free Spa... % Free
Simple Basic NTFS Healthy (P... 39.51 GB 17.04 GB 43 %
(C:) Simple Basic NTFS Healthy (B... 39.51 GB 12.94 GB 33 %
System Reserved Simple Basic NTFS Healthy (S... 500 MB 153 MB 31 %
System Reserved Simple Basic NTFS Healthy (A... 500 MB 153 MB 31 %
Disk 0
Basic
40.00 GB
Online
System Reserved
500 MB NTFS
Healthy (System, Active, Primary Partition)
(C:)
39.51 GB NTFS
Healthy (Boot, Page File, Crash Dump, Primary Partition)
Disk 1
Basic
40.00 GB
Online
System Reserved
500 MB NTFS
Healthy (Active, Primary Partition)
39.51 GB NTFS
Healthy (Primary Partition)
CD-ROM 0
DVD (D:)
No Media
Unallocated Primary partition
iSCSI Initiator Properties
Targets Discovery Favorite Targets Volumes and Devices RADIUS Configuration
Quick Connect
To discover and log on to a target using a basic connection, type the IP address or DNS name of the target and then click Quick Connect.
Target:
Quick Connect...
Discovered targets
Refresh
Name Status
iqn.2006-06.com.veeam:clouddata.da470b7cc165416d8... Connected
To connect using advanced options, select a target and then click Connect.
Connect
To completely disconnect a target, select the target and then click Disconnect.
Disconnect
For target properties, including configuration of sessions, select the target and click Properties.
Properties...
For configuration of devices associated with a target, select the target and then click Devices.
Devices...
OK Cancel Apply

图 6-34

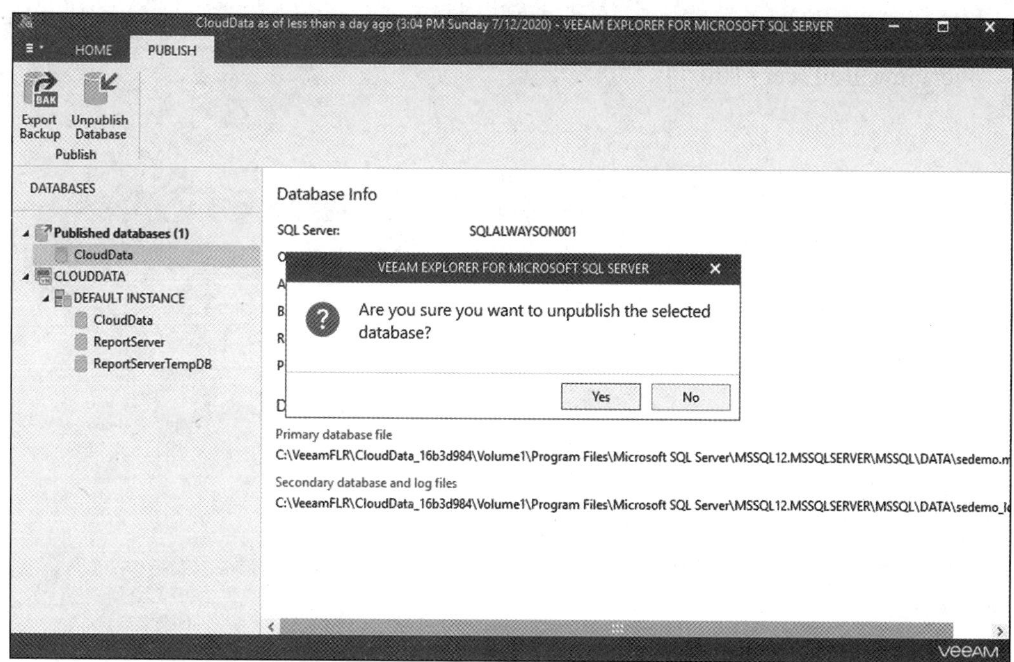
CloudData as of less than a day ago (3:04 PM Sunday 7/12/2020) - VEEAM EXPLORER FOR MICROSOFT SQL SERVER
HOME PUBLISH
Export Backup
Unpublish Database
Publish
DATABASES
Published databases (1)
CloudData
CLOUDDATA
DEFAULT INSTANCE
CloudData
ReportServer
ReportServerTempDB
Database Info
SQL Server: SQLALWAYSON001
VEEAM EXPLORER FOR MICROSOFT SQL SERVER
Are you sure you want to unpublish the selected database?
Yes No
Primary database file
C:\VeeamFLR\CloudData_16b3d984\Volume1\Program Files\Microsoft SQL Server\MSSQL12.MSSQLSERVER\MSSQL\DATA\sedemo.m
Secondary database and log files
C:\VeeamFLR\CloudData_16b3d984\Volume1\Program Files\Microsoft SQL Server\MSSQL12.MSSQLSERVER\MSSQL\DATA\sedemo_l
veeAM

图 6-35

## 6.4 本章小结

本章介绍了存放于备份存档或灾备存档中的数据的使用方法，无论是运行状态的数据实验室服务还是静态数据的即时呈现服务，其本质都是把数据开放给使用者，以进行按需使用。在数据实验室的介绍中，我们讨论了数据实验室的特点、完善的网络隔离机制和丰富的依赖服务；在数据集成 API 和数据库即时呈现介绍中，我们详细讨论了静态数据的两种呈现方法。通过本章的 4 个示例，你可以更加近距离地了解数据使用的每一个步骤。在第 7 章中，你将进一步了解数据的自助使用方法，这是一种进阶方式。在继续下一章的学习之前，如果还想了解更多有关数据利用的内容，可以访问 Veeam 官网去阅读数据实验室的使用说明。

## 参考文献

[1] Veeam Backup & Replication 10 User Guide for VMware vSphere – Data Verification [OL] .https://helpcenter.veeam.com/docs/backup/vsphere/recovery_verification_overview.html?ver=100.

# 第7章 云数据自助服务

自助按需地使用资源是云计算的核心思想。对于融入了云计算的云数据管理来说，自助式地管理并使用数据是云数据管理的重要内容之一。数据管理的自助服务包括两个方面：自助数据存放服务和自助数据使用服务。从数据保护来看，数据存放服务就是数据备份，而数据使用服务则是使用备份存档中的数据，如恢复、灾备、测试、分析等各种使用操作。Veeam 的数据备份解决方案具有云数据管理的能力，自助服务自然也是其中的重要组成部分。

在 Veeam 数据备份解决方案中可以利用 Veeam Backup Enterprise Manager 来实现自助数据服务。Veeam Backup Enterprise Manager 是 VBR 的一个管理和报告组件，它可以同时管理多个 VBR 实例，在分布式部署 Veeam 备份架构时，它是一个非常重要的组件。除了这些功能外，Veeam Backup Enterprise Manager 还提供 Web 访问功能，这为企业或者组织提供了最好的数据自助服务基础。

数据自助服务的使用对象为应用系统、数据库系统以及任何 IT 用户，他们可以根据自己对数据备份的要求设置相应的备份策略，也可以根据数据使用的需求，灵活地从备份数据中提取自己需要的内容来使用。

在本章中，我们将会通过实际的示例配置，从数据存放和数据使用两方面详细讨论自助服务的实现方法，这两方面内容都会涉及数据管理员的服务配置和数据用户的自助使用两个角度。

# 7.1 自助数据备份服务

搭建自助数据备份服务的方法非常多，Veeam 的 VBR 和 Enterprise Manager 中提供了丰富的可以用于二次开发的 API，用户可通过自建服务的方式打造独特的数据服务平台。这种方式非常自由，实现程度相对来说也更符合用户的要求。在 Enterprise Manager 中还提供了一种更加便捷的方式，其内置了基于 RBAC（Role Base Access Control）的自助备份平台搭建服务，可以为 VMware 用户提供一种无须二次开发就能立刻使用的自助备份平台。在这个平台中，虚拟机和应用的用户可以自助式地完成各自的数据备份，查看备份的状态，了解备份空间的占用情况。

## 7.1.1 示例十一：自助备份服务的构建

这是一个非常轻量级的服务框架，因此它的构建有一些前提条件。一方面，它依赖于 Windows Active Directory 的目录服务，由 Active Directory 来提供用户的身份验证功能；另一方面，它还依赖于 VMware vSphere 环境，仅能够为 VMware vSphere 的虚拟化平台提供自助备份服务。

在 Enterprise Manager 的 Configuration 中可以找到 Self-Service 的配置入口，Self-Service 就是灾备管理员用来配置自助服务的菜单。在建立自助备份服务前，Veeam 还提供了多种委派模式以更方便地管理用户和虚拟机的对应关系。通过委派模式的条件设定，Veeam 给指定的用户分配对应的虚拟机，实现自助备份服务的分派。管理员在使用自助备份服务前首先需要从以下三种委派模式中选择一种：

- vSphere Tags 模式
- vSphere 角色模式
- vSphere 权限模式

这三种委派模式都需要用到 vSphere 中对应的三个配置，虚拟机的选择完全取决于 vSphere 中所设定的 Tags、Roles 和 Privileges 所分配的虚拟机。本书以 vSphere Tags 为例来说明自助备份服务的构建模式。

灾备管理员将会为虚拟机 CloudData 的用户创建自助备份服务的门户网站，创建完成后，CloudData 的用户可以通过自助备份门户网站来使用这个平台。

**配置步骤**

1）灾备管理员进入"vSphere Client"，通过"vSphere Client"来为虚拟机 CloudData 创建并分配"Tags"。在"vSphere Client"中，选中 CloudData，在"Summary"中可以找到"Tags"面板，点击超链接"Assign…"，可以打开"Tags"的添加窗口，如图 7-1 所示。

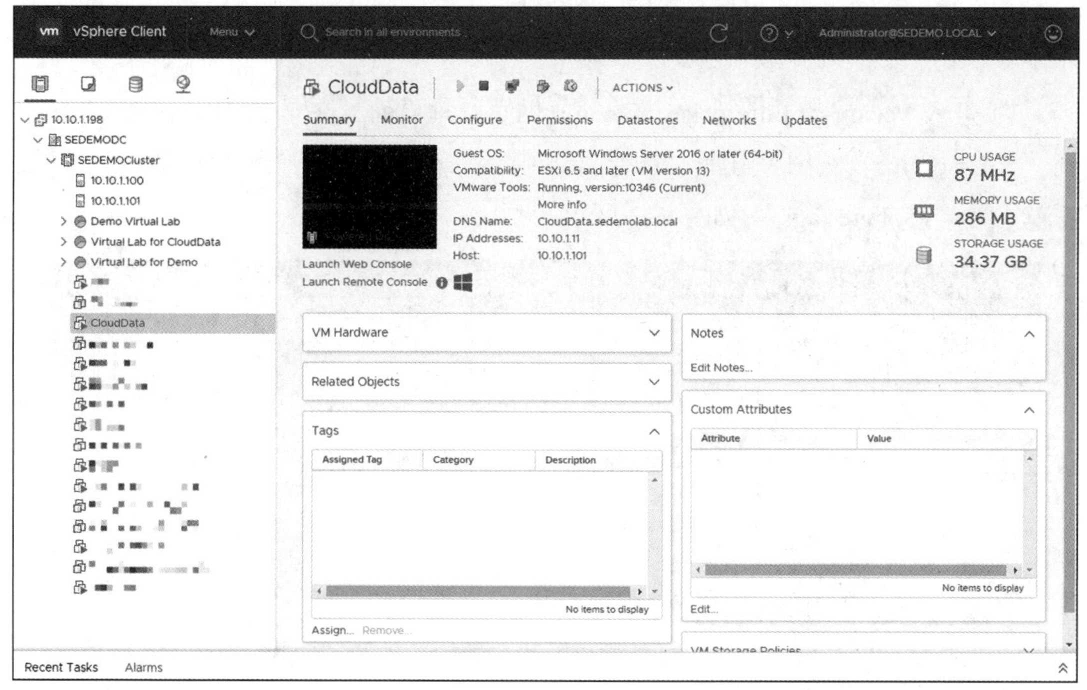


图 7-1

2）在"Assign Tag"窗口中，点击"ADD TAG"按钮打开"Add Tag"窗口，在"Name"中输入 SelfService Backup - CloudData，在"Category"中，点击下方

的“Create New Category”，创建一个“SelfService Backup”的新标签分类。回到“Add Tag”窗口后，选择刚刚创建的“SelfService Backup”分类，点击“OK”按钮确定后，可以从“Assign Tag”的列表中勾选这个标签并点击“Assign”按钮进行分配，如图 7-2 所示。分配完成后，在该虚拟机的“Summary”页面的“Tags”面板中会看到被正确分配的“Tags”名称。

图 7-2

3）进入 Veeam 的 Enterprise Manager 网页管理界面，在“Configuration”中找到“Self-service”视图。点击“Delegation Mode”选项，在弹出的对话框中选择委派模式为“vSphere tags”，如图 7-3 所示。

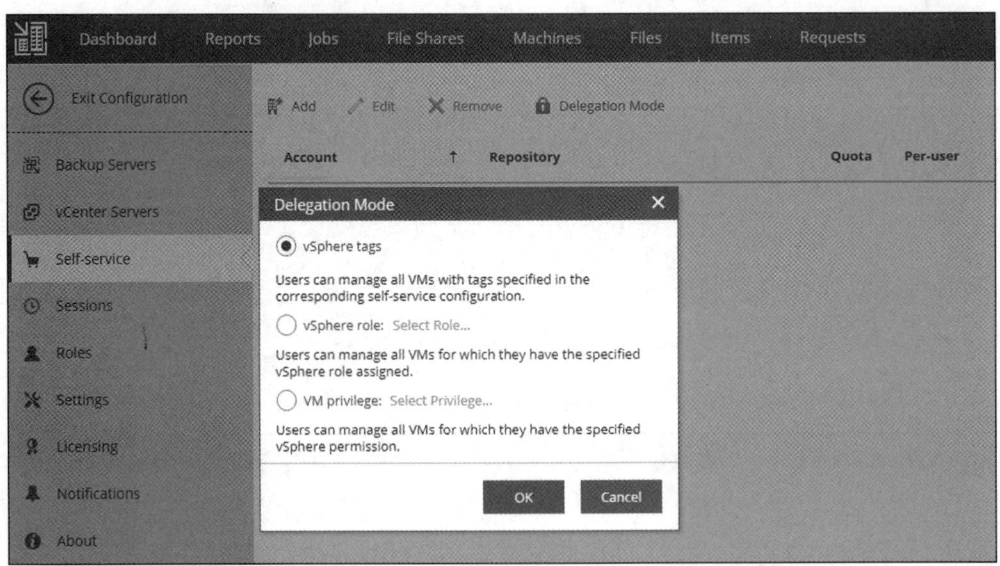


图 7-3

4）点击 Enterprise Manager 网页管理界面上方的“Add”按钮打开用户添加窗口，在这个窗口中需要配置的选项较多。按照图 7-4 配置这些选项：

- 选择 Type：User；
- 设置 Account：sedemolab.local \ CloudData；
- 选择 Repository：CloudData - Prod Site；
- 设置存储的配额 Quota：100GB；
- 选择 Job scheduling：Allow: Tenant has full access to all job scheduling options；
- 选择 vCenter scope：10.10.1.198（即 CloudData 虚拟机所在的 vCenter)；
- 选择 vSphere tags：SelfService Backup - CloudData。

最后，点击“Save”按钮保存配置。

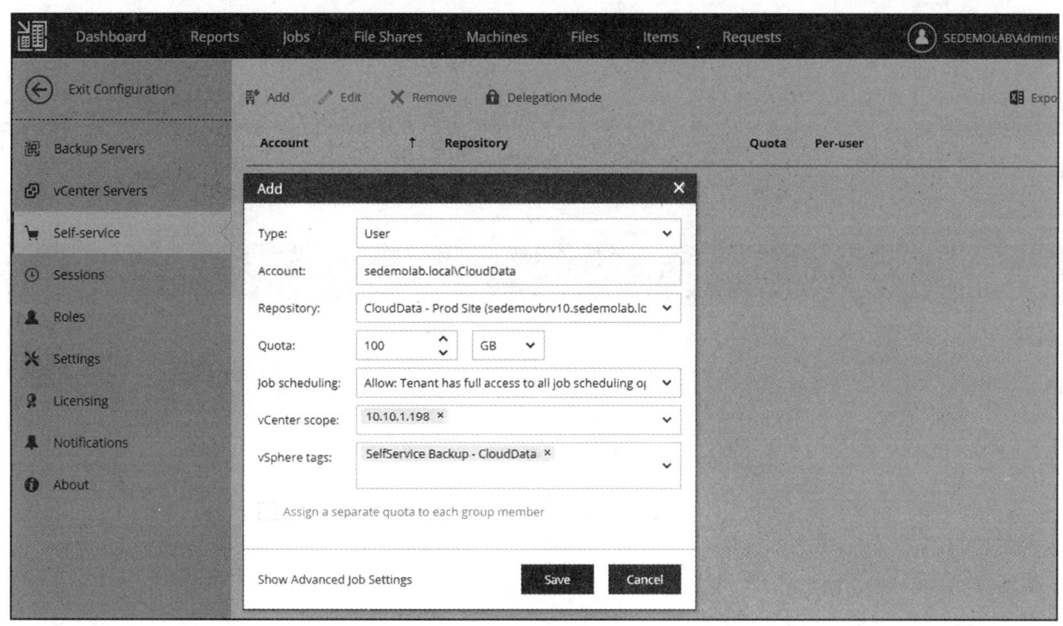


图 7-4

这样，这个自助备份服务就创建完成了，CloudData 用户可以通过自己的账号登入系统进行自助备份了。

## 7.1.2 示例十二：自助备份服务的使用

应用用户在收到灾备管理员的相关账号设定完成的通知后，就可以使用自助备份门户进行数据的备份了。可以通过类似于 https://myemserver.mycompany.com:9443/backup 的地址进入自助备份门户。在这个门户中，应用用户可以查看备份的详情、配置备份作业、执行备份作业。另外，应用用户还能够通过这个门户网站完成数据的自助恢复，关于数据的自助恢复，将在 7.2 节中详述。

在上一个示例中，灾备管理员已经为 CloudData 这个应用的用户创建并分配了访问权限，在接下来的示例中，CloudData 的应用用户将会通过自助备份服务门户自助式地登入控制台，完成自助备份作业。

**配置步骤**

1）如图 7-5 所示，这是用户登入后的主视图界面，在这里，可以了解到最新的备份作业的运行状态。界面顶部的 5 个标签卡分别是仪表盘、备份作业、虚拟机备份存档、文件和对象。

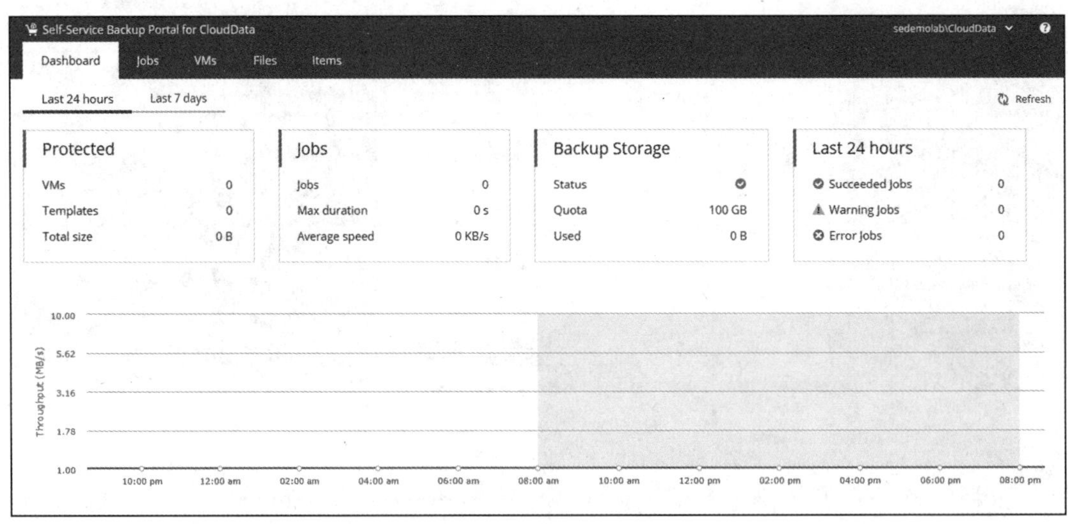


图 7-5

2）切换到“Jobs”标签卡，点击左上角的“Create…”按钮打开经典的 Veeam 备份作业设置向导。虽然这是网页版，但是几乎和 VBR 控制台完全相同。如图 7-6 所示，在向导的“Job Settings”步骤中设定“Job name”为 My VM Backup Job，其他选项保持默认设置。

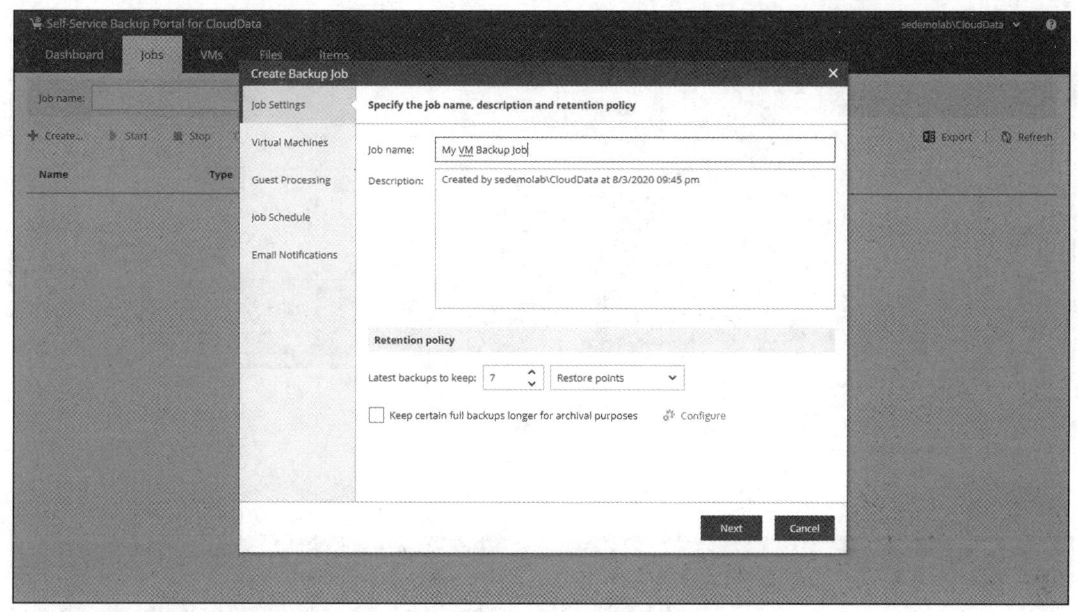


图 7-6

3）在“Virtual Machines”步骤中，点击“Add”按钮弹出“Add Objects”窗口，在这个窗口中，可以通过已经分配好的标签找到虚拟机 CloudData，无论虚拟化环境中有多少台虚拟机，在这个窗口中都只能看到为 CloudData 这个用户分配的虚拟机。如图 7-7 所示，选择 CloudData 这台机器后，点击“OK”按钮进入下一步。

4）在“Guest Processing”步骤中，勾选复选框“Enable application-aware image-processing”，并为这台虚拟机输入本地管理员账号，如图 7-8 所示。

5）在“Job Schedule”步骤中，勾选计划任务后，将备份作业设置为在每天晚上 10 点自动进行，其他选项保持默认设置，如图 7-9 所示。

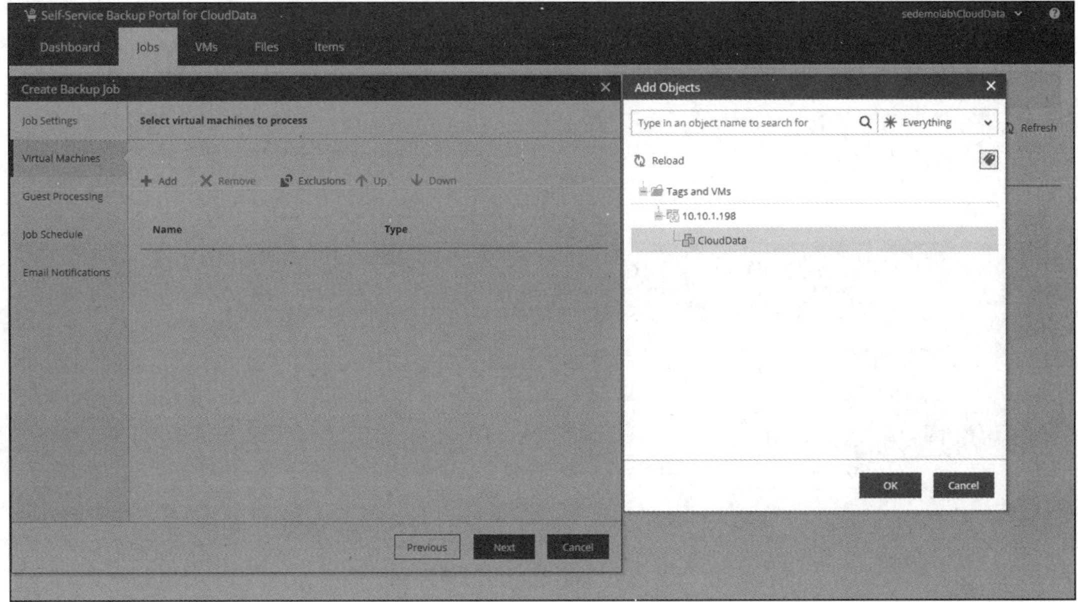
Self-Service Backup Portal for CloudData
sedemolab\CloudData
Dashboard
Jobs
VMs
Files
Items
Create Backup Job
Job Settings
Virtual Machines
Guest Processing
Job Schedule
Email Notifications
Select virtual machines to process
Add
Remove
Exclusions
Up
Down
Name
Type
Previous
Next
Cancel
Add Objects
Type in an object name to search for
Everything
Reload
Tags and VMs
10.10.1.198
CloudData
OK
Cancel
Refresh

图 7-7

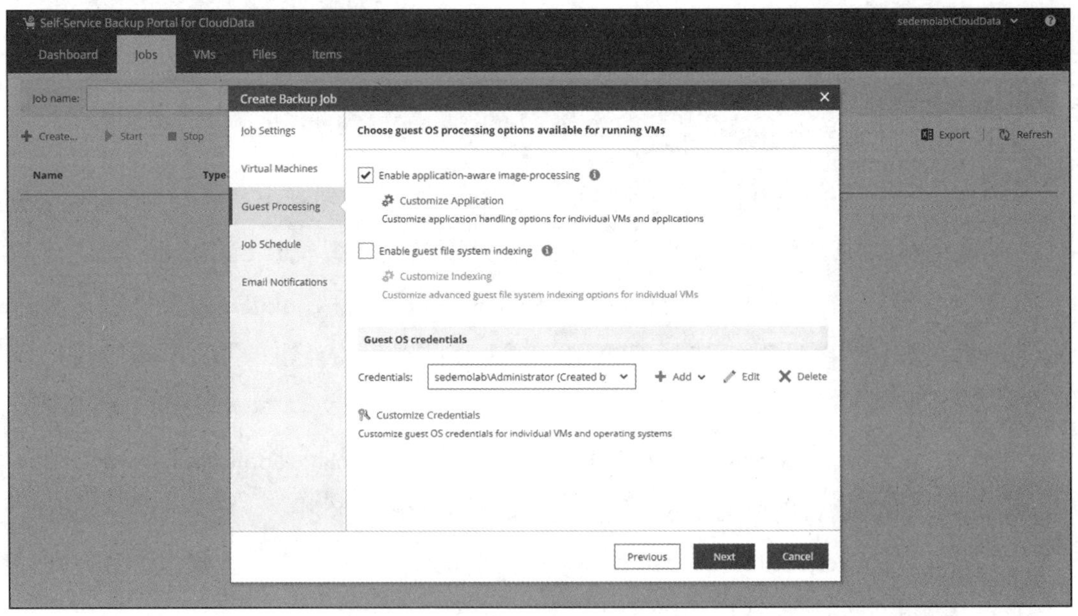
Self-Service Backup Portal for CloudData
sedemolab\CloudData
Dashboard
Jobs
VMs
Files
Items
Job name:
Create...
Start
Stop
Name
Type
Export
Refresh
Create Backup Job
Job Settings
Virtual Machines
Guest Processing
Job Schedule
Email Notifications
Choose guest OS processing options available for running VMs
Enable application-aware image-processing
Customize Application
Customize application handling options for individual VMs and applications
Enable guest file system indexing
Customize Indexing
Customize advanced guest file system indexing options for individual VMs
Guest OS credentials
Credentials:
sedemolab\Administrator (Created b
Add
Edit
Delete
Customize Credentials
Customize guest OS credentials for individual VMs and operating systems
Previous
Next
Cancel

图 7-8

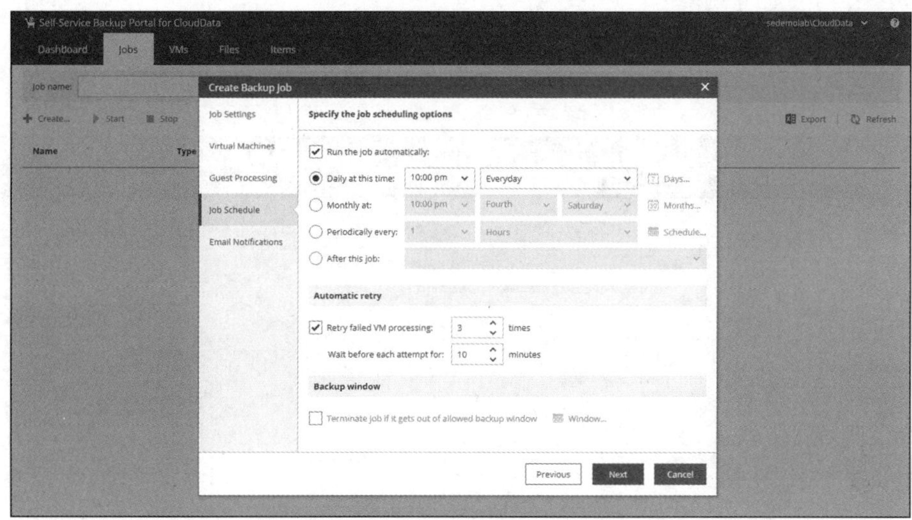


图　7-9

6）在“Email Notifications”步骤中，设定“Recipients”为 clouddata@examplecompany. com，设定“Subject”为 [ 自助备份 ][%JobResult%] %JobName% (%ObjectCount% machines) %Issues%，如图 7-10 所示。

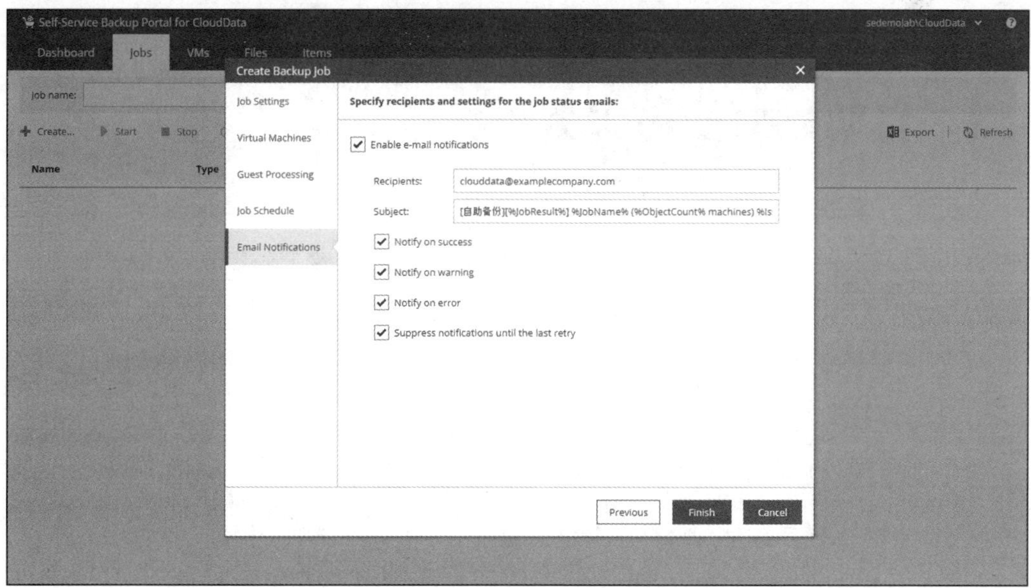


图　7-10

完成以上设置后，备份作业会在每天指定的时间自动运行，作业运行完成后，可以在仪表盘中看到详细的运行状况和当前备份的存档情况，如图 7-11 所示。

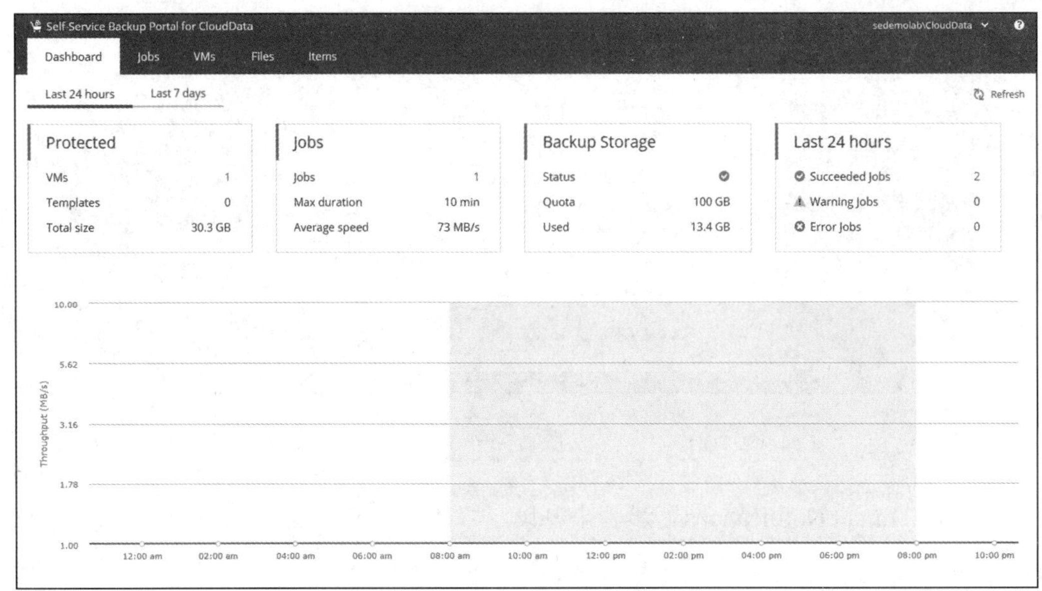


图 7-11

## 7.2 自助数据使用服务

当有了自助数据备份服务后，相对应的是数据的使用场景，这时候自助数据使用服务可帮助数据用户按需灵活地取用存放在云数据管理平台中的数据。与自助数据备份服务的构建方式一样，使用服务的构建也有很多种方式，Veeam 云数据管理平台提供了完整的 Restful API 和 PowerShell 供用户进行二次开发，以打造按需、动态、灵活的自助数据使用服务。

对于不希望进行二次开发的用户，Veeam 通过 Enterprise Manager 提供了一系列轻量级的使用框架，灾备管理员使用它们能够快速有效地搭建出自助数据使用服务。这里介绍两种自助服务搭建方式：一种是上一节提到的 VMware vSphere 自助备份框架，其自带相应的自助恢复使用框架；另一种是完全独立的单纯的数据恢复自助服务框架。

对于自助备份附带的自助恢复，灾备管理员无须做额外设置，应用用户可以直接在自助服务备份门户中利用恢复功能来使用数据，而恢复对象也仅限于备份源，即备份了什么数据就能恢复什么数据。

除此之外，Veeam 还提供了一种自助数据恢复框架，在这个框架中，能够为所有备份的数据源（包括虚拟机、物理机、NAS 文件）提供自助数据恢复服务。

为了区分这两种不同的框架，在本书中，我们把第一种自助备份附带的自助恢复称为 vSphere 自助恢复服务，第二种所有备份数据源的自助恢复称为通用自助恢复服务。

### 7.2.1 示例十三：vSphere 自助恢复服务

在自助备份服务构建完成后，vSphere 自动具备了自助恢复服务功能，因此灾备管理员不需要做任何额外的配置。对于应用用户来说，可以从这个备份存档中执行多种恢复操作，包括完整虚拟机的整机恢复、客户机文件恢复和应用程序对象恢复。

在上一个示例中，CloudData 用户已经对虚拟机做了自助备份。在下面的示例中，希望使用 vSphere 的自助恢复服务，从备份存档中恢复数据。出于测试的目的，需要分别执行整机恢复、客户机文件恢复和 SQL Server 数据库恢复来确认数据的有效性。

#### 1. 整机自助恢复

1）CloudData 用户利用账号和密码登入自助备份服务门户后，点击上方的“VMs”标签卡，可以看到通过备份得到的虚拟机备份存档，在下方的列表中可以看到虚拟机的具体还原点状况。选中这个备份存档后，上方工具栏里的按钮会从灰色变成浅蓝色的可点击的超链接。点击第一个“ Restore…”超链接可以找到整机恢复的两个选项，一个是覆盖原服务器，另一个是恢复成一个新服务器时保留原服务器。在这个示例中，管理员将使用“Keep”选项，如图 7-12 所示。

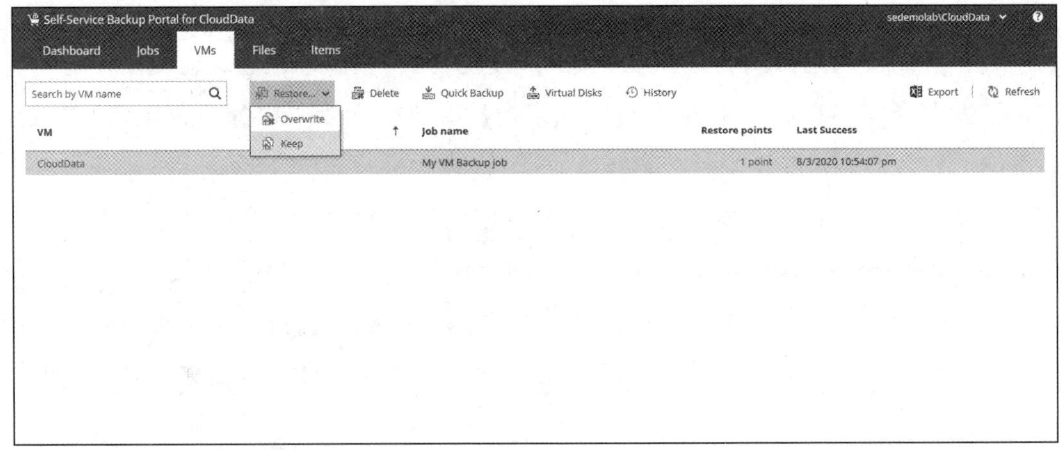


图 7-12

2）点击“Keep”选项后，在这个自助服务门户中会打开“Restore”窗口，在这个窗口中选中需要恢复的还原点后，点击“Finish”按钮即可立刻开始恢复操作，如图 7-13 所示。

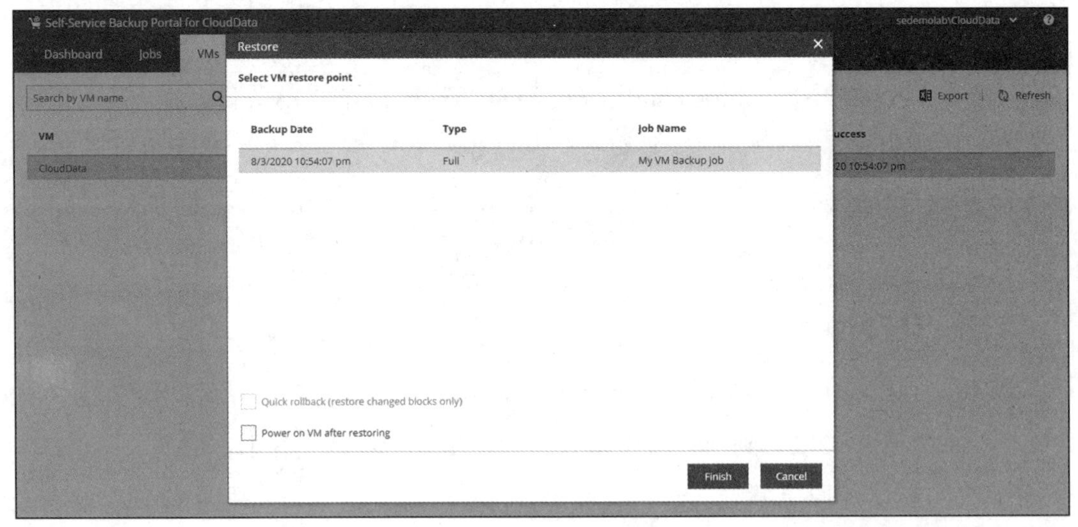


图 7-13

3）执行完恢复操作后，可以通过“History”按钮找到详细的恢复过程，如图 7-14 所示。在 vSphere Client 中可以找到被添加后缀 _restored<DDMMYY>T<HHMM> 的新虚拟机，其中 <DDMMYY> 为还原日期，<HHMM> 为还原时间，如图 7-15 所示。

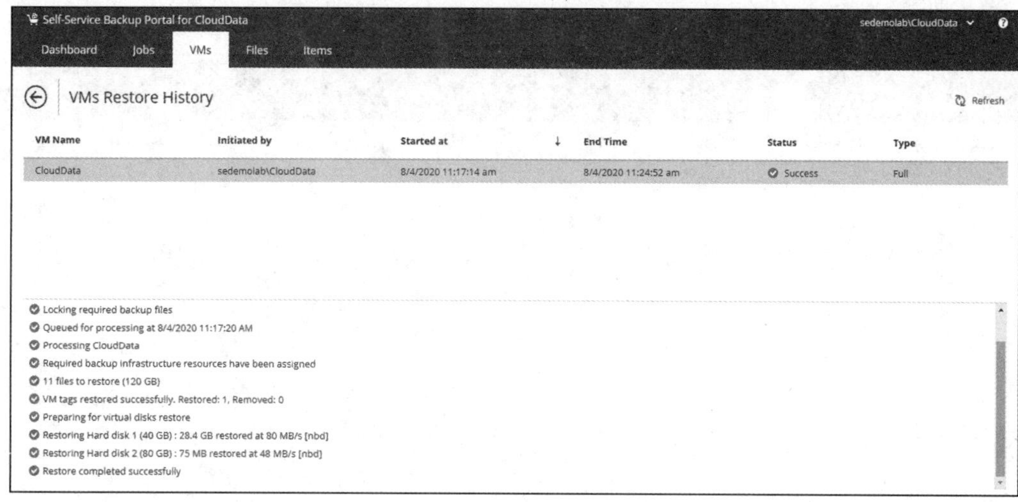


图 7-14

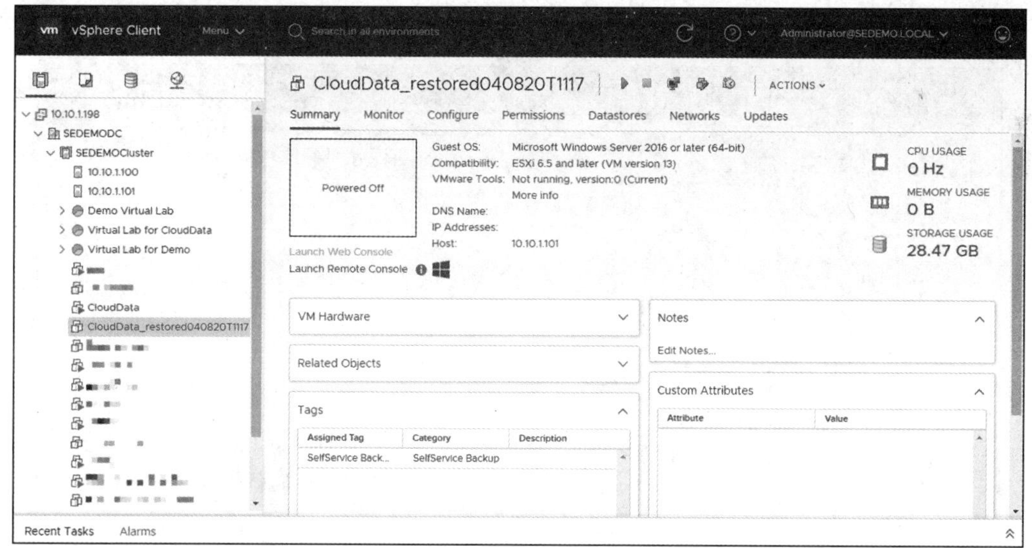


图 7-15

## 2. 文件级自助恢复

1）在自助备份门户中，切换至“Files”标签卡，在这里可以根据备份设定恢复虚拟机内的文件。在没有选定任何内容前，这个视图下并没有列出任何信息，如图 7-16 所示。

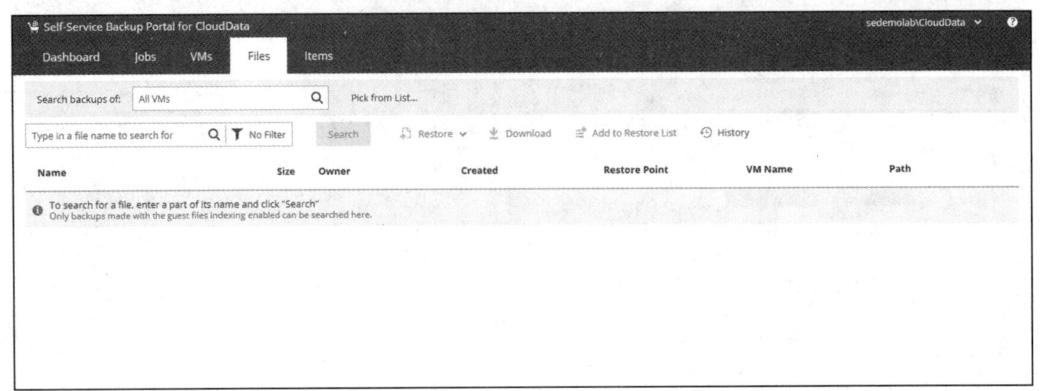


图 7-16

2）点击最上方的第一个搜索框右边的“Pick from List…”超链接，可以打开备份还原点的选择窗口，选择之前的备份存档，如图 7-17 所示。

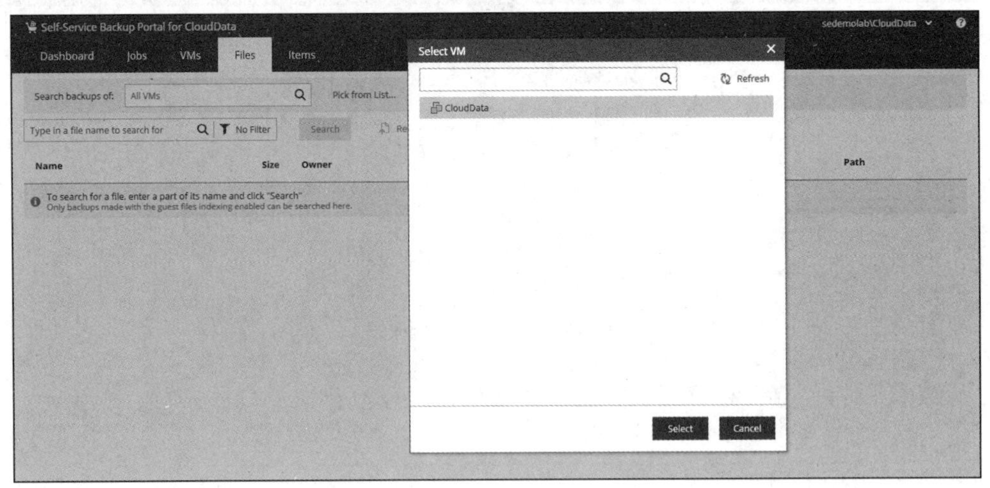


图 7-17

3）选择好后，系统开始加载相关还原点，当加载完成后，在门户界面的左边会看到操作系统内的文件树结构，选中相关文件后，恢复文件的选项会在界面上方出现，如图 7-18 所示。选择“Restore”下的“Overwrite”，将文件一键快速恢复至原系统中。

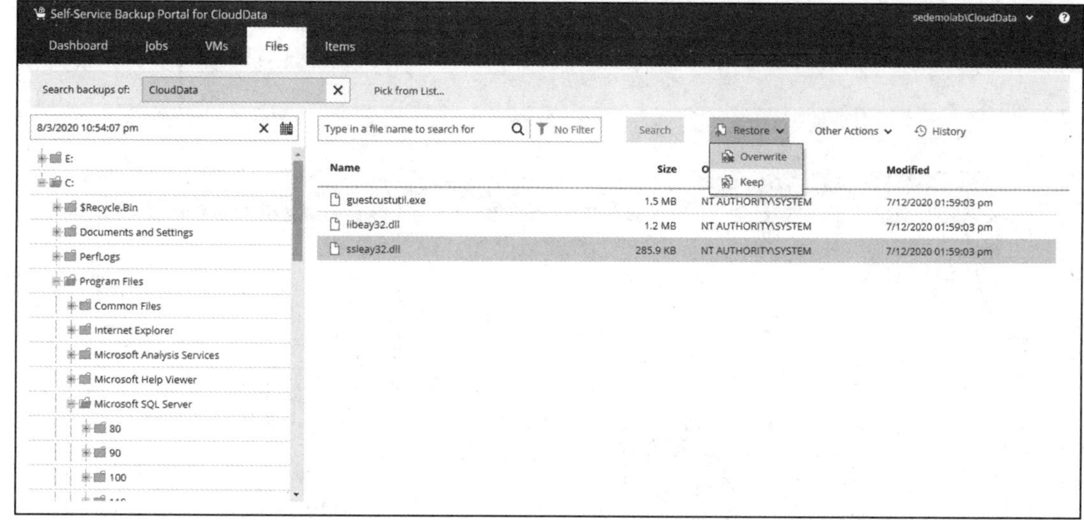


图 7-18

4）恢复操作开始后，系统自动执行一系列的恢复过程，等待几分钟，CloudData 用户可以直接从原系统中找到被恢复的文件。在自助备份门户中，还能够看到文件的详细恢复过程和恢复信息，如图 7-19 所示。

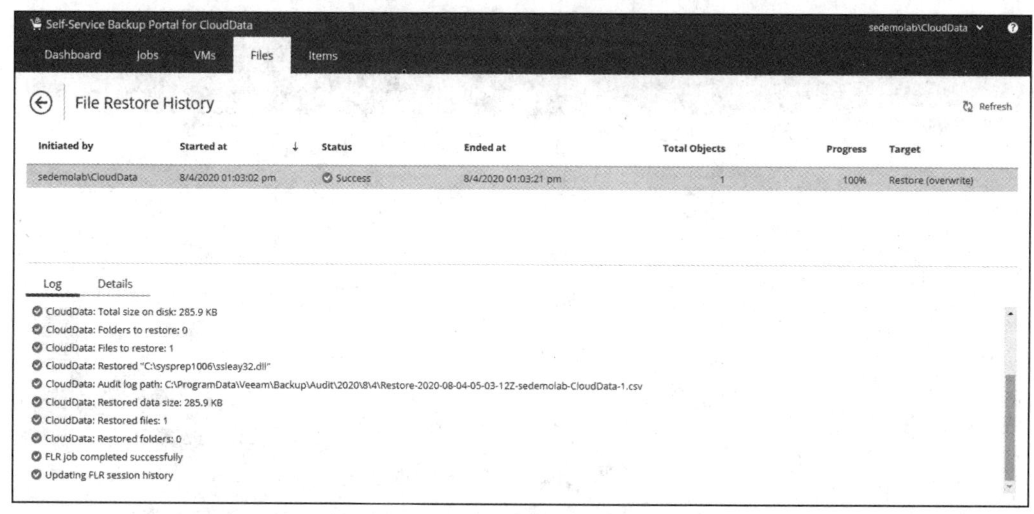


图 7-19

## 3. SQL Server 数据库自助恢复

1）在自助备份门户中，切换至“Items”标签卡，在这里可以根据备份设定恢复虚拟机内的数据库对象。在没有选定任何内容前，这个视图下并没有列出任何信息，如图 7-20 所示。

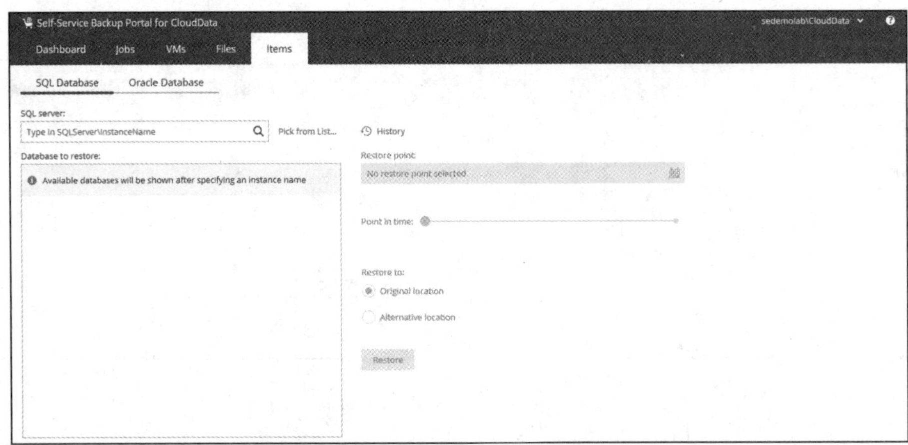


图 7-20

2）点击上方第一个搜索框右边的“Pick from List…”超链接，可以打开备份还原点的选择窗口，选择之前的备份存档，如图 7-21 所示。

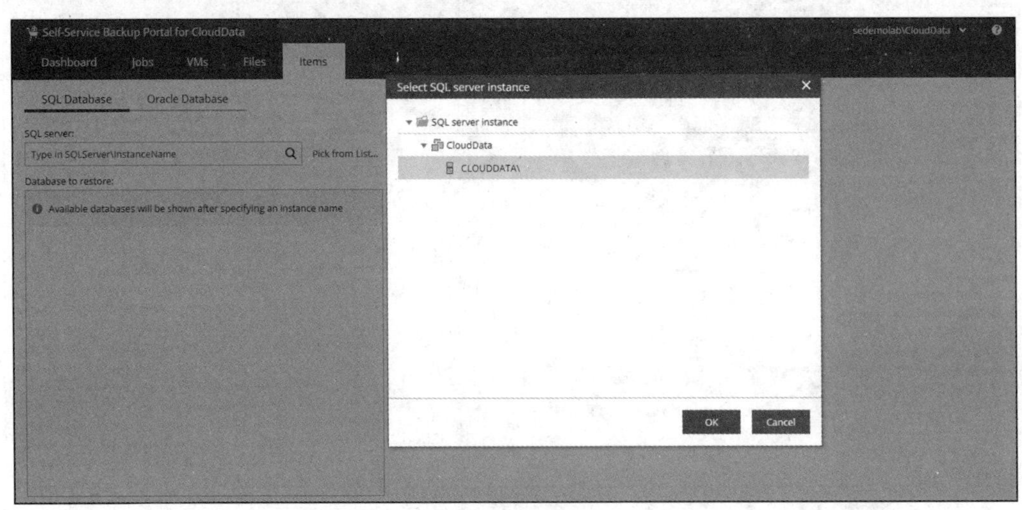


图 7-21

3）选择好后，系统会快速加载 SQL Server 的数据库实例，在门户界面的左边可以看到这个 SQL Server 数据库下的所有可恢复的实例名称，而右边则是用于一键恢复的“Restore”按钮，如图 7-22 所示。

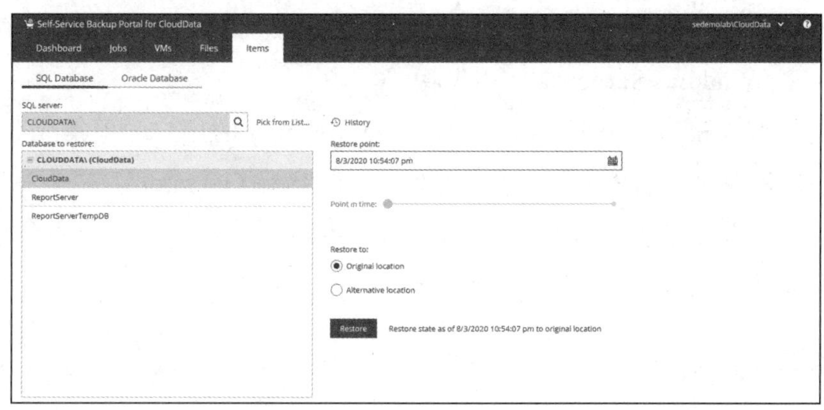


图 7-22

4）选择的数据库名称 CloudData 后，其他选项保持默认设置，以恢复数据库至原始位置，点击“Restore”按钮即可开始数据库的恢复。如图 7-23 所示，在恢复操作完成后能够看到被恢复的数据库的详细信息和恢复状态。回到 SQL Server Management Studio 中，可以查看并使用已恢复的数据库。

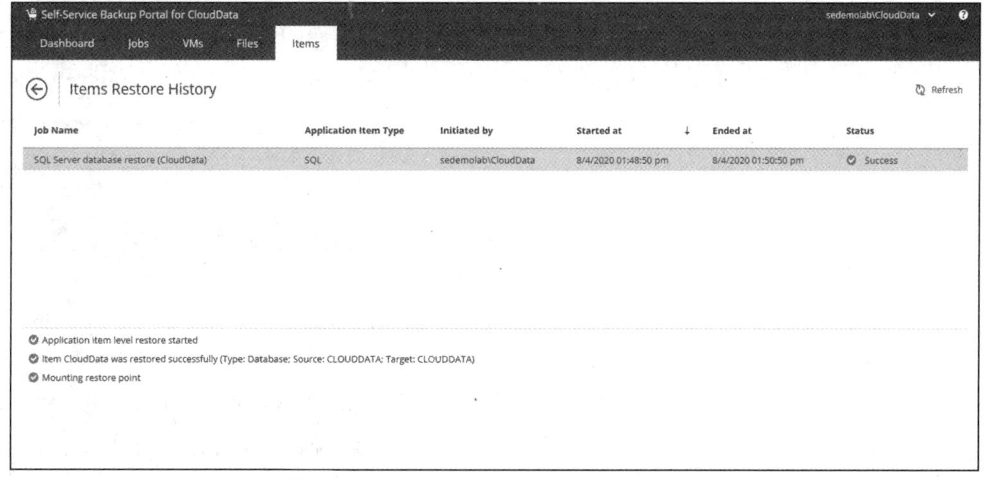


图 7-23

## 7.2.2 示例十四：通用自助恢复服务的构建

对于非 vSphere 平台或者未启用自助备份服务的 vSphere 平台，灾备管理员需要使用通用自助恢复服务来构建独立的自助恢复服务。这个服务的构建过程和自助备份服务的构建过程非常相似，也是一个轻量级框架，它的用户验证依赖于 Active Directory 或者 Windows Server 本地用户管理。

它的配置入口和 Veeam Backup Enterprise Manager 的用户管理集成在一起，其属于这个用户管理中的一个角色：恢复操作员（Restore Operator）。

灾备管理员需要建立物理机和文件共享的自助恢复服务，在这个服务建立好后，各个用户可以登录自助恢复服务门户来进行文件的自助恢复操作。

**配置步骤**

进入 Veeam 的 Enterprise Manager 网页管理界面，在 Configuration 中找到“Roles”视图，点击“Add”按钮弹出“Add Role”窗口。在这个配置窗口中可以完成所有的配置，如图 7-24 所示。

- 选择 Account type：User。
- 填写 Account：sedemolab\CloudData；
- 选择 Role：Restore Operator。
- 选择 Restore scope：Selected objects only。之后点击右边的“Choose”按钮为这个用户选择可以恢复的对象，如图 7-25 所示，这里选择了文件共享和通过 Veeam Agent 备份的物理机。
- 在“Allow Restore of”中选中复选框“Entire machines and disks”和“Guest files”。

配置完以上选项后，点击“Ok”按钮就完成了自助恢复服务的创建。

## 7.2.3 示例十五：通用自助恢复服务的使用

在灾备管理员完成以上设置后，用户就可以通过 https://myemserver.mycompany.com:9443/selfRestore 进入自助服务平台。在下面的示例中，CloudData 用户会登录这个通用自助恢复服务平台，来查看并完成 NAS 文件的恢复。

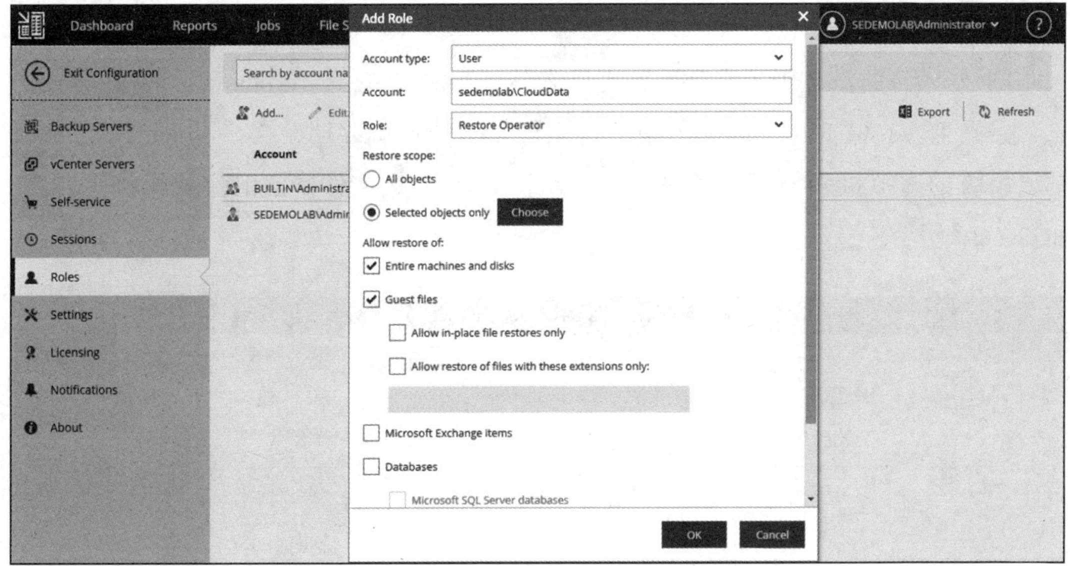
Dashboard
Reports
Jobs
Add Role
SEDEMOLAB\Administrator
Exit Configuration
Search by account na
Add...
Edit
Account
BUILTIN\Administra
SEDEMOLAB\Admin
Backup Servers
vCenter Servers
Self-service
Sessions
Roles
Settings
Licensing
Notifications
About
Account type:
User
Account:
sedemolab\CloudData
Role:
Restore Operator
Restore scope:
All objects
Selected objects only
Choose
Allow restore of:
Entire machines and disks
Guest files
Allow in-place file restores only
Allow restore of files with these extensions only:
Microsoft Exchange items
Databases
Microsoft SQL Server databases
OK
Cancel
Export
Refresh

图 7-24

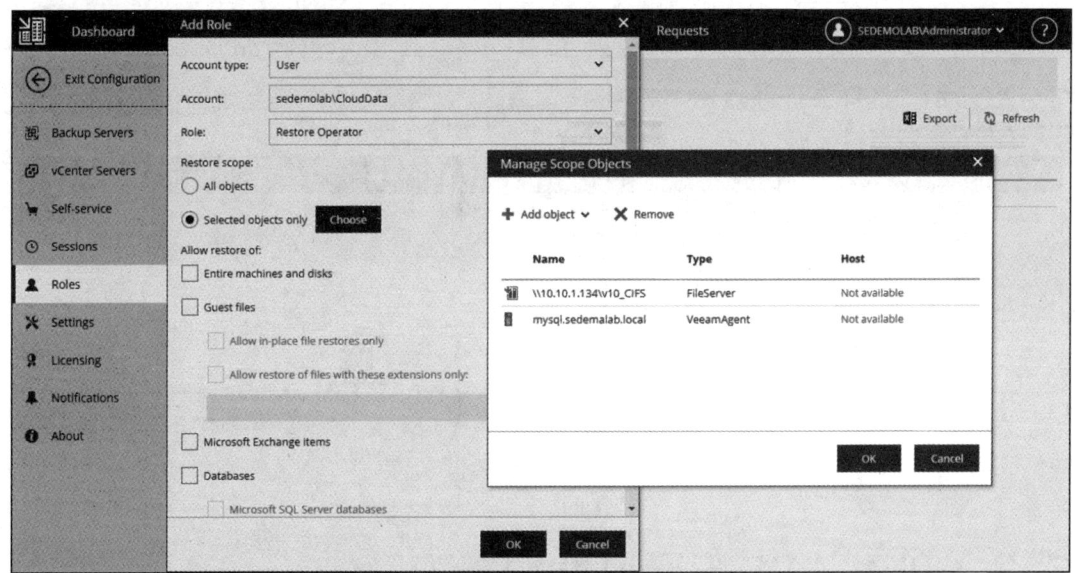
Dashboard
Add Role
Requests
SEDEMOLAB\Administrator
Exit Configuration
Backup Servers
vCenter Servers
Self-service
Sessions
Roles
Settings
Licensing
Notifications
About
Account type:
User
Account:
sedemolab\CloudData
Role:
Restore Operator
Restore scope:
All objects
Selected objects only
Choose
Allow restore of:
Entire machines and disks
Guest files
Allow in-place file restores only
Allow restore of files with these extensions only:
Microsoft Exchange items
Databases
Microsoft SQL Server databases
OK
Cancel
Export
Refresh
Manage Scope Objects
Add object
Remove
Name
Type
Host
\\10.10.1.134\v10_CIFS
FileServer
Not available
mysql.sedemolab.local
VeeamAgent
Not available
OK
Cancel

图 7-25

### 配置步骤

1）登入自助恢复服务平台后，可以看到“File Shares”“Machines”和“Files”三个标签卡。在“File Shares”中的是文件共享的备份存档，在“Machines”中的是镜像级的虚拟机和物理机备份存档，而“Files”是文件恢复的主要操作控制台。如图 7-26 所示。

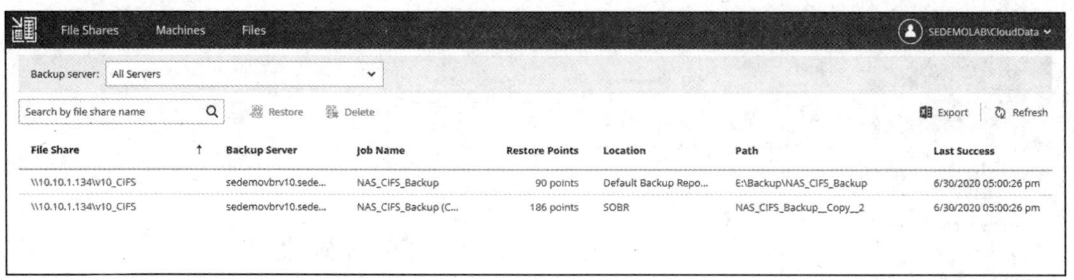


图 7-26

2）从“File Share”中选择第一条含有 90 个还原点的记录，点击上方的“Restore”按钮，控制台会自动切换至“Files”标签卡并开始加载还原点。如图 7-27 所示，选择文件并点击“Restore”后，就能将文件恢复至原始位置。

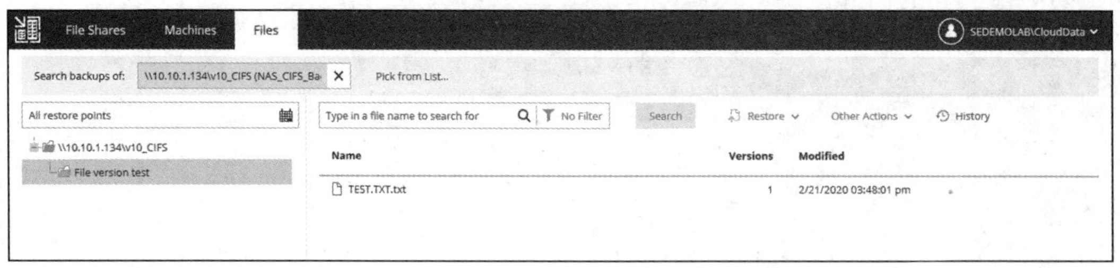


图 7-27

## 7.3 利用 API 拓展自助服务

前两节中提到的自助服务是 Veeam 提供的一种快速轻便的框架，在这个框架中，可以使用 Veeam 在出厂时内置的非常简单的自助服务。另外，VBR 还开放了

Restful API 和 PowerShell API，灾备管理员可以利用这些 API 来灵活地构建自己的数据自助服务。VBR 中的各种数据恢复和发布方式都有可能构建成自助服务，这能够将自助服务的内容扩展至各种备份的数据源。举个例子来说，在第 6 章中，我们提到过数据实验室、数据即时发布和数据库发布这三种数据使用功能，利用 Restful 和 PowerShell，完全可以将这些数据使用方式打造成自助数据服务。

### 1. 数据实验室

要构建数据实验室的自助服务平台，比较理想的方式是审批交互，因为需要管理员分配相应的计算资源给数据实验室，所以需要管理员进行合理的平衡。这样的交互非常类似于日常管理事务中表单提交和表单审批的流程审批程序。

### 2. 数据即时发布

从自助服务的角度来说，数据即时发布是最接近用户自助的数据使用方式，尽管这是一种只读的数据呈现方式。整个数据自助使用过程中，管理员无须介入太多，数据使用者自由地选择自己的数据还原点，按需将这些数据还原点呈现给合适的 iSCSI 客户端供其使用。获取到这些数据的访问权限后，用户就像在使用本地磁盘一样使用备份存档中的数据，完全感觉不到它是一份备份存档，而在结束使用后，系统自动回收所发布的备份数据。灾备管理员无须分配任何计算资源，只需做好整个过程的监控，确保在执行过程中发生的意外能够被及时处理。

### 3. 数据库发布

和数据的即时发布非常相似，数据库发布同样以一种只读的方式将数据库的数据文件挂载到相应的数据库系统中，以只读库的方式呈现。数据库管理员可以完全自助式地完成全过程：选择还原点、选择数据库服务器、挂载并使用数据等。在结束使用后，系统自动回收这些数据。灾备管理员无须分配任何计算资源，只需做好整个过程的监控，这样，当执行过程中有意外发生时，可以及时进行处理。

# 7.4 本章小结

本章详细介绍了云数据自助服务的构建方式和使用方式，首先讨论了数据的自助备份服务，然后介绍了自助数据使用服务。其中，通过 5 个示例展示了这些服务的构建和使用过程。第 8 章将会介绍自动化管理的话题，进一步深度探讨数据的使用方式。关于自助服务和 Veeam 软件的相关 API，可以访问 Veeam 的在线使用手册了解更多内容。

# 参考文献

[1] Veeam Backup Enterprise Manager Guide – vSphere Self-Service Backup Portal [OL] .https://helpcenter.veeam.com/docs/backup/em/em_working_with_vsphere_portal.html?ver=100.

[2] Veeam Backup Enterprise Manager Guide - Self-Service Portal [OL]. https://helpc-enter.veeam.com/docs/backup/em/em_self_restore.html?ver=100.

# 第8章 云数据管理自动化

随着企业数字化转型的深入，保证业务的连续性已成为企业数字化建设的必选项，特别是在云环境下，为了确保业务的连续性、安全性与稳定性，很多企业在进行灾备系统建设的时候希望有新的容灾技术来保证实现业务的不间断运行。同时，企业也越来越强烈地意识到，容灾系统的数据也是企业的一笔宝贵财富，有效地利用容灾数据可以加速企业的业务创新，降低成本。因此，灾备系统的数据利用也越来越多地加入数据资产规划的课题中。灾备系统的建设目标可分成两个关键点：RPO 与 RTO。现代企业在建设灾备系统的时候通常会非常重视 RPO，当问及系统可以容忍的 RPO 目标（即数据丢失时长目标）时，企业的回答往往是：不希望任何数据丢失！而根据多年灾备建设的经验，RPO 约等于零将导致企业对灾备建设过程投入高额的花费。同时，RTO 也是一个重要的指标。RTO 是业务恢复所需要的时间，常常用于检验业务切换时间与业务重新提供服务的时间是否达到要求，而企业经常遇到的问题是，数据就在那里，业务却不能在短时间内启动。这是为什么呢？因为在灾难发生后，整个灾备系统的切换过程不仅涉及数据复制的问题，还涉及系统、网络、应用等多个层面。一方面，在基础架构层，存储、主机、网络要统一切换与协调，也就是说，所有的软件、硬件需要协同工作才能实现容灾的切换。另一方面，在系统层，要对数据库层、中间件层、Web 应用层等进行多种操作和维护，这样复杂的操作常常导致 RTO 目标难以实现。在这个过程中，容灾计划的可执行性和准确性是灾难发生时企业成功切换灾备系统的关键因素。因此，如果企业能够保证容灾计划及时准确和可执行，保证业务发生中断时能够安全有序地进行业务恢复，甚至通过自动化的方式简化操作过程，降低人工操作的风险，那么就能保证业务不间断地运行。

在本章中，我们将使用 VAO 解决方案来构建云数据管理自动化平台，通过利用软件解决方案来达成数据使用和数据灾备的自动化目标。和一般的自动化架构的构建方式不一样的是，VAO 通过一种极简的方法完成了这个自动化平台的构建，使用户快速获得极佳的使用体验。本章会通过 3 个示例详细说明该平台的使用方式。

# 8.1 灾备自动化的要点

## 8.1.1 灾备数据验证的有效性

数据验证的有效性一直是企业难以逾越的一个烦琐的日常任务，备份软件中提到的备份数据验证通常只是CRC检查，这种机制只是确保备份数据是在没有被损坏的情况下写入备份存储中的，并没有包含数据从备份存档中恢复后的可用性检查。这在企业日常灾备运维中是远远不够的，那么如何保证业务系统的RPO呢？这里涉及一个非常关键的因素，就是企业的应用能否在灾备发生时正常起动，这不仅包括企业的数据是不是一致的，而且对该应用的相关系统及业务流程也需要进行关联测试，实现这些任务需要耗费大量的人力与物力。举例来说：一个金融系统中的应用有上千个，因为时间有限，企业的备份恢复小组日常只能对关键的应用进行抽验，而不能保证对每一个应用都进行有效性验证。

Veeam Availability Orchestrator（以下简称为VAO）可以帮助用户自动化地测试备份数据与应用。它不仅可以恢复单个虚拟机，还可以恢复一个应用组，这样就可以确保这些虚拟机在恢复后能正常工作。借助VAO，企业还可以轻松创建实验室环境，利用备份和数据复制环境进行灾备的有效性验证、数据利用、系统按需自动迁移等工作，从而保证企业应用的SLA达到业务要求。

## 8.1.2 灾备数据恢复的安全性

业界通常把漏洞被发现后立刻被病毒利用进而产生的攻击行为称为“零日攻击”。在日常运维过程中每天都会遇到新的病毒，而用于查杀病毒的病毒库则要晚许多天才能产生。如果这个问题被代入到灾备世界里，将是灾难性的，因为备份是每天都要执行的计划任务，而由于在备份的过程中无法识别新产生的病毒，这就会导致数据与新产生的病毒一起被写入备份存储库中的情况。虽然由于备份的特殊格式，病毒此时处于休眠期，但是需要警惕的是，一旦对这样的备份数据执行恢复操作，病毒和木马等恶意程序就会复苏，业界称这个过程为“零日恢复”。

若企业没有对零日恢复进行良好的控制，就会面临很大的风险。如何通过搭建一个隔离的环境进行安全恢复，是现代化企业IT运维所追求的目标，Veeam为企业客户提供了安全恢复的能力，它可以在执行恢复操作之前将备份数据集挂载到一个隔离的服务器上并与病毒库相连，进行病毒的查杀，从而保证恢复数据的安全性。若发现病毒，将在查杀后再进行数据恢复，当然，也可以按照用户的定义将数据恢复到一个无网络环境的虚拟机或者隔离的网络环境中。借助VAO，我们可以让上述操作自动进行，用户还可以插入自定义的脚本进行控制与验证，轻松地实现数据与应用安全。

### 8.1.3 灾备恢复计划的可维护性

企业的灾难恢复计划（Disaster Recovery Plan，DRP）一般是由企业的相关管理部门定义的，包括对生产、灾备环境中基础架构的定义，以及对整个灾备切换流程执行细节的定义。比如：灾备切换对象是什么、如何进行切换、谁来执行操作、谁来进行检查与确认等。而企业在平时所遇到的问题是，如何对这个DRP文档进行有效的维护。企业在执行灾难恢复计划的过程中，经常会遇到这样的问题，即企业上了一些新的应用，而这些新的应用并没有被定义到灾难恢复计划文档中。进行灾难恢复计划的维护是让人头疼的问题，一点小的改动都可能导致非常繁重的工作量。

VAO是企业实现自动化容灾管理的解决方案，VAO可以自动维护企业定义的DRP，支持多种语言版本，包括简体中文。若DRP中定义的容灾基础架构发生变化，VAO会自动进行调整，以确保DRP是最新的、可执行的版本。

### 8.1.4 灾备流程的可执行性

如何确保DRP在定义之后是可执行的呢？业界把定义可编排流程的过程称为编排，而执行这个编排的过程叫流程化，如果将整个流程化的编排通过各种预制的条件串联起来，且不需人工干预地准确运行，我们称之为自动化。在灾备世界里，DRP 的定义、执行、更新、迭代是一个周而复始的过程。企业需要对 DRP 进行多次演练，包括纸面演练与实际演练。在演练过程中，每个流程都有特殊的前置条件，而这些前置条件与执行流程的组织结构，导致了 DRP 执行的复杂性，DRP 执行过程中的失败也是家常便饭。而 DRP 的执行会导致人力资源的浪费，这是企业在容灾系统建设中最不愿意看到的问题。VAO 可以自动化地执行编排流程并产生报告，使灾备管理人员只需要在报告中查看执行不成功的项目，这样就可以快速发现问题，从而实现 DRP 的快速更新与迭代。

## 8.2 VAO 介绍

VAO 提供了可靠、可扩展、易于使用的编排和自动化引擎，这种引擎专为满足当前企业的业务连续性与灾难恢复需求而构建，通过消除低效、冗长且易出错的手动测试和恢复流程，提供了一种成熟、可靠、按运维计划执行的灾难恢复策略，它可以使企业 IT 运营的弹性显著提升。

### 8.2.1 VAO 的关键功能

VAO 作为数据管理流程编排的核心，集成了 VAS 企业增强版的高级功能与 VMware vSphere 的能力。VAO 主要有三个关键功能：

- VAO 可以通过软件设置，来保证企业实施的灾备基础架构满足企业所要求的 RPO 和 RTO；
- VAO 能够尽可能自动化地完成灾备的切换过程，同时支持备份数据和复制数据的自动化；
- VAO 能够通过数据实验室来确保灾备的可靠性，所有的灾备演练将在数据实验室中 1:1 地完整进行，在不影响生产的同时，可以保证在业务发生中断时准确有效地恢复业务运营。

VAO 还集成了 VBR 中恢复、故障切换和全自动验证的功能，可以说还对这 3

个关键功能做了进一步加强。在这些关键功能中，可以加入各种自定义的步骤和脚本，使之能够更加适用于实际的业务场景。对于管理员来说，围绕着这三个功能合理地设计与使用流程编排，可以降低运维灾备计划的复杂度。

## 8.2.2 VAO 的使用场景

可以根据数据中心的分布，灵活地进行部署 VAO，以下将以单个数据中心和主备数据中心架构为例来进行说明。

### 1. 单个数据中心

在单个数据中心内，你可以无缝地将 VAO 加入原有的备份架构体系中，如图 8-1 所示，所有 VBR 上的操作与原始运行方式相同，而 VAO 加入，则可以让关键业务的 RPO 和 RTO 得到保障。由于是在单个数据中心内部实现灾备自动化，因此恢复场景会比较简单。管理员只需要定义让 VAO 来管理关键业务的虚拟机，之后就可以在 VAO 内执行流程编排了。

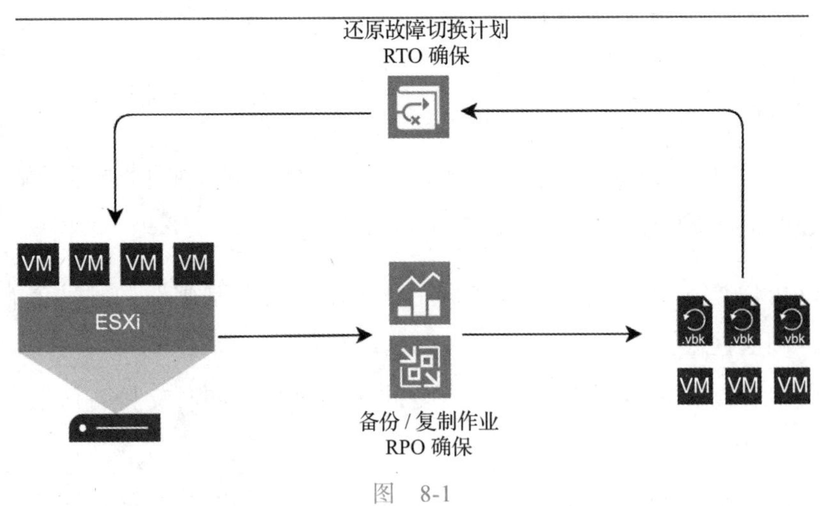


图 8-1

### 2. 主备数据中心

相比单个数据中心稍显复杂，主备数据中心一般来说是跨区域进行建设的，主中心承担生产业务，而灾备中心承担灾备业务。通常在 VAS 的灾备架构设计中会将备份数据拷贝到灾备中心进行存放，依据 RPO 的不同要求，也可能会将一些关键业务的虚拟机 1:1 地复制到灾备中心。而涉及生产中心与灾备中心的灾备切换流程与数据恢复流程，都可以在 VAO 中进行编排。同时，用户可以利用 VAO 中的 Lab Schedule 将上述流程编排计划在数据实验室中按时间表执行切换与恢复演练。

## 8.2.3 VAO 的两种灾备执行计划

VAO 本身并不提供数据备份和复制的功能，因此所有对于源数据的备份与容灾操作都在 VAS 或 VBR 中进行定义。VAO 提供了两种编排计划，即故障切换计划（Failover Plan）和恢复计划（Restore Plan）。故障切换计划是关于灾备切换流程的定义，而恢复计划则是关于数据恢复流程的定义。

- 故障切换计划是对应 VBR 中复制和灾备切换功能的自动化操作，即所有对虚拟机容灾副本的故障切换都在这里进行定义。
- 恢复计划是对应 VBR 中备份和还原功能的自动化操作，即对所有备份数据存档（如 .vbk、.vib、.vrb 等）的恢复操作都在这里进行定义。

这两种计划都支持如下操作：

- 数据实验室测试；
- 资源可用性测试；
- 创建完整计划报告；
- 一键式自动恢复与故障切换。

## 8.2.4 VAO 数据实验室的功能强化

数据实验室作为 Veeam 数据利用的核心功能，在 VAO 中也得到了极大的强化。在 VAO 中，不仅能将数据实验室用于以上两种灾备执行计划的测试，还能利用 VAO 中客户自定义的脚本与前置步骤、后置步骤添加功能，自动化地创建各种复杂的用于测试的环境。利用这种功能组合，复杂的测试用例与环境部署工作都可以被简化成一键式按钮，进而提升数据实验室的使用效率。

# 8.3 VAO 灾备执行范围与关键组件

## 8.3.1 VAO 灾备执行范围的定义

### 1. 灾备执行范围与相关组件

灾备执行范围（Scope）是 VAO 的核心概念，打个比方，灾备执行范围是一个房间，那么在这个房间中放置的各种物品就是计划组件。对于整体的灾备流程来说，编排计划（Orchestration Plan）将定义这些计划组件如何被使用。可以说，编排计划是将这些组件按需组合起来进行编排，最终形成一个可以被自动化执行的工作流。另外，灾备执行范围的定义中还有一个比较特殊的组件，那就是数据实验室，VAO 在灾备执行范围中可以定义一个或多个数据实验室，它们是一对多的关系，数据实验室可以在灾备流程执行过程中起到启动系统校验和数据可用性检查等作用。

### 2. 灾备执行范围的分类和创建方式

VAO 中的灾备执行范围大致可以分为系统内置与用户自定义两类。在系统内置的灾备执行范围中无法进行删除与修改，并且管理员的角色会被包含在这个执行范围中。而在用户自定义的执行范围中是无法添加管理员角色的。当要授权任何用户执行管理员配置操作时，需要将该用户添加至系统内置执行范围下的管理员角色中，可以按需将多个用户添加到管理员角色中。对于用户自定义的执行范围，用户可以按需进行名称修改、添加或删除操作，这些执行范围的管理员角色仅限于计划创造者本身。在每个执行范围下的计划创造者角色中，可以为这些执行范围加入不同的用户，如图 8-2 所示。

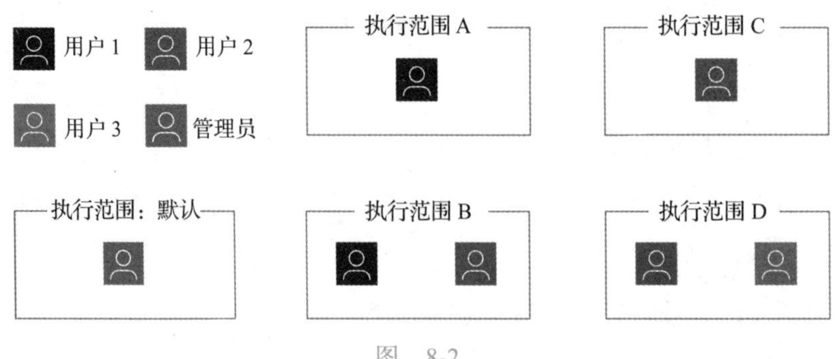


图 8-2

举个例子来说，把灾备计划执行范围想象成一个一个房间，每个房间都有锁，而这把锁对应多把钥匙。现在把这些钥匙分给不同的用户，那么这些用户都能通过 A 钥匙进入房间 A（执行范围 A），通过 B 钥匙进入房间 B（执行范围 B），通过 C 钥匙进入房间 C（执行范围 C）。这样，就形成了 VAO 中的一种特殊的权限管理：

- 当前有房间（执行范围）A、B、C、D：
  - 用户 1：拥有房间 A、B 的钥匙。
  - 用户 2：拥有房间 B、C、D 的钥匙。
  - 用户 3：拥有房间 D 的钥匙。
- 转换成 VAO 中的执行范围管理：
  - 房间 A（执行范围 A）：用户 1。
  - 房间 B（执行范围 B）：用户 1、用户 2。
  - 房间 C（执行范围 C）：用户 2。
  - 房间 D（执行范围 D）：用户 2、用户 3。

而分钥匙的方法是在 VAO 中用户与执行范围中进行定义的，在使用有管理员角色权限的用户账号登录后，可以在系统管理员界面下找到权限菜单项，进而设定用户与执行范围的管理权限。

## 8.3.2 VAO 中的数据实验室与实验室组

### 1. 数据实验室（Data Labs）

VAO 的数据实验室其实就是 VBR 的虚拟实验室，若在 VBR 中已经配置了虚拟实验室，VAO 就能自动识别。在这之后，VAO 需要将这些虚拟实验室按照实际使用需求分配给不同的灾备执行范围。需要特别注意的是，每一个虚拟实验室只能分配给一个灾备执行范围。要分配数据实验室，可以使用系统管理员账号进入系统管理界面，找到授权菜单项下的数据实验室分配进行操作。

### 2. 实验室组（Lab Groups）

VBR 的数据实验室包含三个核心组件：虚拟实验室、应用组和备份有效性验证作业。在上述操作过程中，已经将数据实验室与 VBR 中的虚拟实验室做了对应，而剩下的应用组和备份有效性验证作业去哪里进行定义呢？在 VAO 中，也有一个和 VBR 中的应用组一一对应的组件，那就是实验室组。但在系统管理控制台中并不能对这个实验室组进行设定，而是由每个用户登入自己的 VAO 控制台进行设置的。与虚拟实验室不同的是，实验室组并不是继承自 VBR 的应用组，在 VAO 中，这个实验室组是全新创建的。

### 8.3.3 VAO 的基础组件

VAO 作为执行容灾计划的流程处理软件，在流程设计中定义了一系列面向灾备自动化的专业组件，这些组件对于组成灾备自动化工作流有着非常重要的意义。灾备执行范围的定义中包含了灾备计划执行流程中的一系列元素，VAO 把这些元素称为计划组件（Plan Components），具体包含：

- 虚拟机组
- 灾备恢复区域
- 计划步骤
- 访问凭据
- 作业模板

#### 1. 虚拟机组

虚拟机组（VM Group）定义了当前的容灾执行计划所涉及虚拟机的范围，简单来说，就是在灾备流程中针对哪些生产站点的虚拟机进行操作。VAO 中虚拟机组的定义是通过内嵌的 Veeam ONE 来完成的。Veeam ONE 中的业务分组视图（Business View）的系统分组功能为 VAO 提供了虚拟机分组信息。关于业务分组视图的分组方式，可以参考 9.2.4 节中的详细描述。

因此，绝大多数情况下，通过 VMware vSphere 标签来进行分组是最方便的操作。在 vSphere 中完成操作后，只需要等待一段时间，VAO 中就会出现相关虚拟机组的信息，如图 8-3 所示。

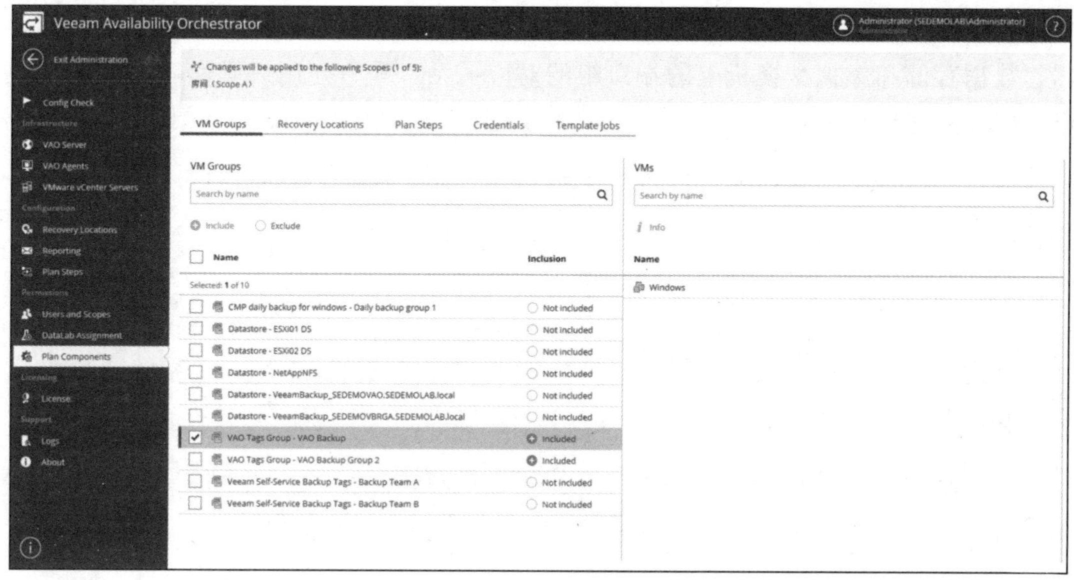


图 8-3

其中，虚拟机组名称的格式为“VMware vSphere 标签分类名 -vSphere 标签名”。选中这个虚拟机组后，可以看到所包含的虚拟机列表，用户可以方便地包含或排除虚拟机。

## 2. 灾备恢复区域

灾备恢复区域（Recovery Location）是灾备流程编排中非常重要的定义，它表示在灾备恢复计划中所要用到的目标端基础架构，包括计算资源、存储资源、网络资源。若将灾备恢复区域与 VMware vSphere 资源对应起来，那么对应关系如表 8-1 所示。

表 8-1　灾备恢复区域与 VMare vSphere 资源的对应关系

| 灾备恢复区域 | VMware vSphere 资源 |
|---|---|
| 计算资源 | ESXi 服务器与群集 |
| 存储资源 | 数据存储对象 |
| 网络资源 | 虚拟交换机上的端口组 |

同样地，在 VAO 中需要通过 Veeam ONE 学习到 VMware vSphere 标签，并对 VMware ESXi 服务器与群集、数据存储进行分组。分组完成后，VAO 就能读取到这

些信息。这些信息将在灾备恢复区域的添加向导中按需进行编排，以确保 ESXi 服务器、数据存储和虚拟交换机上的端口组的对应关系。为方便用户操作与理解，VAO 中内置了默认的灾备恢复区域，这是恢复到虚拟机的原始所在位置的定义。请注意，只能对这个默认的灾备恢复区域进行编辑操作，而不能删除它。用户可以在这里创建多个灾备恢复区域，这样就可以按需恢复到自定义的位置。

### 3. 计划步骤

计划步骤（Plan Step）是所有编排计划中的操作的定义。Veeam 系统内置了绝大多数恢复或者验证系统时要用的步骤，当然也可以额外添加一些新的自定义脚本，此时，需要通过管理员账号进入系统管理界面进行定义。定义完成之后，还是需要回到计划组件中，确保步骤与计划范围的包含关系。

### 4. 访问凭据

访问凭据（Credential）是灾备中需要用到的用户名和密码，用来执行一些操作系统内的自动化脚本。这里，VAO 会从 VBR 中继承所有已经设置好的用户名和密码，稍有不同的是，对于用户名和密码，可以在访问凭据标签卡下来新增。在这个标签卡下只需简单地将需要使用到的用户名和密码勾选上，并选择包含即可。

### 5. 作业模板

VAO 在做完灾备切换和备份恢复后，能在第一时间对恢复出来的新系统进行数据保护，确保已恢复的系统处于被保护的状态。这一功能需要 VAO 将一个 VBR 备份作业作为模板来参考。在每一个执行范围中都可以设定需要使用的作业模板（Template Job）。这个作业模板并不是在 VAO 中设定的，而是直接从 VBR 中进行获取，但获取规则也很简单，只要在 VBR 的备份作业的描述中写入 [VAO TEMPLATE] 字样，VAO 就能正确获取。

## 8.4 VAO 灾备自动化文档系统

VAO 能够全自动地为管理员生成灾备需要的系统文档，文档的内容为 VAO 系统根据编排计划的设置和执行自动生成的。VAO 文档系统的强大之处在于所有的内容系统会根据配置和运行全自动生成，因此管理员只需要专注于自己的灾备即可，后续的基础保障、烦琐的文档制订可全部交给 VAO 来完成。

VAO 生成的每个文档包含两部分：第一部分是灾备管理员定义的报表模板（Report Template）；第二部分是系统根据报表类型（Report Type）生成的动态内容。无论是什么类型的文档，文档的开头部分都会使用报表模板中定义的内容，而后面部分则根据不同的报表类型自动填充相关内容。

## 8.4.1 报表模板

对于报表模板的内容，管理员可以根据自己的需求进行定制，在 VAO 出厂软件中，已经内置了 8 国语言的默认报表模版。需要注意的是，这些默认报表模版都是无法编辑的，但是可以直接被报表系统调用，以在编排计划中使用的。如果需要编辑这些模版或者创建自己的模版，首先需要克隆这些模版，得到一份自己的拷贝，然后在这个基础上进行修改。

修改这些文档时需要用到 Microsoft Word，要求是 Word 2010 SP2 以上版本，也就是说，当前打开了 VAO 网页的电脑上也要安装了 Word 2010 SP2 以上版本，才能正常地编辑上述文档。点击 VAO 报表模板界面中的 Edit 按钮后，系统会自动地从网页浏览器调用 Microsoft Word 程序进行编辑。

和普通的 Word 编辑完全不一样的是，报表模板的编辑是动态文档的编辑，可以加入很多 VAO 中的变量，对此，可让 VAO 系统在生成报表的时候自动填充。根据需要设置并调整完模板后，只需要在 Word 中保存，Word 编辑器就会将模板提交给 VAO 服务器，这时候就可以在 VAO 的编排计划中使用这个修改后的模板了。

## 8.4.2 报表类型

在 VAO 中，为不同的操作定义了不同功能的报表类型，8.2.3 节提到了编排计划的四种不同的操作，它们分别对应四种不同的报表，如表 8-2 所示。

表 8-2 编排计划的四种不同的操作对应的不同报表类型

| 报表类型 | 作用 |
|---|---|
| 数据实验室测试报告 | 呈现数据实验室（DataLabs）测试汇总与详情 |
| 资源可用性测试报告 | 呈现恢复目标位置和灾备中心可用性检测的汇总与详情 |
| 计划定义报告 | 呈现在数据实验室中定义的灾备测试计划详情 |
| 执行情况报告 | 呈现一键式恢复与故障切换执行的结果与详情 |

这四类报表中的所有内容全自动地由编排计划、资源可用性检测、数据实验室测试和灾备切换操作生成，都严格符合系统自动化的设定，无法被人为地修改，确保了灾备系统数据的完整性和有效性。

## 8.5 VAO 的可编排计划与自定义脚本

通过之前对概念与组件的说明，相信读者已经理解了如何使用 VAO 进行用户创建和灾备执行范围的定义。在管理员创建好用户之后，用户以可编排计划管理者的身份登入 VAO 控制台，可以看到被允许访问的执行范围，并且能对这些执行范围中的对象进行操作，包括可编排计划、数据实验室和报告。要成功地实现灾难恢复与数据管理的自动化，达成企业的 RPO 和 RTO 及数据利用效果，除了需要用到计算资源和工具软件之外，对于灾备环境与数据利用环境的了解也同样重要。VAO 的作用是让用户可以轻松地进行灾备流程的编排与自动化，但这要求灾备管理员非常清楚灾备计划中每一个步骤的意义及所用方法，以及每步操作的输入、输出和预期结果。

如前文提到的，在 VAO 中可以设定两类可编排计划，分别是恢复计划和故障切换计划，这两个计划是整个灾备与恢复的基础，所有的自动化操作过程都会通过这些计划加入灾备流程中。如果用户希望在可编排计划中加入自定义的脚本，可以将脚本上传到 VAO 可编排计划中进行定义，脚本的运行环境与参数的定义是非常丰富的。对于脚本的输出，可以在 VAO 界面中的计划详细信息以及“计划执行”和“数据实验室测试”报告中捕获。

从快速上手、逐步熟悉的角度出发，建议在初期不要加入太复杂的自动化脚本，而是使用系统自带的计划步骤，用最简单的流程进行测试，等到熟悉了系统的工作机制后，再逐步添加自定义脚本。下面以创建恢复计划与自定义脚本的方式来举例说明，以便读者更加直观地了解可编排计划。

## 8.5.1 示例十六：创建恢复计划

为了提升 CloudData 应用的灾备级别，依据公司关于数据管理的规章制度，由应用管理者对应用的数据质量负责。因此 CloudData 应用的负责人需要自己创建并执行恢复计划，而 VAO 的管理员已经为他创建了相应的用户（User1）与执行范围 CloudData，现在 User1 为了保证数据的可用性，希望通过 VAO 来定义一个能执行自动化恢复的可编排流程。

1）以 VAO 管理员或计划创作者角色登录 VAO，找到“Orchestration Plans”并点击“Manage”菜单下的“New”选项，创建可编排计划，如图 8-4 所示。

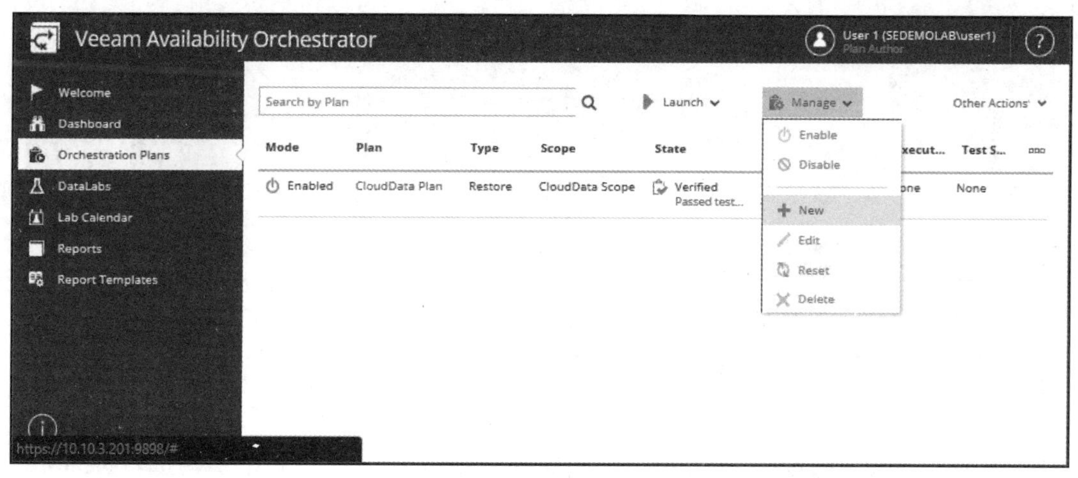


图 8-4

2）在弹出的“New Orchestration Plan”向导的“Scope”步骤中，在“Available Scopes”下选择已经定义好的“CloudData Scope”，如图 8-5 所示。

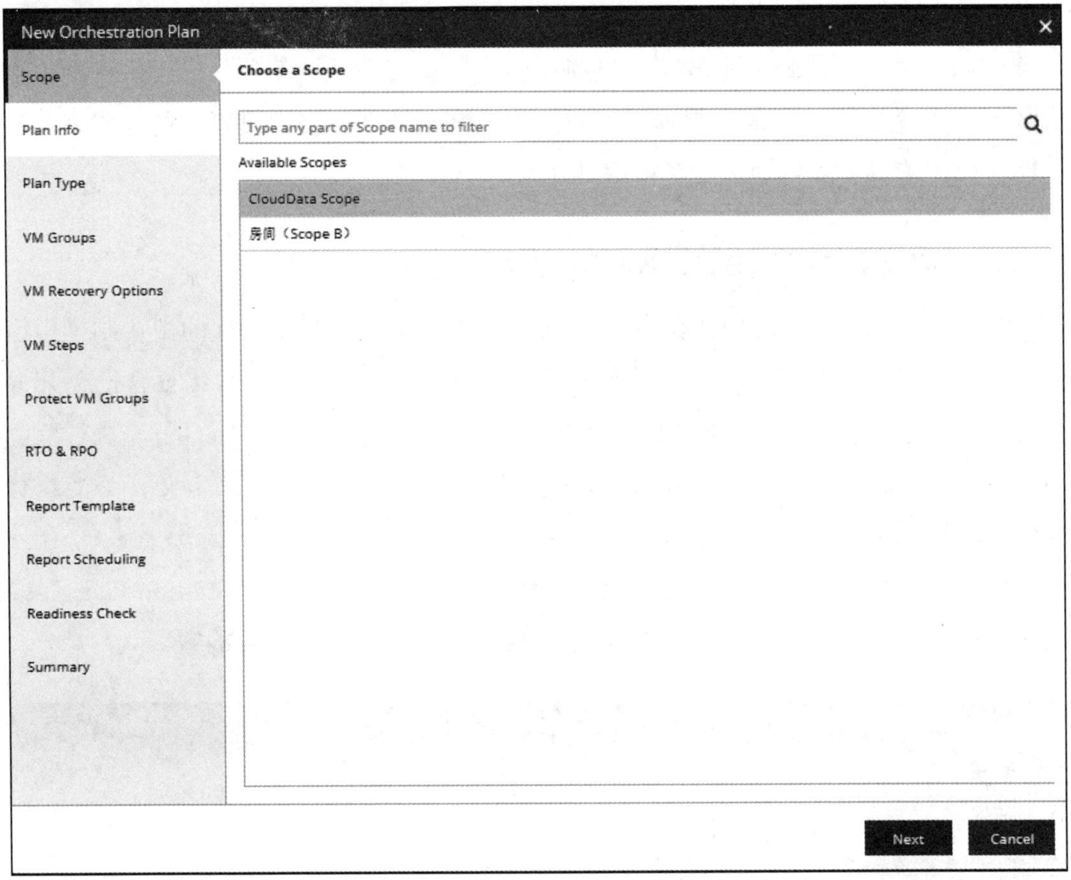

图 8-5

3）在“New Orchestration Plan”向导的“Plan Info”步骤中，定义相关信息，包括计划名称、描述、负责计划的人及其联系方式、电子邮件和电话号码等，如图 8-6 所示。

4）在“New Orchestration Plan”向导的“Plan Type”步骤中，勾选“Restore”选项，如图 8-7 所示，这时可以看到这个向导的标题会从“New Orchestration Plan”变为“New Restore Plan”，也就是说，接下来的操作是从已经存在的虚拟机备份进行恢复的计划编排。

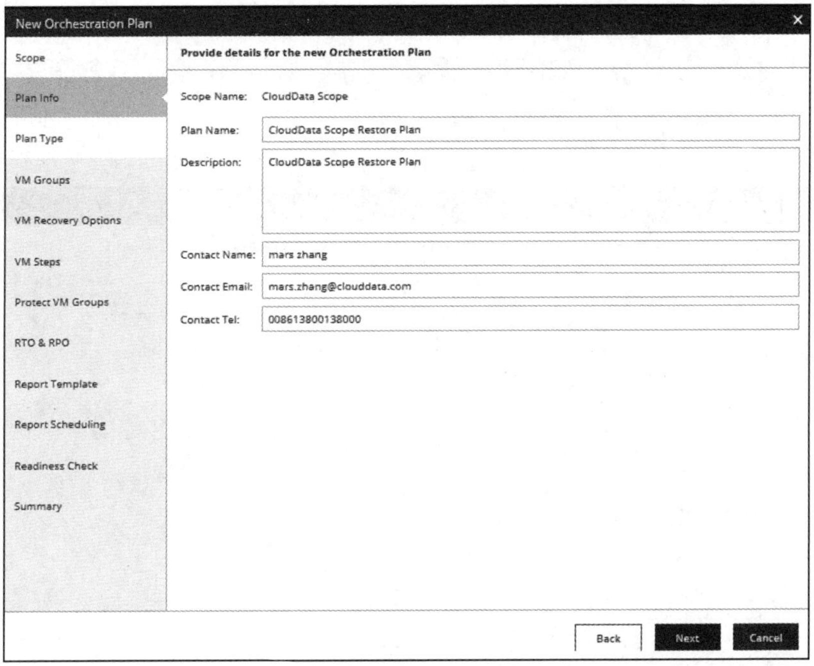
New Orchestration Plan
Scope
Plan Info
Plan Type
VM Groups
VM Recovery Options
VM Steps
Protect VM Groups
RTO & RPO
Report Template
Report Scheduling
Readiness Check
Summary
Provide details for the new Orchestration Plan
Scope Name: CloudData Scope
Plan Name: CloudData Scope Restore Plan
Description: CloudData Scope Restore Plan
Contact Name: mars zhang
Contact Email: mars.zhang@clouddata.com
Contact Tel: 008613800138000
Back
Next
Cancel

图 8-6

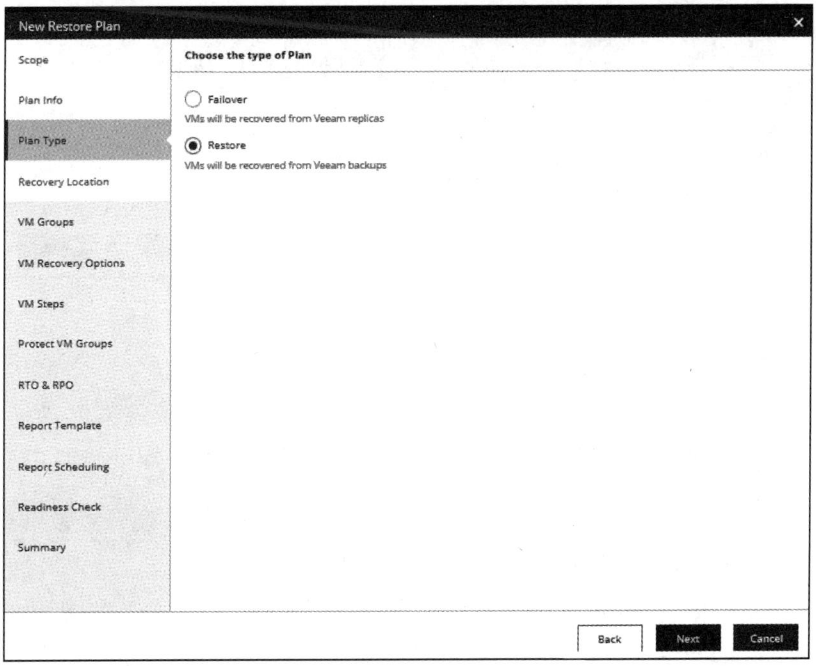
New Restore Plan
Scope
Plan Info
Plan Type
Recovery Location
VM Groups
VM Recovery Options
VM Steps
Protect VM Groups
RTO & RPO
Report Template
Report Scheduling
Readiness Check
Summary
Choose the type of Plan
Failover
VMs will be recovered from Veeam replicas
Restore
VMs will be recovered from Veeam backups
Back
Next
Cancel

图 8-7

5）在“New Restore Plan”向导的“Recvoery Location”步骤中，选择“dr site”进行即时虚拟机恢复，如图 8-8 所示，这样做，不仅验证了灾备资源 dr site 的可用性，也保证了备份数据的可恢复性。

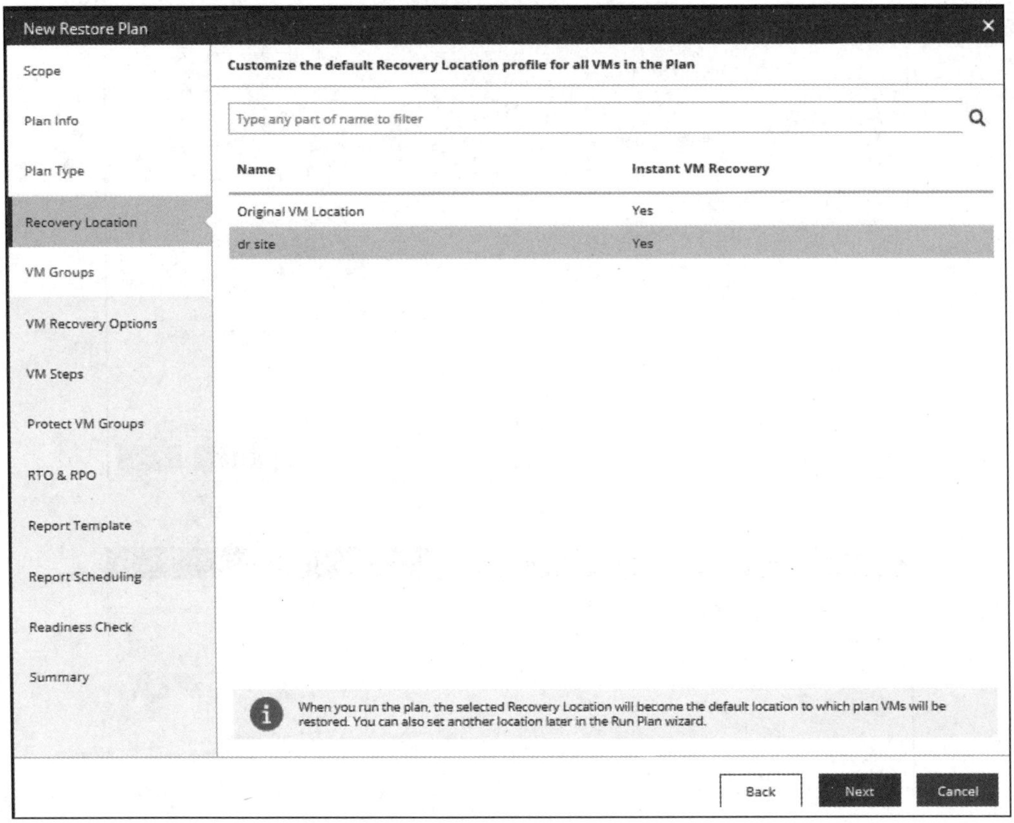

图 8-8

6）在“New Restore Plan”向导的“VM Groups”步骤中，选择“VAO Backup”标签组，将其添加到“Plan Groups”列表中，为了保证选择的正确性，可以点击“Plan Groups”上面的“View VMs”图标查看所涉及的虚拟机，这里可以看到正是我们所需要的“CloudData”，如图 8-9 所示。

7）在“New Restore Plan”向导的“VM Recovery Option”步骤中，保持默认选项，单击“Next”按钮。

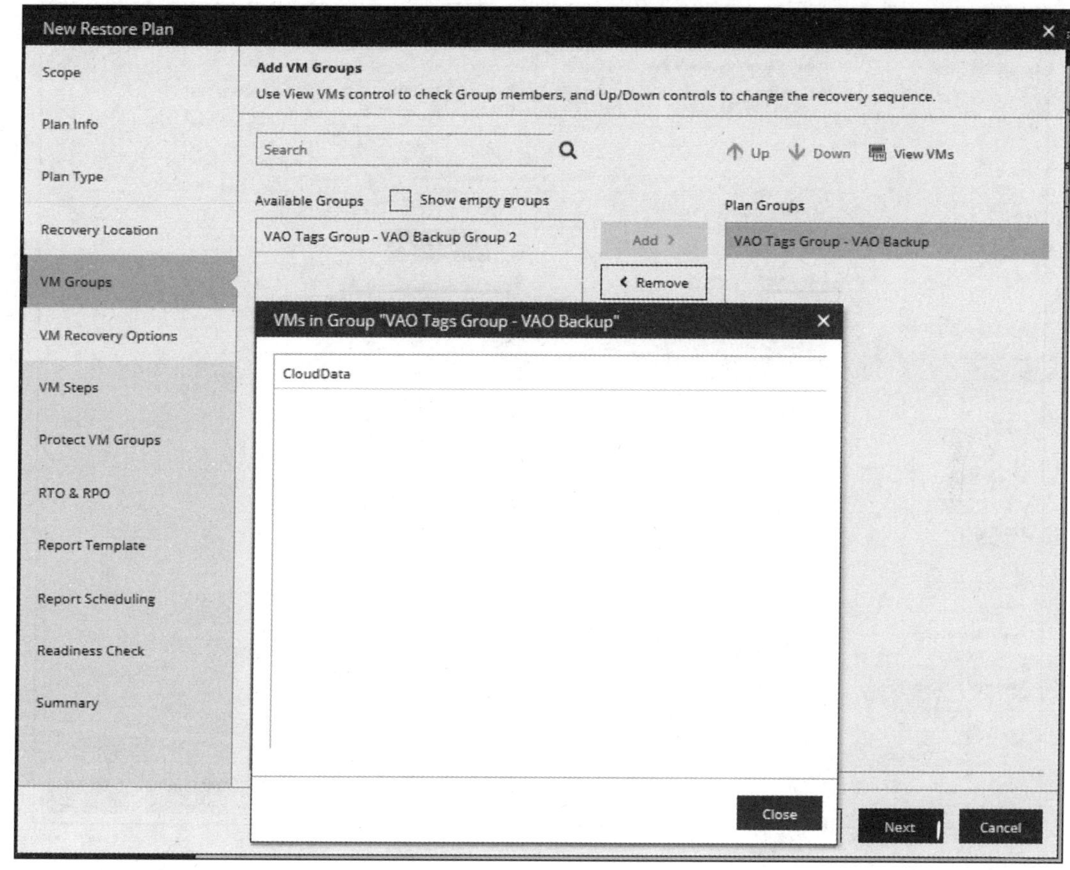


图 8-9

8）在“New Restore Plan”向导的“VM Setps”步骤中，选择需要加入的步骤，VAO 为用户定义了非常多的默认场景，包括检查已恢复的虚拟机的心跳、检查服务的启动、检查端口是否连通等。在这里，我们还可以加入自定义的脚本，可在“Available Steps”中选择脚本，点击“Add”按钮添加至右侧的“Selected Steps”中，并且可以通过“Up”和“Down”图标调整执行顺序，如图 8-10 所示。

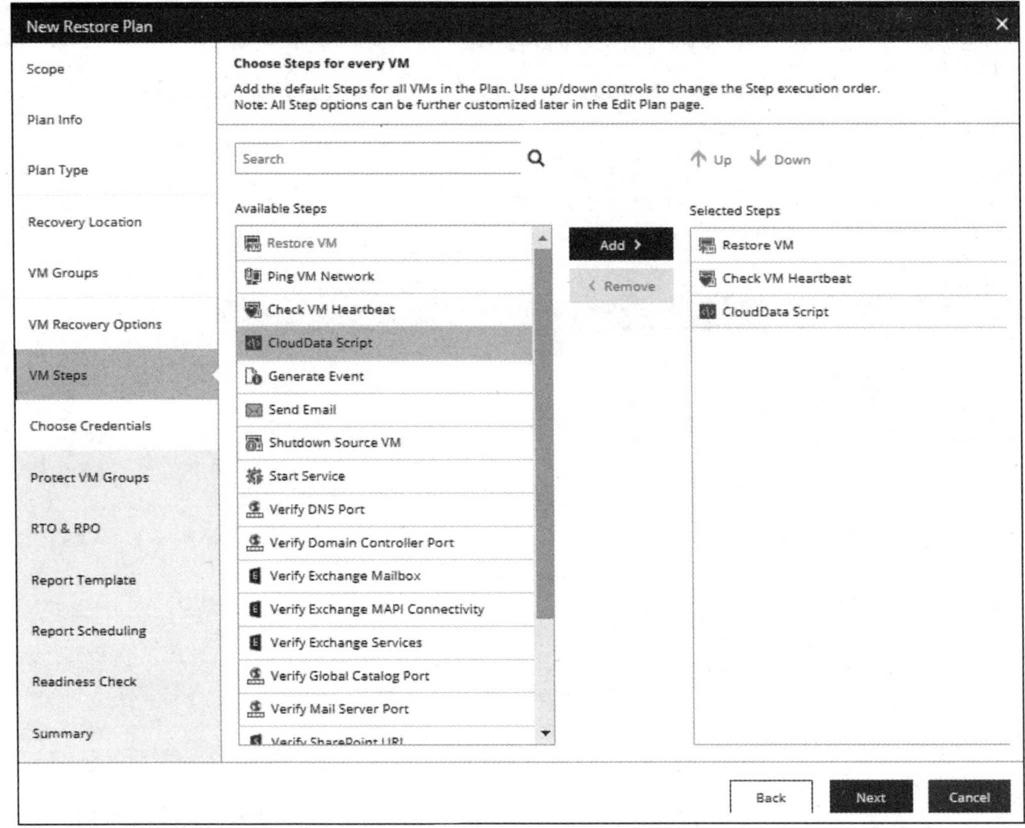


图 8-10

9）在“New Restore Plan”向导的“Choose Credentials”与“Protect VM Groups”步骤中，保持默认选项，单击“Next”按钮。

10）在“New Restore Plan”向导的“RTO & RPO”步骤中，将 RTO 设置为 1 小时，将 RPO 设置为 24 小时，如图 8-11 所示。

11）在“New Restore Plan”向导的“Report Template”步骤中，保持默认选项，单击“Next”按钮。

12）在“New Restore Plan”向导的“Report Scheduling”步骤中，选择在每日上午 5 点自动更新恢复过程的报告，在每日上午 6 点进行报告的就绪检查，如图 8-12 所示。

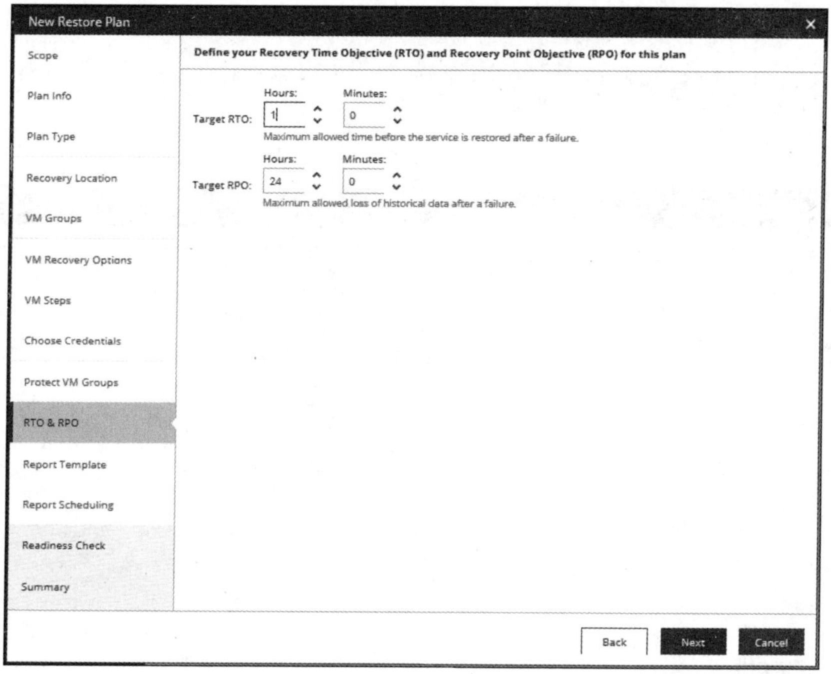
New Restore Plan
Scope
Plan Info
Plan Type
Recovery Location
VM Groups
VM Recovery Options
VM Steps
Choose Credentials
Protect VM Groups
RTO & RPO
Report Template
Report Scheduling
Readiness Check
Summary
Define your Recovery Time Objective (RTO) and Recovery Point Objective (RPO) for this plan
Hours:
Minutes:
Target RTO:
1
0
Maximum allowed time before the service is restored after a failure.
Hours:
Minutes:
Target RPO:
24
0
Maximum allowed loss of historical data after a failure.
Back
Next
Cancel

图 8-11

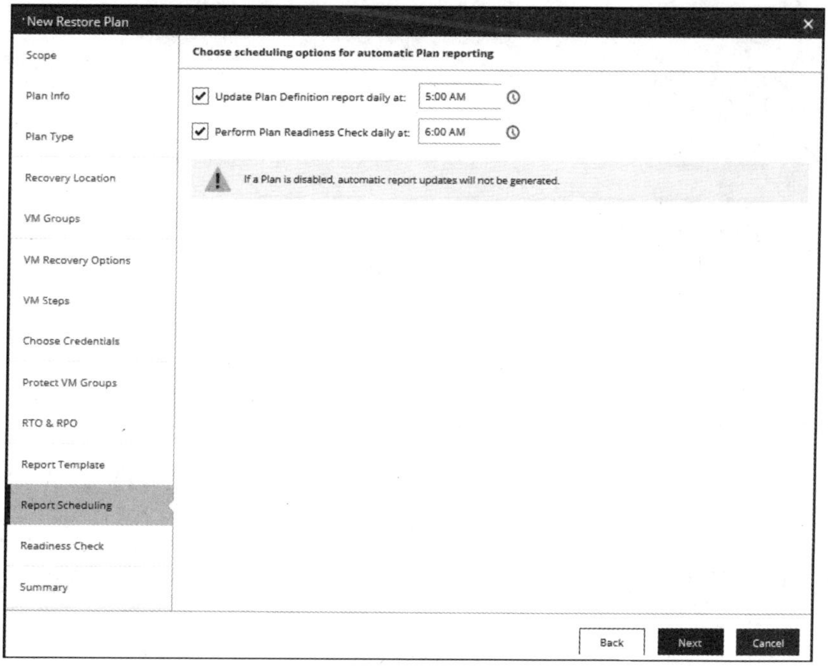
New Restore Plan
Scope
Plan Info
Plan Type
Recovery Location
VM Groups
VM Recovery Options
VM Steps
Choose Credentials
Protect VM Groups
RTO & RPO
Report Template
Report Scheduling
Readiness Check
Summary
Choose scheduling options for automatic Plan reporting
Update Plan Definition report daily at:
5:00 AM
Perform Plan Readiness Check daily at:
6:00 AM
If a Plan is disabled, automatic report updates will not be generated.
Back
Next
Cancel

图 8-12

13）在“New Restore Plan”向导的“Readiness Check”步骤中，选中“Run Readiness Check after Plan creation”复选框，确保编排计划可以顺利执行，如图 8-13 所示。

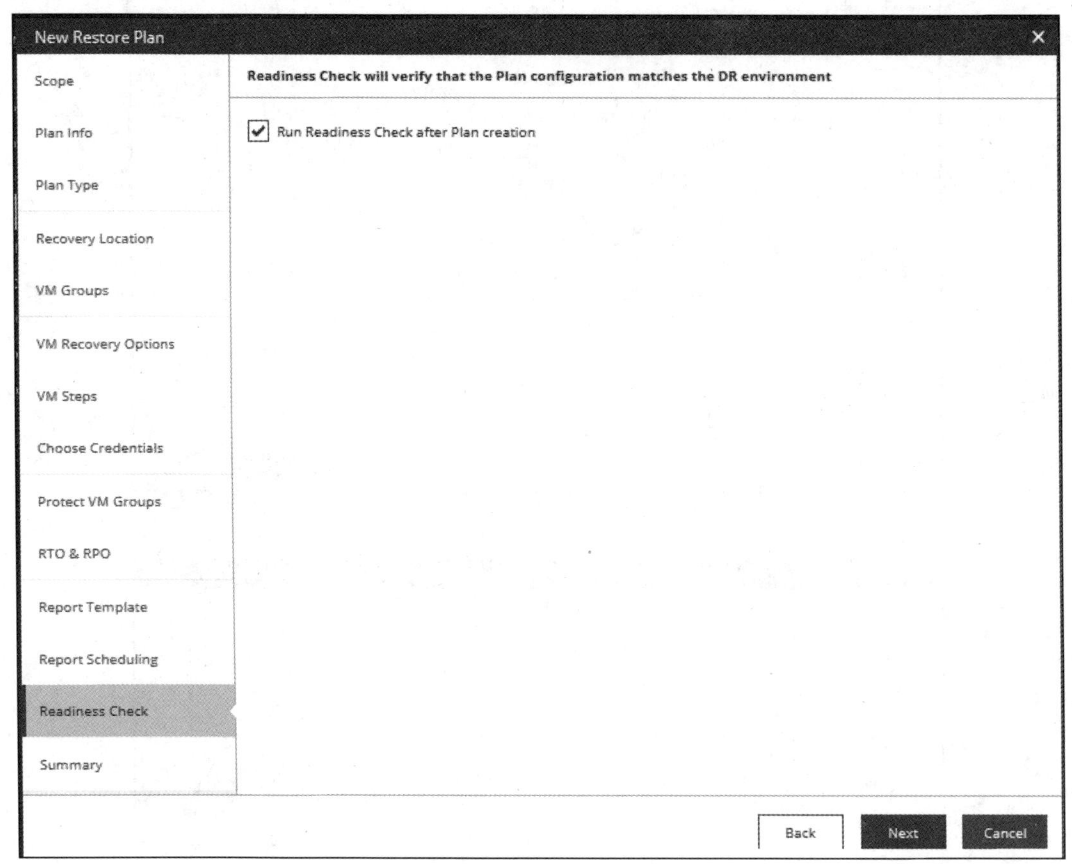


图　8-13

14）最后，在“New Restore Plan”向导的“Summary”步骤中，可以查看恢复计划的详细设置信息，确认无误后，点击“Finish”按钮，如图 8-14 所示。

15）通过上述操作，可以看到，在“Orchestration Plan”中，新建的恢复计划已经出现，并且在“Readiness Check”下标注为“Passed”，如图 8-15 所示。

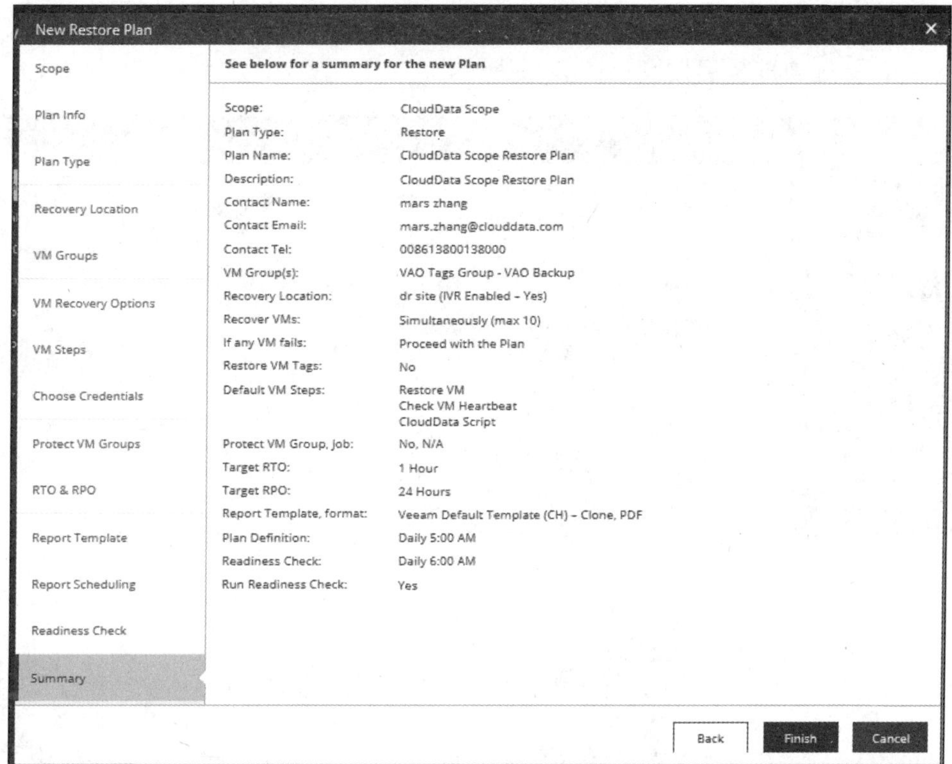
New Restore Plan
Scope
Plan Info
Plan Type
Recovery Location
VM Groups
VM Recovery Options
VM Steps
Choose Credentials
Protect VM Groups
RTO & RPO
Report Template
Report Scheduling
Readiness Check
Summary
See below for a summary for the new Plan
Scope: CloudData Scope
Plan Type: Restore
Plan Name: CloudData Scope Restore Plan
Description: CloudData Scope Restore Plan
Contact Name: mars zhang
Contact Email: mars.zhang@clouddata.com
Contact Tel: 008613800138000
VM Group(s): VAO Tags Group - VAO Backup
Recovery Location: dr site (IVR Enabled – Yes)
Recover VMs: Simultaneously (max 10)
If any VM fails: Proceed with the Plan
Restore VM Tags: No
Default VM Steps: Restore VM
Check VM Heartbeat
CloudData Script
Protect VM Group, Job: No, N/A
Target RTO: 1 Hour
Target RPO: 24 Hours
Report Template, format: Veeam Default Template (CH) – Clone, PDF
Plan Definition: Daily 5:00 AM
Readiness Check: Daily 6:00 AM
Run Readiness Check: Yes
Back
Finish
Cancel

图 8-14

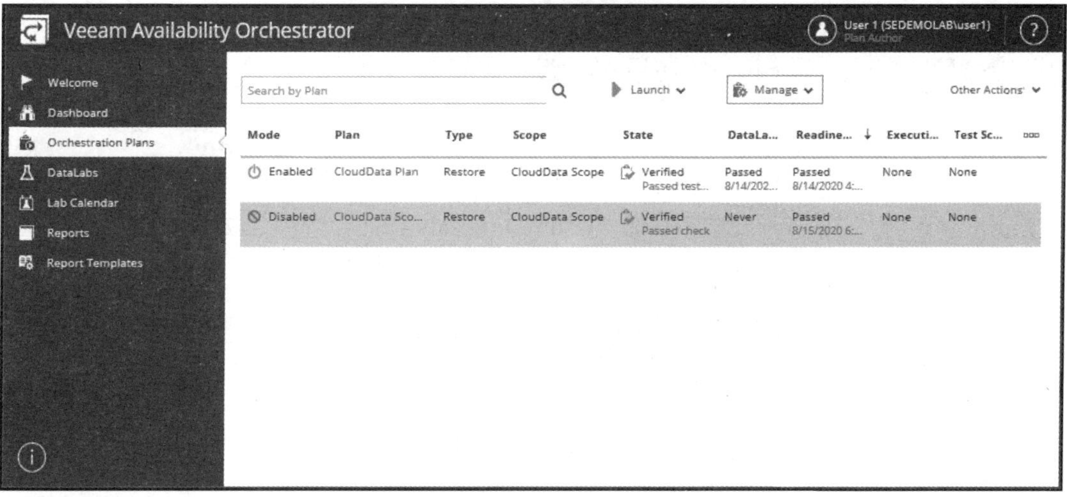
Veeam Availability Orchestrator
User 1 (SEDEMOLAB\user1)
Welcome
Dashboard
Orchestration Plans
DataLabs
Lab Calendar
Reports
Report Templates
Search by Plan
Launch
Manage
Other Actions
Mode Plan Type Scope State DataLa... Readine... Executi... Test Sc...
Enabled CloudData Plan Restore CloudData Scope Verified Passed test... Passed 8/14/202... Passed 8/14/2020 4:... None None
Disabled CloudData Sco... Restore CloudData Scope Verified Passed check Never Passed 8/15/2020 6:... None None

图 8-15

16）建立完成的恢复计划现在是“Disable”状态，可点击“Manage”菜单下的“Enable”选项进行启用，如图 8-16 所示。

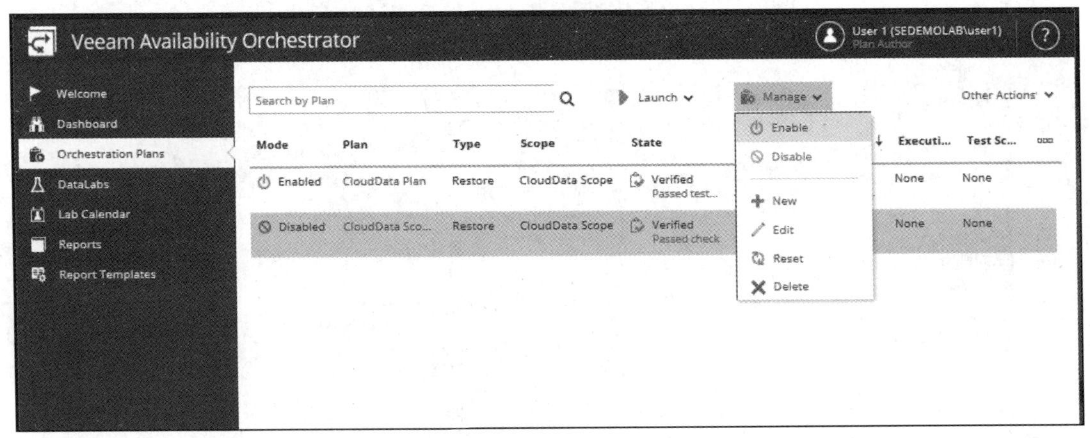


图 8-16

## 8.5.2 示例十七：周期性验证恢复计划

CloudData 应用的负责人已经根据需要创建并启用了恢复计划，为保证恢复计划的可用性，他希望可以周期性地对恢复计划进行验证。在这里，我们通过一个实例来说明如何运行数据实验室测试，以及利用实验室日历（Lab Calendar）功能周期性地自动化验证恢复计划。这样做有两个意义：一方面，可以验证灾备站点的可用性，另一方面可以验证备份下来的还原点是否可以正确启动应用程序，从而实现预先定义的 RPO/RTO。

1）在数据实验室中进行测试可以保证恢复计划的有效性。在“Orchestration Plans”中点击“Verify”菜单下的“Run DataLab Test”选项，如图 8-17 所示，进入“Run DataLab Test”向导。

2）在“Run DataLab Test”向导的“DataLab”步骤中，选择可用的数据实验室来验证所创建的恢复计划，点击“Next”按钮，如图 8-18 所示。

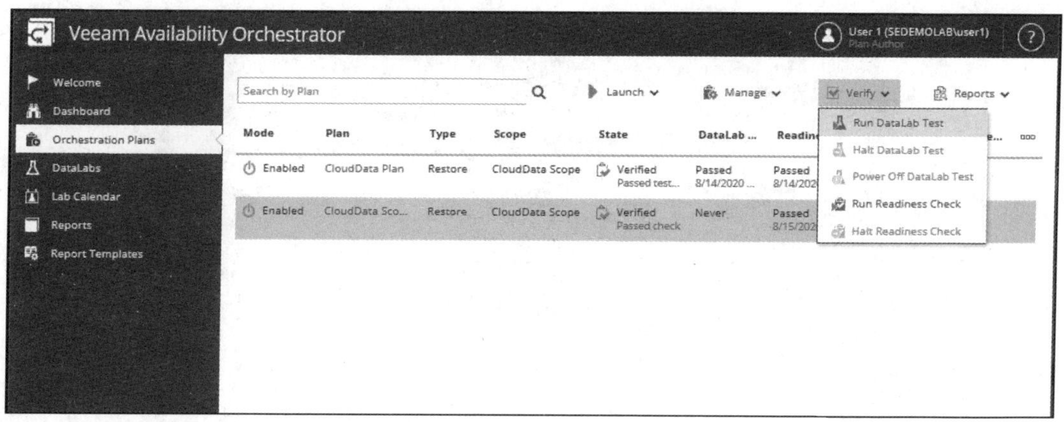


图 8-17

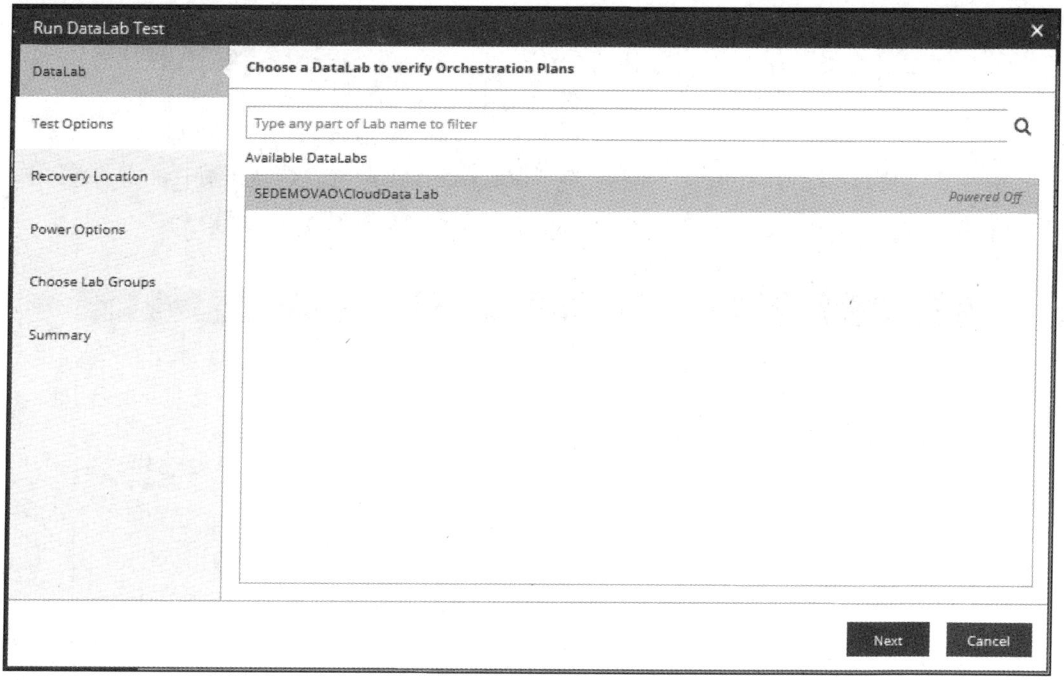

图 8-18

3）在“Run Datalab Test”向导的“Test Options”步骤中，勾选“Quick test”选项，这样 VAO 会选择使用最近的一个还原点进行即时虚拟机恢复，以保证恢复计划的有效性，如图 8-19 所示。

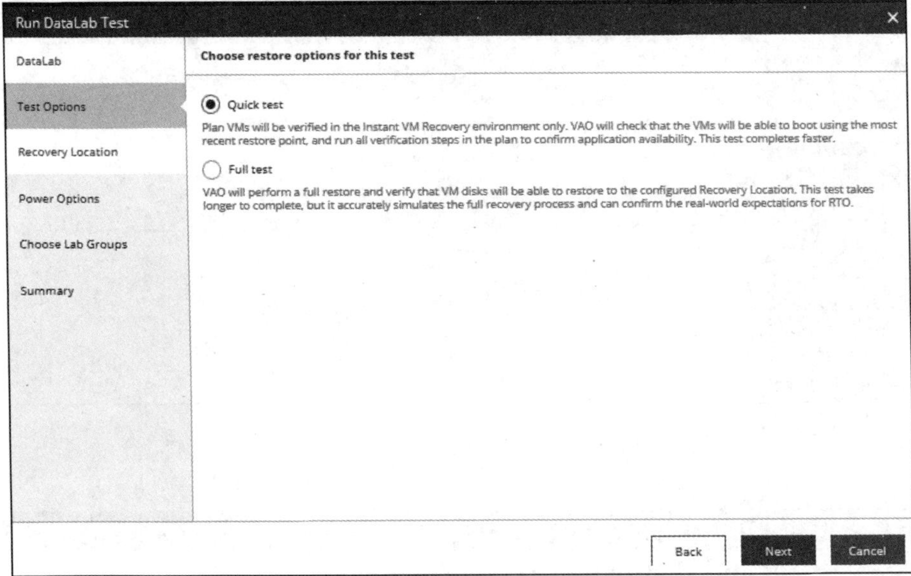


图 8-19

4）在“Run DataLab Test”向导的“Recovery Location”步骤中，选择可用的还原位置，这里选择“dr site”，点击“Next”按钮，如图 8-20 所示。

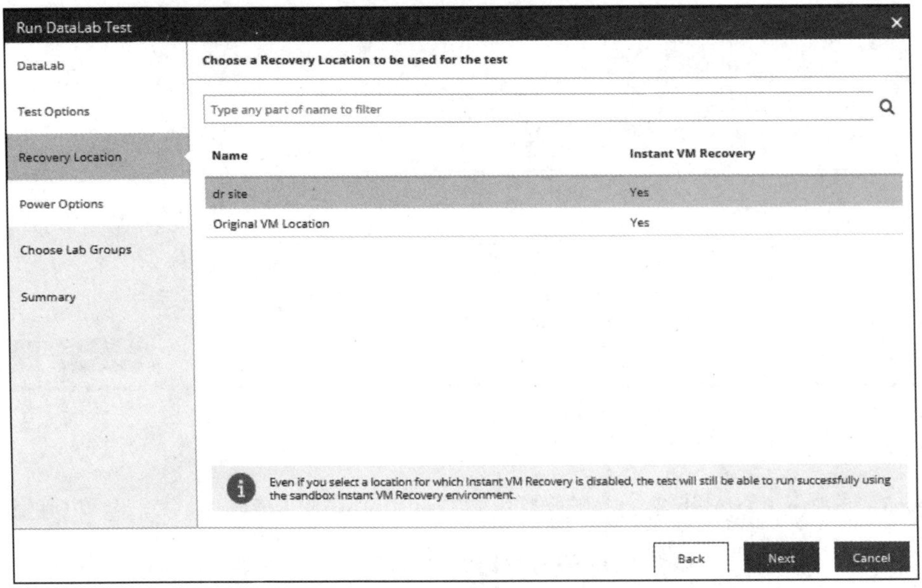

图 8-20

5）在“Run DataLab Test”向导的“Power Options”步骤中，勾选“Test then power off”选项，这样数据实验室将在测试结束后自动关闭，如图 8-21 所示。

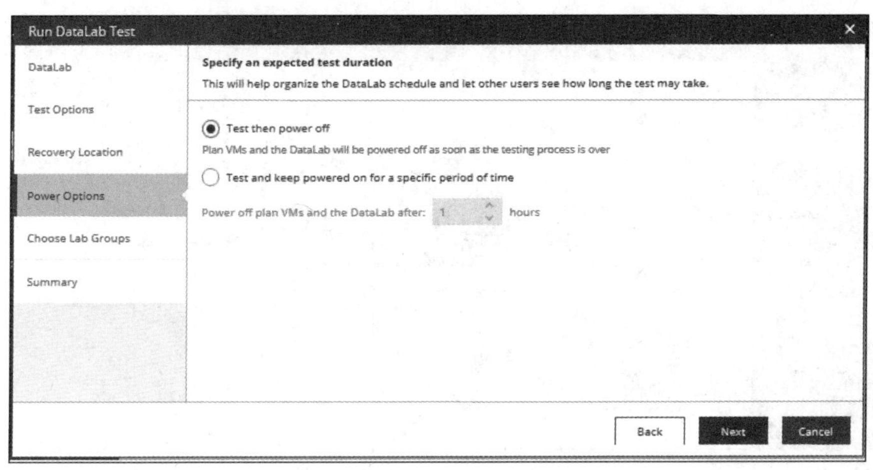


图 8-21

6）在“Run DataLab Test”向导的“Choose Lab Groups”步骤中，保持默认选项，单击“Next”按钮。

7）在“Run DataLab Test”向导的“Summary”步骤中，检查对数据实验室测试的设置，确认无误后，单击“Finish”按钮，如图 8-22 所示。

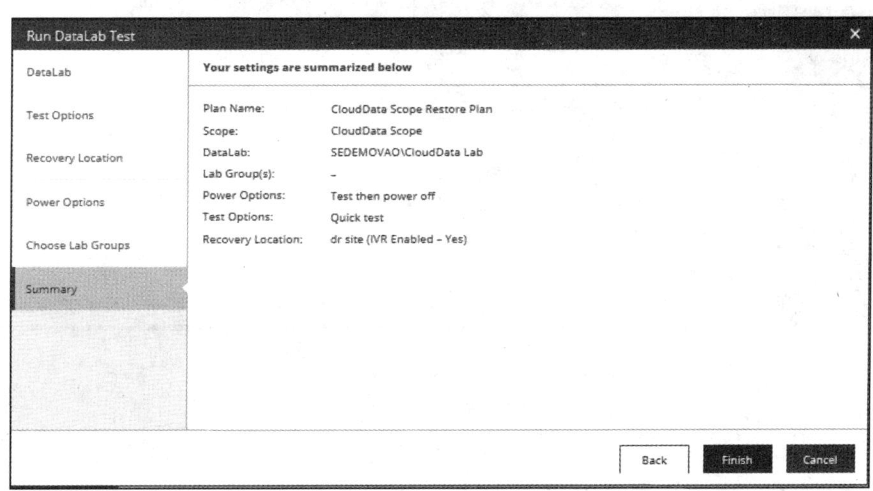


图 8-22

8）之后，“Orchestration Plans”中的“Restore Plan ”会变为“In Use”状态，如图 8-23 所示。

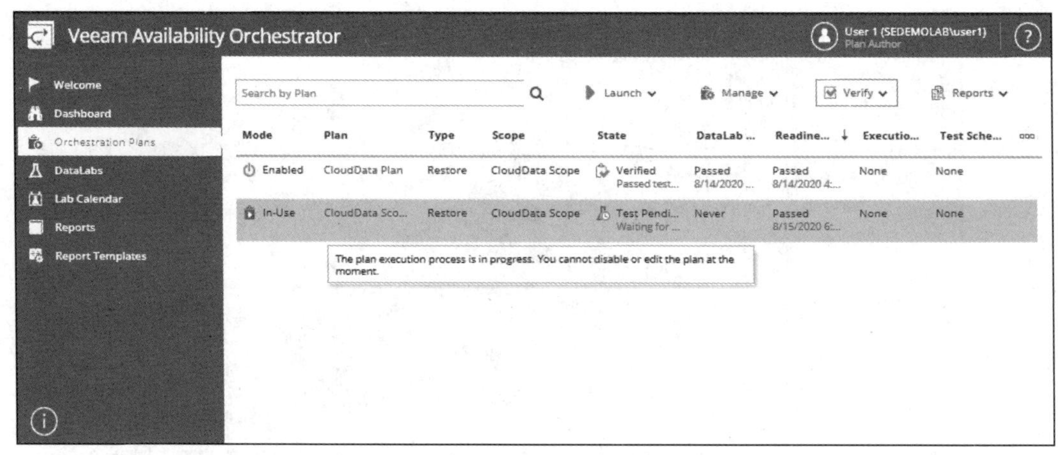


图 8-23

9）点击这个恢复计划，查看其在数据实验室中的运行状态，如图 8-24 所示。

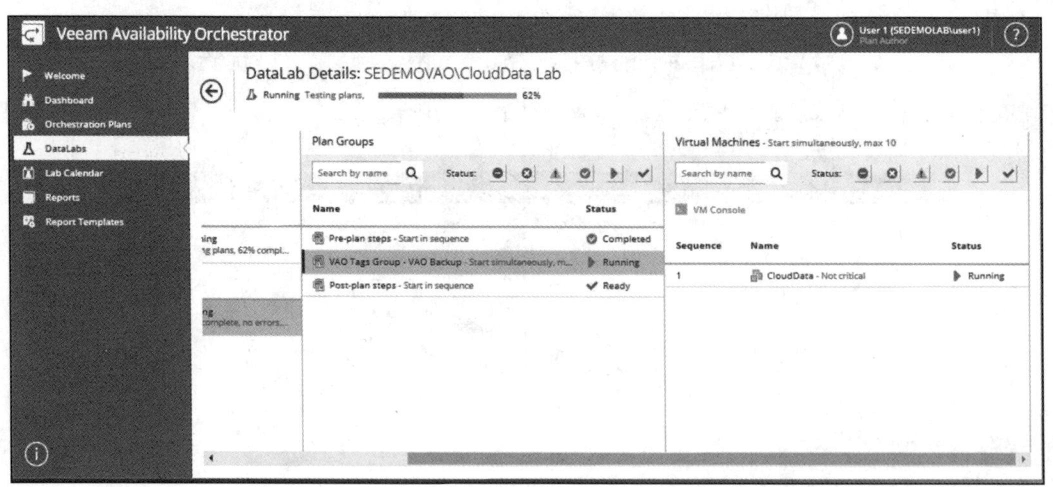


图 8-24

10）点击这个恢复计划中的“Plan Group”标签卡（见图 8-24），再点击“Virtual Machines”选项，查看每个步骤的运状态，如图 8-25 所示。

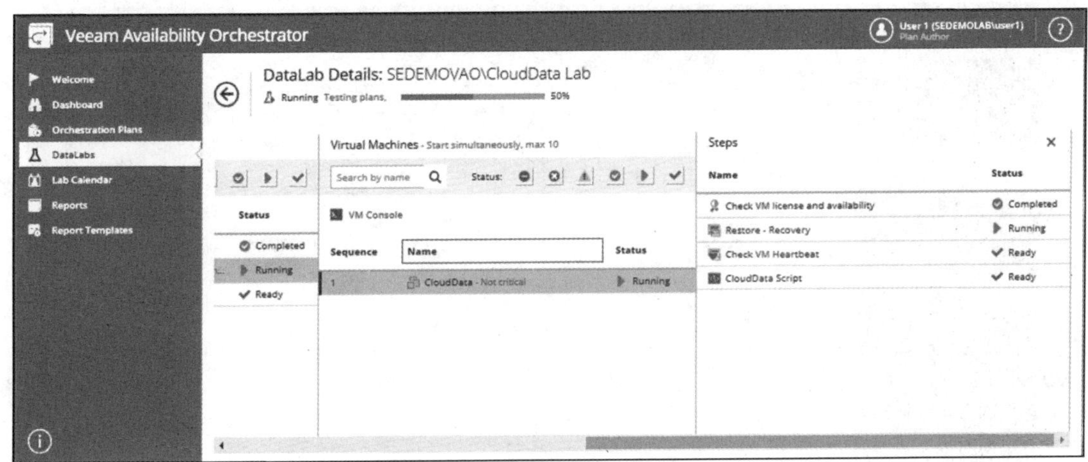


图 8-25

11）在“Dashboard”中可以查看恢复计划的“Plan Readiness Check ”与“Plan Testing”的状态，如图 8-26 所示。

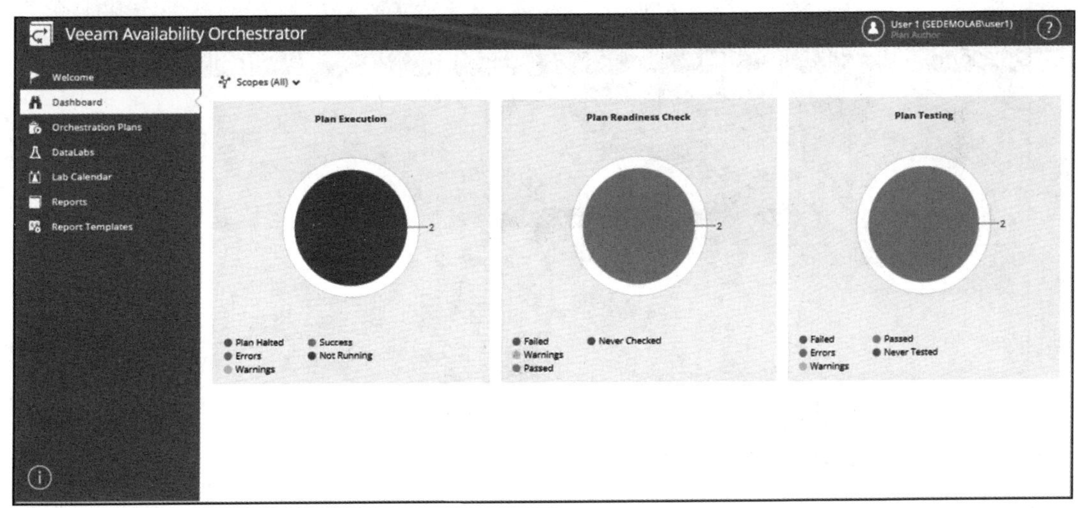


图 8-26

12）为了让数据实验室测试可以按照日常运维计划执行，这里进行“Lab Calendar”的设置，在“Lab Calendar”中，点击“Create Schedule”选项，如图 8-27 所示。

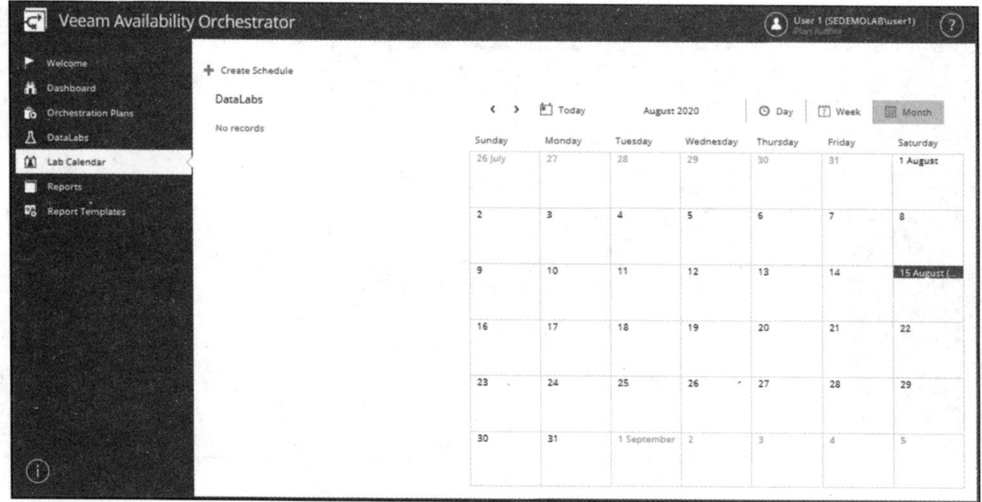


图 8-27

13）在弹出的“Create Test Schdule”向导的“Scope”步骤中，选择执行范围，这里选择“CloudData Scope”，点击“Next”按钮，如图 8-28 所示。

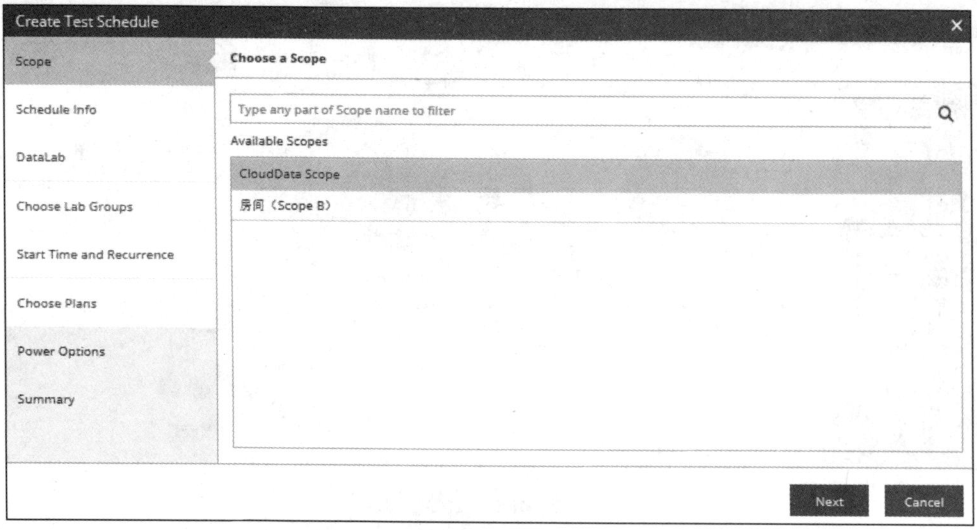

图 8-28

14）在“Create Test Schdule”向导的“Schedule info”步骤中，为“Test Schedule”定义名称与描述，如图 8-29 所示。

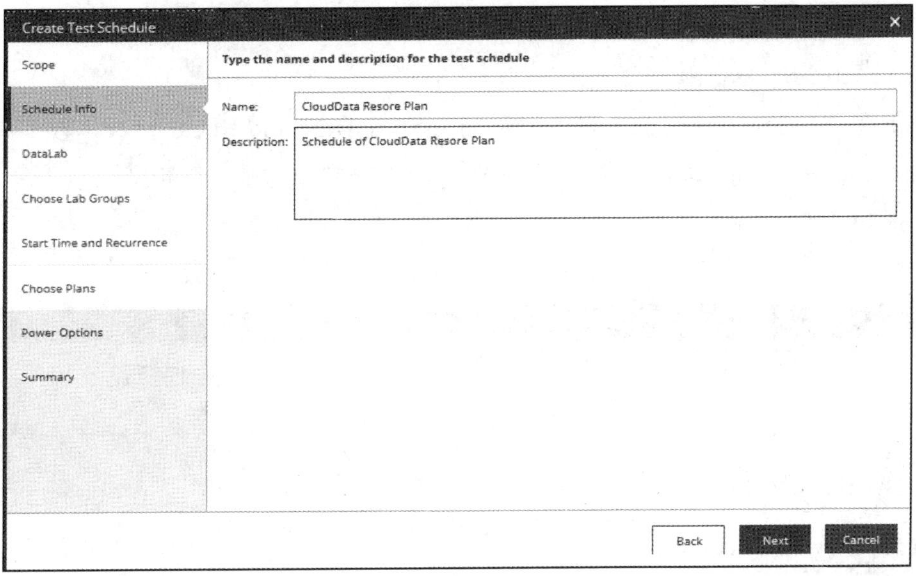

图 8-29

15）在“Create Test Schdule”向导的“DataLab”步骤中，选择可用的数据实验室，如图 8-30 所示。

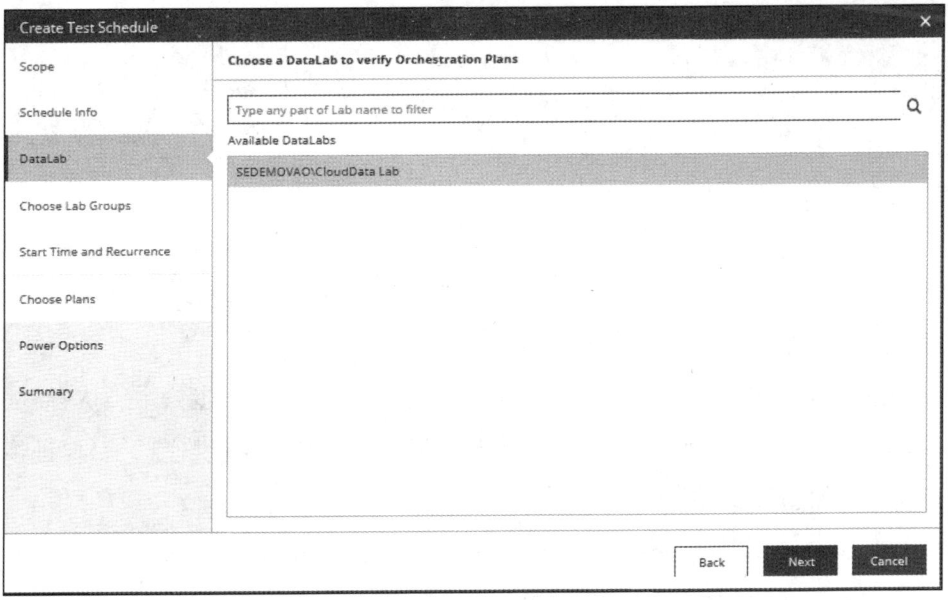

图 8-30

16）在“Create Test Schdule”向导的“Choose Lab Groups”步骤中，保持默认选项，点击“Next”按钮。

17）在“Create Test Schdule”向导的“Start Time and Recurrence”步骤中，选中“Run weekly on the same day”，定义在每周六晚间 11:55 执行测试，点击“Appy”按钮，如图 8-31 所示。

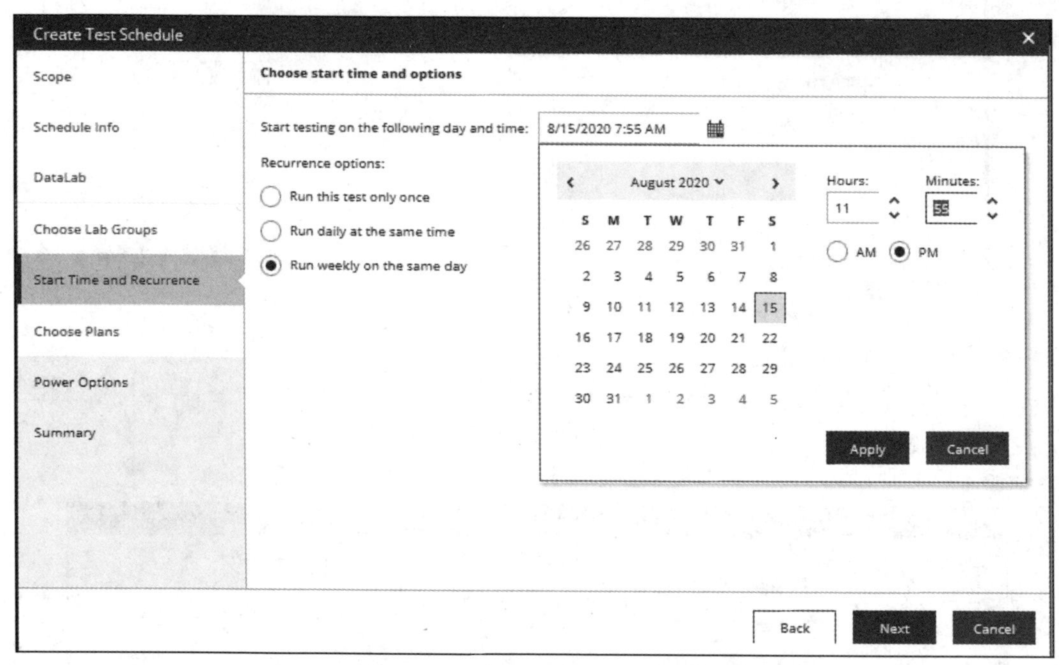


图 8-31

18）在“Create Test Schdule”向导的“Choose Plans”步骤中，选择要运行的计划，点击“Add”按钮，如图 8-32 所示。

19）在“Create Test Schdule”向导的“Resotre Options”步骤中，选择“Quick test”，这样 VAO 会选择使用最近的一个还原点进行即时虚拟机恢复，以保证恢复计划的有效性，如图 8-33 所示。

20）在“Create Test Schdule”向导的“Power Options”步骤中，选择“Test then power off”，这样数据实验室将在测试结束后自动关闭，如图 8-34 所示。

Create Test Schedule
Scope
Schedule Info
DataLab
Choose Lab Groups
Start Time and Recurrence
Choose Plans
Restore Options
Power Options
Summary
Choose the Plans to be tested in the DataLab environment
Multiple Plans will test simultaneously.
Type any part of Plan name to filter
Available Plans
CloudData Plan
Restore
Add
Remove
Plans to test
CloudData Scope Restore ...
Restore
Back
Next
Cancel

图 8-32

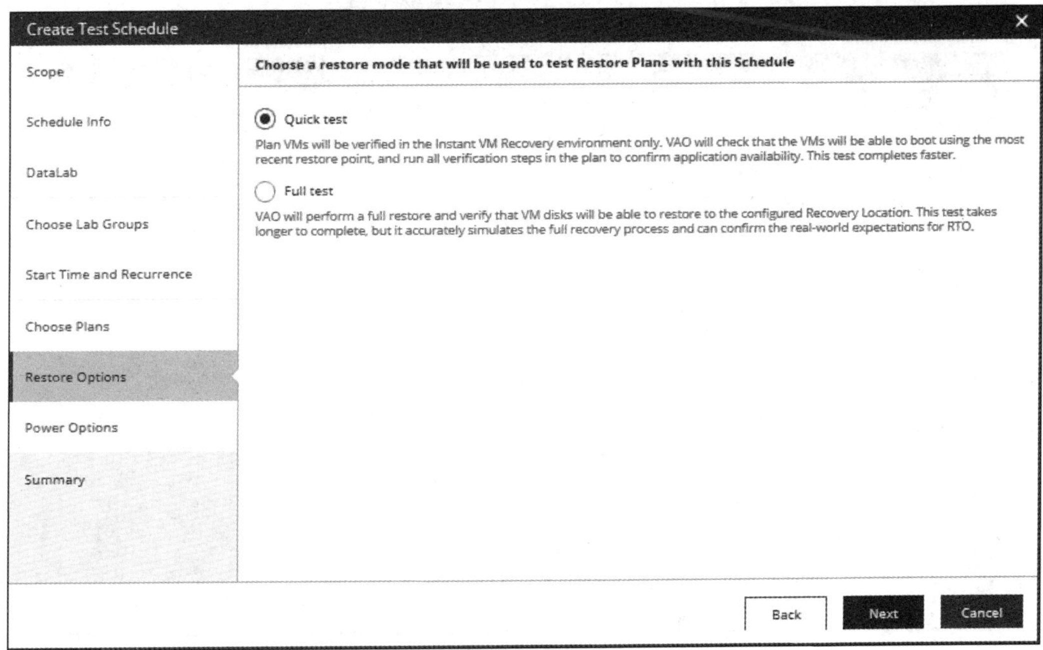
Create Test Schedule
Scope
Schedule Info
DataLab
Choose Lab Groups
Start Time and Recurrence
Choose Plans
Restore Options
Power Options
Summary
Choose a restore mode that will be used to test Restore Plans with this Schedule
Quick test
Plan VMs will be verified in the Instant VM Recovery environment only. VAO will check that the VMs will be able to boot using the most recent restore point, and run all verification steps in the plan to confirm application availability. This test completes faster.
Full test
VAO will perform a full restore and verify that VM disks will be able to restore to the configured Recovery Location. This test takes longer to complete, but it accurately simulates the full recovery process and can confirm the real-world expectations for RTO.
Back
Next
Cancel

图 8-33

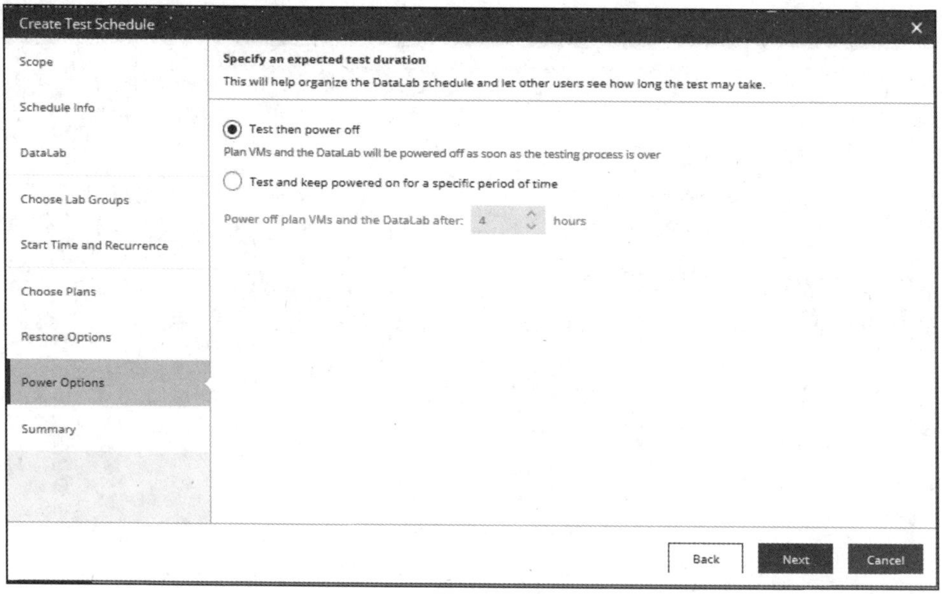

图 8-34

21）在“Create Test Schdule”向导的“Summary”步骤中，检查所有的设置信息，确认无误后，点击“Finish”按钮，如图 8-35 所示。

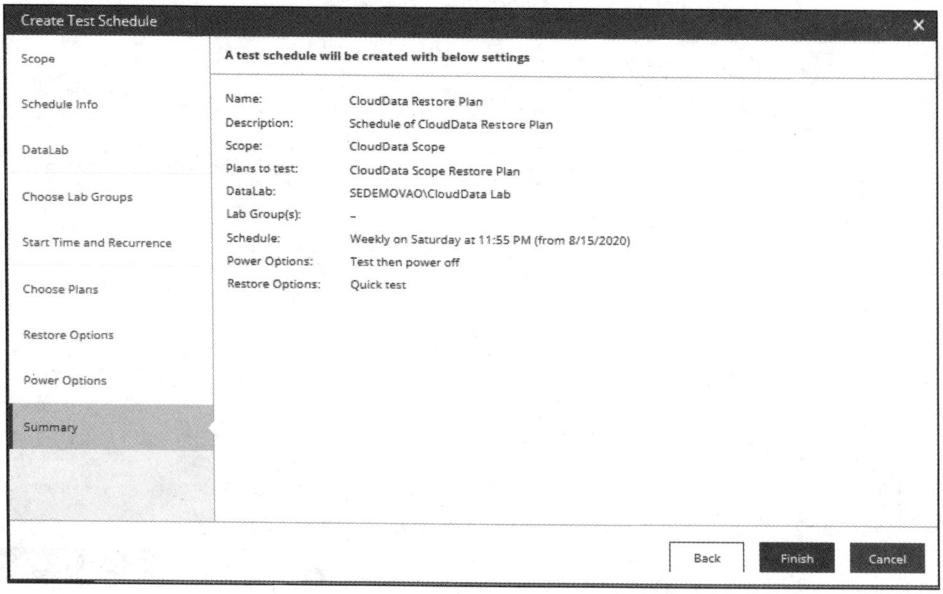

图 8-35

22）这时可以在“Lab Calendar”中看到所有预定的执行计划，如图 8-36 所示。

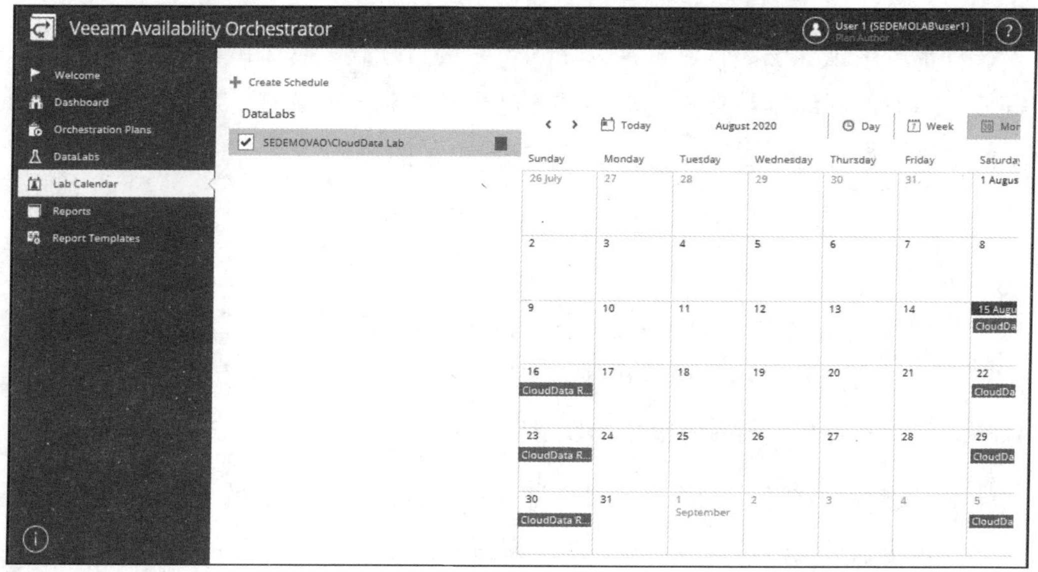


图　8-36

## 8.5.3　示例十八：执行恢复计划

天有不测风云，由于某员工的误操作，CloudData 应用出现了数据逻辑错误，因此必须进行快速恢复，但此时 CloudData 应用的负责人一点也不慌张，他知道只要执行恢复计划就可以解决问题，而这个恢复计划早已运行过多次。

执行恢复计划非常简单，先点击侧边栏的“Orachestrtion Plans”，再点击“Launch”菜单下的“Run”选项则可，如图 8-37 所示。

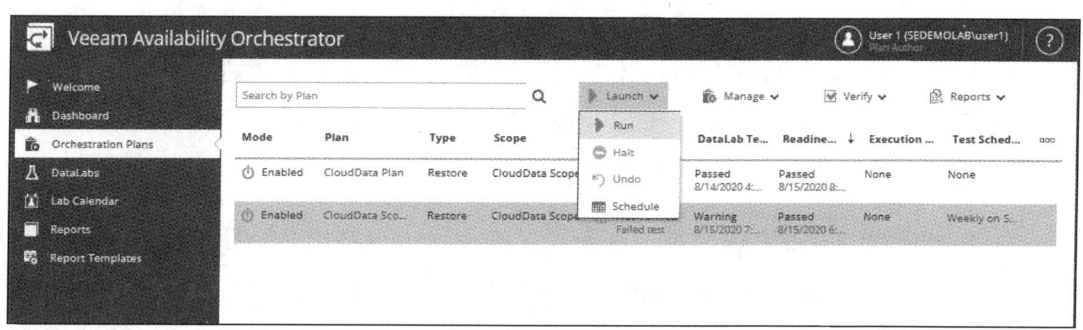


图　8-37

# 8.6 数据管理过程中的自动化应用

在日常运维过程中，企业常常会遇到按需进行迁移、补丁测试、演练、数据重用等任务，而流程编排与自动化应用越来越多地得到人的重视。如何自动化地完成复杂的工作，解放运维人员，是云数据管理所追求的目标。

## 8.6.1 计划内迁移

许多运维人员给计划内迁移起了一个极为形象的名称——割接，意思是将组织的内部系统、应用程序和数据等在基础架构中进行迁移。迁移通常是多人参与的项目工程，在迁移过程中需要着重考虑以下因素：

- 业务连续：在迁移过程中，要保证其他业务是尽量连续的，不然就需要在计划内申请运维时间窗口，并在窗口期内完成迁移。
- 弹性扩展：在迁移过程中，尽量采用解耦架构，通过应用的云化与再设计，使业务层与持久层解耦，满足业务弹性需求。
- 安全系数：在执行迁移之前，要对安全性进行评估，由于在迁移过程中系统、网络等各项参数都会发生改变，若这些参数没有得到重视，就有可能引发安全问题。
- 技术手段：选择合适的技术手段是迁移过程中的重中之重。工欲善其事，必先利其器，企业在迁移过程中会采用多种手段，并针对不同的对象采取不同的迁移工具，迁移人员要有足够的时间去熟练掌握新的工具与技术。
- 组织调度：由于迁移本身是组织内部人的活动，因此要建立迁移项目组。对于大的项目，要成立 PMO，以与多方实施协调。在迁移过程中要实施迁移执行计划，有执行人与 QC 人员。迁移过程中，不仅仅要关注迁移对象，还要关注对象的运行环境，以及负责组织和人员。

从上述要点中不难发现，对于日常迁移操作，可以利用自动化的流程编排来进行预定义，之后执行这个预定义的流程编排，就可以实现计划内的迁移，从而将 IT 人员从繁重的工作中解救出来。

### 8.6.2 系统运维过程中的补丁升级与测试

在系统运维过程中，通常会遇到因为软件厂商或操作系统厂商发布了新的补丁而要求企业进行计划内升级的任务要求。对于一个系统运维团队来说，计划内的补丁与升级其实是一件令人头痛的事情，尤其是对于某些操作系统厂家来说，升级是一件无法预判结果的事情。若企业选择暂时不升级，那么将会面临一些系统漏洞所带来的风险；若选择升级，那么会面临非常多的不确定性，比如说，系统蓝屏或应用不可预知地报错，使系统和整个业务无法正常运行。因此在做系统升级之前，通常会对系统进行备份，这样的话，若升级失败，那么完全可以回退到升级之前的系统。

通过使用 Veeam 云数据管理平台，可以在数据实验室内满足企业系统升级与应用升级的需求，周期性地进行补丁分发与安装工作，然后在补丁生效的环境中进行业务流程测试，确保系统在升级之后是可用的，尽量多地利用自动化流程引擎来完成日常的运维工作。

### 8.6.3 可预测结果的灾备演练

灾备系统面临的灾备演练都是按场景进行切换的。以某企业为例，其每年会在南北两个数据中心之间切换 4 次，不仅物理级别的切换是按计划进行的，数据级别、应用系统级别的切换也要按计划进行。在切换过程中，企业都是按照已定义的不同场景（也就是灾难场景）来进行灾备演练切换的，这些场景包括源端和目标端的主机资源，以及复制所用到的引擎及切换方式。

由于灾备演练费时费力，在过去通常采取抽测的形式，即针对某些经典的场景进行灾备演练，而对于一些比较大型的场景，通常采取纸面演练优先的形式。也就是，让业务人员熟悉切换流程中的每一个环节，但是并不针对每一个场景进行切换。这种切换演练本身也是粗线条的，因为企业通常会按照 DRP 的主线去进行场景的模拟与演练，而不怎么关心中间的细分环节，这样做会引发一些风险，也就是，真正进行切换的时候，若在分支上引发了一些不可预测的风险，那么只能通过紧急预案小组去进行处理。若这种风险积累得较多，就会导致切换时间浪费，难以达成 RTO，容灾整体失败。利用 Veeam 的 VAO 可以把 DRP 拆解成多个子流程或执行范围，验证每一个细分环节，对此，管理员只需要审阅报告，之后及时调整就好。

### 8.6.4 数据重用与数据安全分析

在现今社会中，数据已经成为企业的重要资产，如何从企业的资产中挖掘数据的价值，把数据变成企业的新产品和经济来源，已经成为当代企业孜孜不倦的追求。虽然如此，但企业中的暗数据还是十分可观的。什么是暗数据呢？暗数据的特性就是不可访问、不可利用、不可转化，某著名的第三方评测机构曾经提到，若企业中超过 61% 的数据为暗数据，那么企业应该在当年就替换掉自己的数据管理平台，当然这跟自动化非常有关系，用户可以利用 Veeam 云数据管理平台，将备份数据变成有效的数据服务，使数据得到妥善的利用，将数据服务表达给企业的应用，为企业进行数据应用的分流。

目前，高级可持续威胁攻击（APT）在全球蔓延，以窃取企业核心资产为目的的黑客攻击和侵袭行为正在引起企业的关注，因此企业更加注重数据保护。APT 大多从终端开始渗透，最终会导致企业的数据渗出。通过研究 APT 用到的技术手段，以及各种攻击痕迹，目前，企业的安全防御能力已经从规则走向面对威胁。Veeam 自动化数据管理平台可以有效地将数据变成数据资源池，使企业方便地进行数据分析，增强预测环节的数据供给，对主动持续地学习识别未知的异常进行支持。基于该平台，企业可利用备份数据挖掘潜在的安全威胁与风险，获得多时间点威胁报告，发现 APT 的渗透路径与趋势。

自动化数据管理平台 VAO 不仅解决了企业灾备自动化的需求，还可以满足企业内部的数据需求。从企业 IT 运维的角度出发，VAO 可以将有关灾备、数据的需求转化成一个个可编排的流程视图，之后再对这些流程编排蓝图进行研发与迭代，使企业尽可能地减少在 IT 运维上的人力与物力投入，令 IT 资源更多地倾向于企业创新。

## 8.7 本章小结

本章详细地介绍了云数据管理自动化中 VAO 的概念与应用，首先讨论了 VAO

的功能与使用场景，包括灾备执行计划与数据实验室，然后介绍了执行范围与关键组件的定义和使用，接着讨论了如何利用 VAO 灾备自动化文档系统生成 DRP，并通过三个示例让你了解恢复计划的创建、验证与执行过程。在第 9 章中，你将进一步了解云数据运行环境的管理与安全主题。在继续学习之前，如果你想了解更多的 VAO 知识，可以访问 Veeam 官网查看相关内容。

## 参考文献

[1] Veeam Availability Orchestrator 3.0 User Guide - Deployment [OL]. https://helpcenter.veeam.com/docs/vao/userguide/deployment_planning_preparation.html?ver=30.

[2] Veeam Availability Orchestrator 3.0 User Guide - Configuration [OL]. https://helpcenter.veeam.com/docs/vao/userguide/configuring_vao.html?ver=30.

[3] Veeam Availability Orchestrator 3.0 User Guide - Categorization [OL]. https://helpcenter.veeam.com/docs/vao/categorization/about.html?ver=30

# 第9章 云数据运行环境的管理和安全

在云数据管理之路上，数据所运行的环境是私有云、公有云和混合云所承载的IT基础架构。很显然，这些基础架构对于其上承载的数据来说非常重要，基础架构的稳定、可靠和安全决定了其上的数据质量、数据有效性和数据可用性。因此，在云数据管理中，我们并不能只把关注点集中在数据本身，它离不开所运行的环境。

另外，从灾备的角度来说，灾备环境对应的是生产环境，在管理好生产环境的同时，需要用同样的态度来对待灾备环境，因为它们一样是由IT基础元件组成的，往往有一样的IT软硬件搭配。

本章会详细讨论生产基础架构和灾备基础架构的管理方法，包括性能容量管理、故障发现、安全加固等。在本章的示例中，我们会介绍Veeam ONE的告警和报表功能的配置，从而展示如何利用Veeam ONE进行实战。

## 9.1 云环境的构成和管理要求

本书在开头就讨论过，在典型的云环境中，基础架构通常会由物理设备、虚拟设备和云设备混合而成，它们通常以多态的方式存在，从主流供应商角度来说，VMware vSphere、Microsoft Hyper-V、Nutanix AHV、AWS EC2 和 Azure VM 占据了绝大多数的市场份额。为了能更好地理解细节要求，我们把目光先集中到 VMware vSphere 和 Microsoft Hyper-V 这两个平台上，其他平台的工作原理类似。

如果仅是单一的系统，那么并不存在任何管理挑战，人们通常会把这个管理叫作使用。而如果是庞大复杂的系统，那么对管理就有很多要求。IT 组织中的每一个应用程序、每一个虚拟机、每一套系统在其生命周期中都自有一系列工作行为，这些工作行为会对整个 IT 系统和 IT 架构产生影响。特别是在云计算时代，由于资源共享、按需配给、动态利用等强大的特性互相作用，因此对这些工作行为的管理变得更加复杂和困难。

在这种状况下，一种古老但是有效的方法再一次出现在云环境的 IT 管理面前，即系统的性能容量管理。性能容量管理所涉及的基本元素，在 IT 领域并不是一些全新的内容，管理员关心的指标在大学计算机基础入门课程中就介绍过，甚至熟悉现代化电子设备的小朋友也能够叫出一二，这四大元素分别是 CPU、内存、磁盘和网络。在云环境的管理工作中，通过对这四大要素的深度分析，从而形成一系列的运维管理目标，最终达成云数据的管理要求。

另外，IT 系统事件的产生，对于了解云环境中的变化也非常重要，这可以帮助管理者更好地匹配事件发生时刻出现的性能改变，从而为以后的事件和以后的行为提供更多的参考和指导。

### 9.1.1 四要素的新挑战

#### 1. CPU

衡量 CPU 的首要标准是雷打不动的 CPU 利用率，这是 IT 普遍法则，这条法则同样适用于云计算基础环境。无论在什么平台上，保证充足和准确到位的 CPU 利用率供应都是管理员的基础职责。在独立的物理系统平台上，这件事情只靠 Intel 和 AMD 供应的那些强力的芯片就能解决，而在云计算环境中，管理员需要管理和分配好应用对 CPU 的使用比例，资源的配给已经不是物理的切割，而是完全交给系统管理平台来做。这时候，公平公正的仲裁员、监控平台可以帮助解决准确到位的问题。

CPU 的另外一项重要指标是云计算的新产物，对此，各家厂商对其争论 10 余年也没有一个统一的名称，在 Veeam 中，称之为 CPU 性能瓶颈（CPU Bottleneck），这虽然算不上一个响亮的指标名称，但是却能充分描述当前状态下应用系统出现的问题。而这个指标协同 CPU 利用率，完全可以给管理员带来 1 加 1 等于 3 的收益，再难的 CPU 资源分配问题都能迎刃而解。

#### 2. 内存

内存管理是一门学问，关于这个话题，甚至可以单独用一本书来讨论。在云计算中，内存管理是管理员的日常工作，管理员必须把这个复杂问题简单化，否则所带来的额外管理工作量实在无法抵消它的收益。内存的指标没有利用率那么简单直观，各系统平台内存的指标多达 8 到 10 个也是很平常的事情，因此管理员需要做的就是分析、汇聚、总结各种平台的这些指标并最终形成一个有效的结果。

简单来说，总消耗量 ÷ 总分配量 = 总使用率，这是最直接的结果。分配量只是一个逻辑值，消耗量则是具体变化的实际消耗，它会真实占用物理内存的地址空间。这时候，总使用率的量化就和 CPU 的利用率变得非常相似了，这样，问题就被简单化了。

#### 3. 磁盘

磁盘的衡量指标永远离不开 IOPS 和吞吐量，在云计算平台上，这两个指标变得像容量一样可以按需取用，这是传统架构完全无法想象的。你可以为某个应用单独分配所需的 IOPS 和吞吐量，更有效地分配资源，此时管理目标也相应地发生了转换，不再是比大小、比高低，而是要求了解每一个应用在得到资源分配后的使用情况，确保资源分配的准确性，在资源没有得到充分利用时能够及时回收它们。

4. 网络

相比于上面三大指标，在云计算中，网络指标相对来说更传统一些，网络吞吐量和网络延迟是需要持续被管理员关注的，这和传统管理方式并没有本质区别。

### 9.1.2 云环境的 IT 事件

性能消耗是一个持续过程，而事件的发生是按时间点出现的，这完全是两种不同的行为。随着时间的推移，日志系统通常会记录每个事件的内容及其触发时间点。在传统的管理中，性能消耗和事件发生是完全分离的，就算它们是通过一个系统来进行采集的，往往也会因为各种平台兼容性被完全分离在不同的视图中。然而在云计算中，越来越多的管理员发现，了解事件的发生对于性能容量的管理有极大的帮助，这时候就要求管理平台能够具备关联两者的能力。

将两者关联在一起后，事件的发生就会影响性能的变化，这能够直观地体现在实时监控曲线中；而对于性能的供应，又可以以未来预计发生的事件为依据，提前做好准备。这时，就可以充分发挥自动化的优势，自动完成所有的调度。

## 9.2 Veeam ONE 组件和工作方式

在 Veeam 产品家族中，Veeam ONE 绝对算得上一线畅销产品，它的受欢迎程度不低于 VBR，因此配套的 VAS 通常是用户的首选。主要原因在于，它能帮助云计算基础架构管理员实现云环境管理目标，结合生产基础架构和灾备基础架构，利用现代云计算的理念将性能和事件完美地融合在一起。本节会详细介绍 Veeam ONE 的架构和组件。

### 9.2.1 Veeam ONE 的组件

Veeam ONE 的前端呈现部分由两部分软件模块组成：

- Veeam ONE Monitor：实时监控模块，具有 C/S 架构，通过专用 Monitor 图形化控制台连接至 Veeam ONE 服务器上，可以通过控制台查看关于基础架构的所有数据和信息，涉及虚拟化环境和灾备环境。在这个控制台上可进行绝大多数日常管理操作，管理员甚至能够通过它完成一些简单的系统管理工作，比如开机、关机、远程桌面连接、进程查看等。
- Veeam ONE Reporter：网页仪表盘和报告模块，其呈现静态数据，具有 B/S 架构，任何终端设备都可以通过标准的网页方式访问到。在 Veeam ONE Reporter 中，管理员可以按需定制日常使用的仪表盘（Dashboard），将最关心的数据以网页的形式呈现出来，也可以定制定期发送相关报表的计划任务。

Veeam ONE 的后台上有一组数据采集引擎，这组数据采集引擎会通过不同的 API 接口，从 VMware vSphere、VMware vCloud Director、Microsoft Hyper-V 以及 VBR 上采集各种数据。所采集的数据会被存放在 Veeam ONE 后端的 SQL Server 数据库中。Veeam ONE 会对采集到的数据进行一系列处理和分析，除了存放裸数据之外，它还存放经处理分析的数据，供前端的两个呈现模块查询和访问。

## 9.2.2 Veeam ONE Monitor

在 Veeam ONE Monitor 中，管理员可以从不同的角度来查看和管理云基础架构。在这个控制台中可以做的事情非常多，包括：

- 能够管理和查看所采集到的性能和事件数据，通过告警来实现全自动的性能和事件管理。
- 分析虚拟化平台和备份平台的数据，为这些对象建立联系。
- 追踪虚拟化平台中数据保护和数据使用的有效性。
- 加速排错、故障分析、故障隔离并最终快速定位性能的根源问题。
- 调用 VMware 控制台、远程桌面、SSH 客户端，查看系统内虚拟机的进程、服务以及启动 vSphere 客户端等。

Veeam ONE 的绝大多数基础配置也都会在 Monitor 中完成，包括虚拟基础架构的增删、备份平台的连接以及 Veeam ONE 服务器本身的一些设定。同时 Monitor 中还有业务分组视图（Business View）的定义。关于业务分组视图，请参考 9.2.4 节。

对于自家的 VBR，Veeam ONE 的支持力度是最大的，完整的灾备架构中所有要用到的性能和事件都会受 Veeam ONE 的管理和分析。除此之外，Veeam ONE v10 及以上版本中还增加了 VBR 智能诊断功能，通过这个功能可收集 VBR 上备份日志文件所在文件夹中的所有数据，Veeam ONE 以已有知识库中的内容为基础分析这些日志，自动发现已知错误，及时预警，同时这些分析结果还能够提供给 Veeam 支持团队做进一步分析。

## 9.2.3 Veeam ONE Reporter

在 Veeam ONE Reporter 中，管理员可以使用 Veeam ONE 采集到的数据按需创建各种日常所需的报告，甚至是任意自由地组合这些报告，形成日常运维所需的各种文档。为了便于使用，Veeam ONE 在出厂设置中已经内置了一系列文档模板，这些文档模板适用于各种特定的场景，比如日常文档制作、分析、决策、成本费用分摊、变更追踪、容量规划和资源利用率优化等。使用这些模板能够快速生成所需的内容，然而裸数据是永远可用的，管理员随时可以使用原始裸数据以自定义的方式创造自己的内容。

这个 Reporter 提供仪表盘和报表两大功能。仪表盘是网页的形式，通过配置网页上的小工具，管理员可以自由地搭配仪表盘上显示的内容。这些小工具是内置在 Reporter 系统中的，而实际上它们来自内置的报表模板，仪表盘用户随时可以通过仪表盘上的小工具查看菜单进入完整的报表查看界面。在报表方面，在 Reporter 中可以任意生成 PDF、Excel、Word 格式的文档，并且可以指定这些文档的计划作业，再由系统按照指定的格式、指定的时间发送给指定的人员。当然还有更多的深度使用方法，比如，定时生成这些文档后，可将其存放到分析系统或者归档系统能访问的位置，用于深度的人工智能分析或遵从法规的归档。

Veeam ONE Reporter 是一个 B/S 架构的控制台，因此不管是仪表盘还是报表，它都能简单便捷地将相关内容通过网页链接的形式发布出去。这时候，将 Veeam ONE 的系统报表集成到第三方系统将是一个非常轻松便捷的事情，使用标准的浏览器就能完成所有的访问，而不需要特定的客户端。

Veeam ONE Reporter 能够使用在 Veeam ONE Monitor 中定义的业务分组视图，即可以用这些视图按需分组定制相关仪表盘和报表文档，这对精细化管理非常有用。

## 9.2.4 业务分组视图

在进行 IT 管理时，业务分组是必不可少的，然而这往往和 IT 的基础架构管理格格不入，业务分组是按业务逻辑来定义的，而 IT 基础架构管理更多关注基础架构的使用。两者的矛盾由来已久，传统的解决方法非常简单，给服务器贴上标签，基于标签，打印机打印出一组运行业务和 IT 管理的对应信息，再将其手工粘贴至每一个机架的服务器上，然后进行信息收集和处理之后将结果汇总至管理平台。对于云数据使用的云计算平台，由于业务对应的 IT 系统已经不像物理机那样以实体的形式存在于数据中心，因此 IT 进入无标签可贴的状态，此时软件的逻辑分组能力是对传统的贴标签手段的完美替代。

在 Veeam ONE 中，业务分组视图就是这个逻辑分组功能，它不仅能从业务的组成来为系统分组，更重要的是，它可以利用多种组合条件的分类依据实现全自动化的系统分组。这些分组存放在 Veeam ONE 的数据库中，完全不影响其他系统的正常工作逻辑和正常运行，而分组后的结果又可以驱动 Veeam ONE 的 Monitor 和 Reporter 系统，实现按需的分层管理。

业务分组视图有以下三种分组方式，通过这三种方式，可以从技术的角度来呈现 IT 基础架构，也可以从业务的角度来呈现 IT 基础架构：

- Veeam ONE 分类模型向导
- vCenter 和 SCVMM 的标签、CSV 系统分类文件的导入
- 手工分组

更多分组方法，可以查看 Veeam ONE 官方使用手册中的详细说明。

## 9.2.5 告警管理

告警系统是任何一套性能容量管理系统的基本组件，在 Veeam ONE 中也不例外。它是管理各种数据所必需的。采集好基础架构的性能容量和事件数据后，除了用深度计算系统对其进行二次建模计算分析之外，还可以通过告警系统来进行有效的分析。

Veeam ONE 中有一套功能极其强大的告警管理系统，在这个系统中，管理员可以发挥想象力，使用任何采集到的数据来定义适合自己环境的告警形式。这个系统中的告警定义方式非常丰富，各种数据的组合、各种触发器的触发条件、阈值的设定以及数据聚合模式都能够用来进行告警规则的条件设置，并且这些条件可以凭借简单的逻辑“和”与“或”组合起来。这些告警可以灵活地指定生效的范围，面对不同的系统适配不同的条件。告警被触发后，Veeam ONE 不仅可以将发生的事情通知给相关人员，而且还能通过运行脚本实现简单问题的自动化处理。另外，对于每一条告警可以设置一个对应的知识库，管理员可以将自己的 IT 运维经验全部写入这个知识库系统中，通过长期积累，这套知识库对于每一个不同的环境来说，都将是一笔巨大的知识财富。

对于经验不够丰富的管理员，Veeam ONE 预置了丰富的各系统常用的告警模板。这些告警模板中的大部分内容在出厂时就已经定义好了，它们是多年来从成千上万的客户场景中总结出来的通用模板，并且相应的知识库中已经填好了对应的背景知识、解决方案和外部扩展阅读信息。这部分模板能够很方便地被复制，管理员可以根据已有的内容进行自定义修改，以适应各个特定环境和场景。

## 9.3 Veeam ONE 应用的配置示例

### 9.3.1 示例十九：配置异常活动监控，防范勒索病毒

CloudData 的应用管理员希望利用 Veeam ONE 的告警系统监控 CloudData 应用的活动状态，依靠 Veeam ONE 的特殊告警规则自动发现可疑的勒索软件攻击行为。由于不同应用的特性不同，管理员需要为 CloudData 建立单独的分组，该分组的名称为“关键应用”。当发现可疑行为时，Veeam ONE 系统能够立刻发邮件通知应用管理员，以便管理员能在第一时间采取措施，解决问题。

#### Veeam ONE 上的配置过程

1）打开 Veeam ONE Monitor 界面，选择“ Business View ”标签并右键选择“Add Category”，如图 9-1 所示。

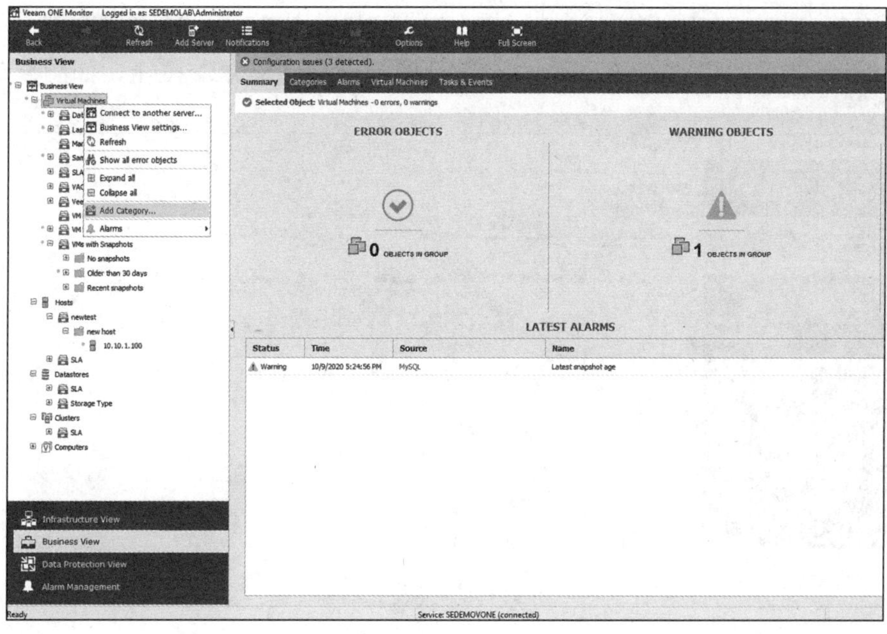


图 9-1

在“Categorization Wizard”界面，在“Name and Object Type”步骤中，将名称设置为“SLA”，将类型设置为“Virtual Machine”，并点击“Next”按钮，如图 9-2 所示。

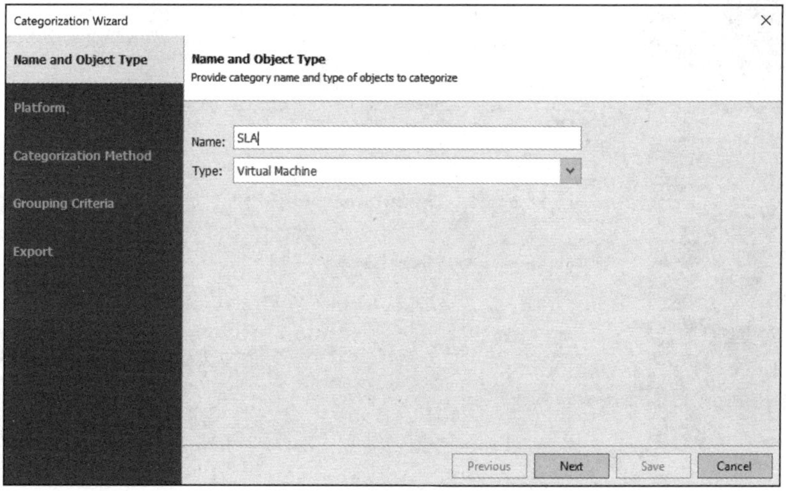

Categorization Wizard

Name and Object Type
Platform
Categorization Method
Grouping Criteria
Export

Name and Object Type
Provide category name and type of objects to categorize

Name: SLA
Type: Virtual Machine

Previous Next Save Cancel

图 9-2

2）在“Platform”步骤中，选中“Select type of platform for objects categorization”下的“VMware vSphere”选项，点击“Next”按钮，如图9-3所示。

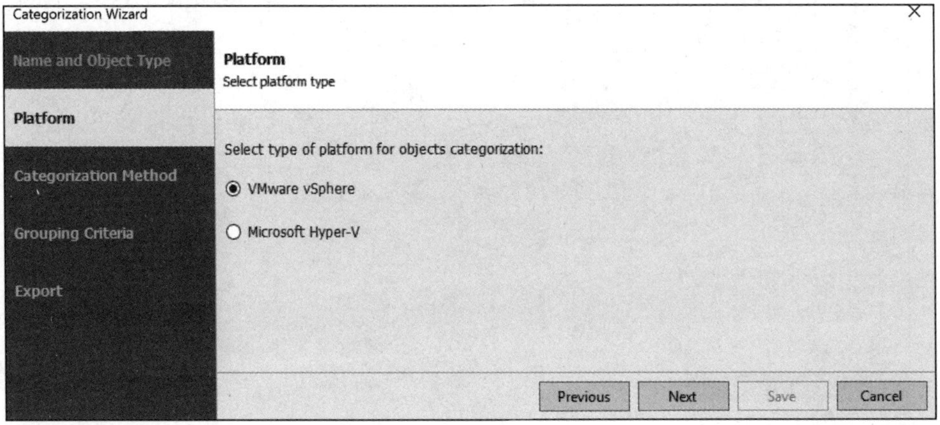

Categorization Wizard

Name and Object Type
Platform
Categorization Method
Grouping Criteria
Export

Platform
Select platform type

Select type of platform for objects categorization:
(●) VMware vSphere
( ) Microsoft Hyper-V

Previous | Next | Save | Cancel

图 9-3

3）在“Categorization Method”步骤中，选中“select method to categorize virtual infrastructure objects”下的“Multiple conditions”选项，并点击“Next”按钮，如图9-4所示。

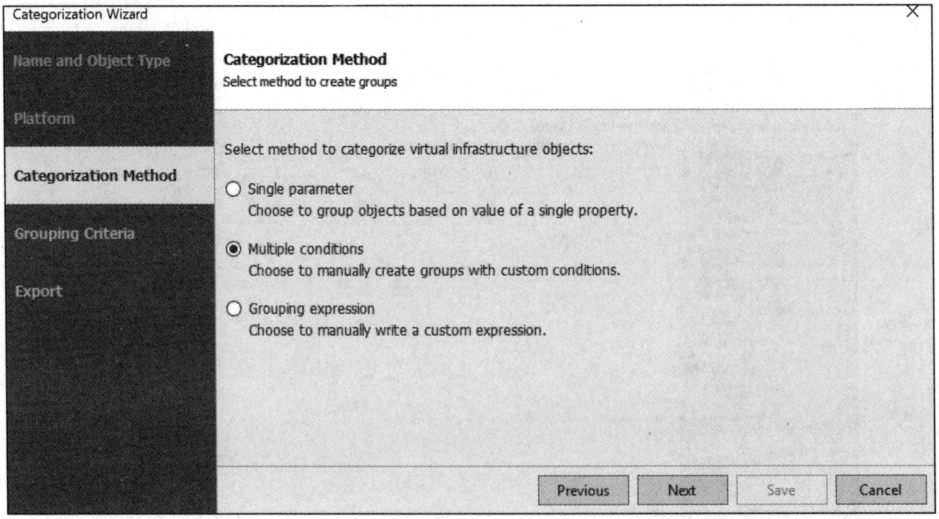

Categorization Wizard

Name and Object Type
Platform
Categorization Method
Grouping Criteria
Export

Categorization Method
Select method to create groups

Select method to categorize virtual infrastructure objects:
( ) Single parameter
Choose to group objects based on value of a single property.
(●) Multiple conditions
Choose to manually create groups with custom conditions.
( ) Grouping expression
Choose to manually write a custom expression.

Previous | Next | Save | Cancel

图 9-4

4）在“Grouping Criteria”步骤中，点击“Add”按钮，然后再点击“Next”按钮，如图 9-5 所示。

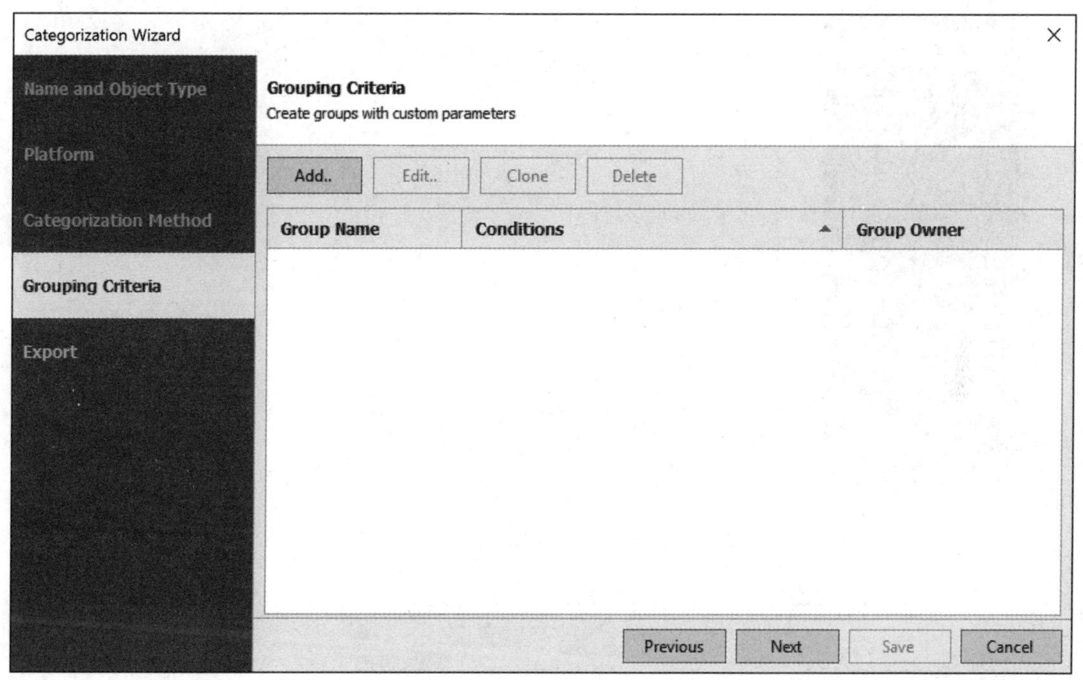


图 9-5

5）在弹出的“Add Group”界面上，在“Groud Name”步骤中，在“Name”文本框里输入“关键应用”，并点击“Next”按钮，如图 9-6 所示。

6）在“Edit Group”界面，在“Grouping Conditions”步骤中，在“Property”标签下的下拉列表中选中“Name”，在“Operator”标签下的下拉列表中选中“Equals”，在“Value”标签下的文本框中输入应用虚拟机的名称“CloudData”，点击“Next”按钮，如图 9-7 所示。

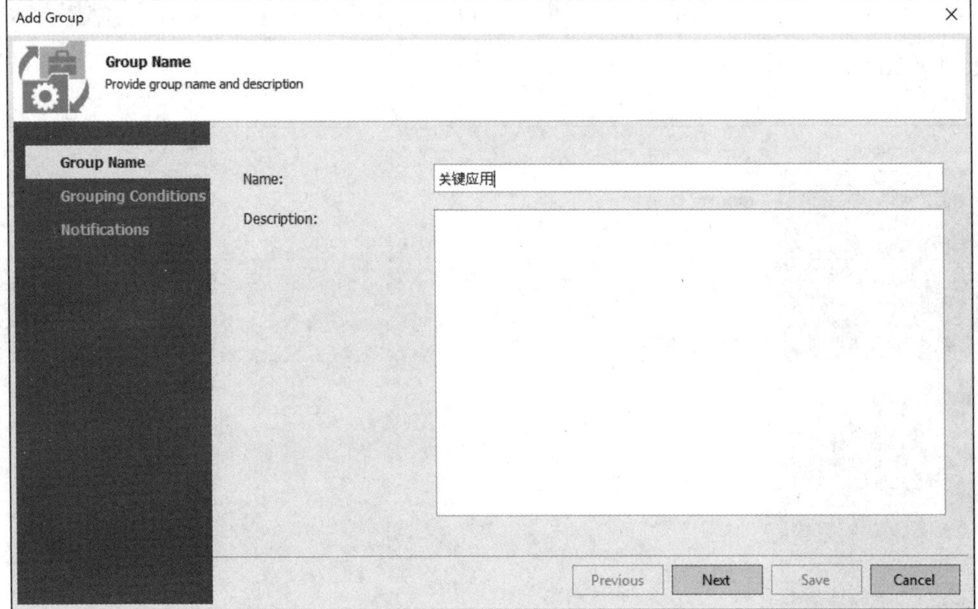
Add Group
Group Name
Provide group name and description
Group Name
Grouping Conditions
Notifications
Name:
关键应用
Description:
Previous
Next
Save
Cancel

图 9-6

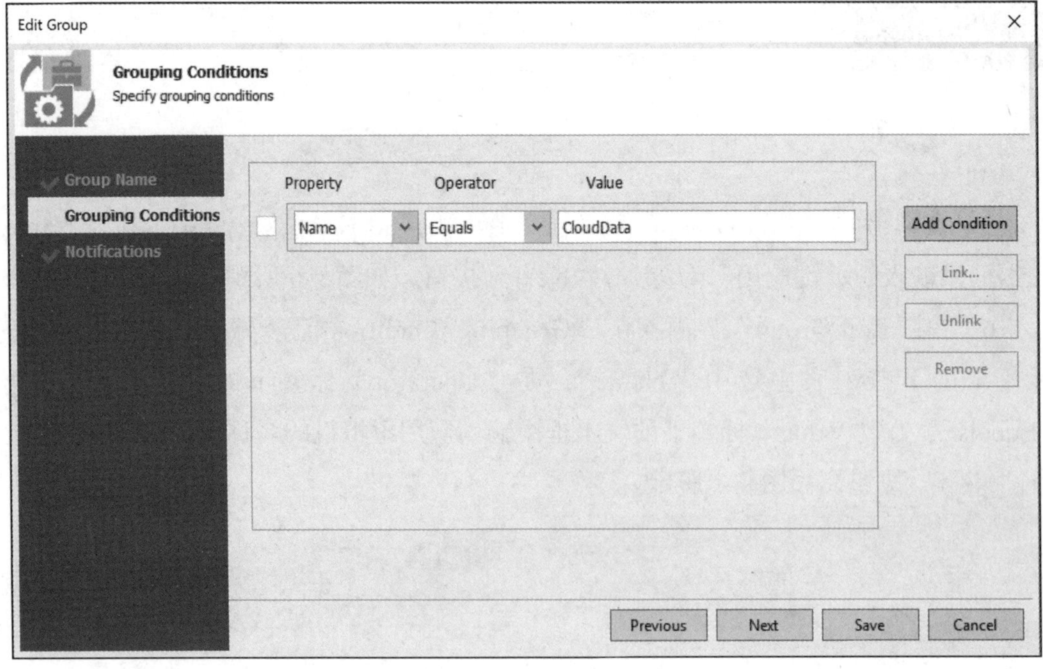
Edit Group
Grouping Conditions
Specify grouping conditions
Group Name
Grouping Conditions
Notifications
Property
Operator
Value
Name
Equals
CloudData
Add Condition
Link...
Unlink
Remove
Previous
Next
Save
Cancel

图 9-7

7）在“Add Group”界面，在 Notifications 步骤中，在“Email address”的文本框中输入 clouddata@mycompany.com，其余设置保持默认状态，点击“Save”按钮，如图 9-8 所示。

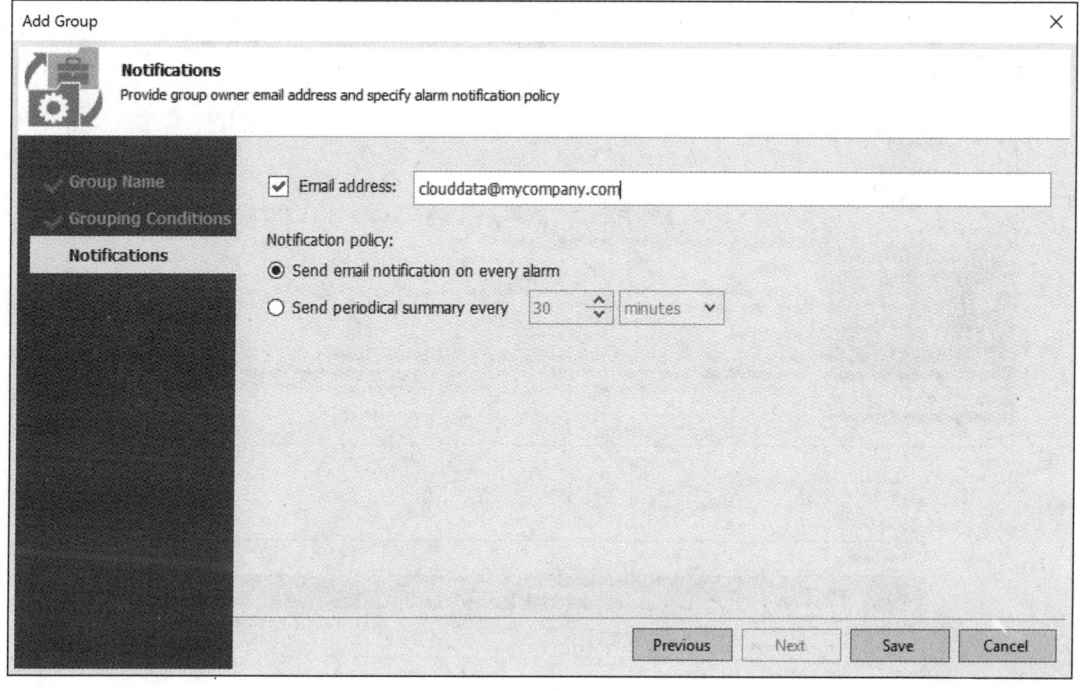


图 9-8

8）打开“Veeam ONE Monitor”，找到“Alarm Management”，在窗口搜索栏中输入“ransomware”，选中“Possbile ransomware activiy ”，在右键菜单中点击“copy”选项，会生成一条 ransomware 策略，如图 9-9 所示。

9）在“Alarm Management”步骤中，在窗口中找到“Copy of Possbile ransomware activiy”这条策略，在右键菜单中单击“Enable”选项。

10）在“Alarm Settings”界面中，可在 Rules 标签下设置 Rule type，使用它可以检测到勒索病毒，因为 Veeam ONE 对此内嵌了最佳实践算法。IT 管理员可以基于事件行为自行设置 Counter、Warning、Time period、Condition、Error、Aggregation 这几个主要参数，如图 9-10 所示。

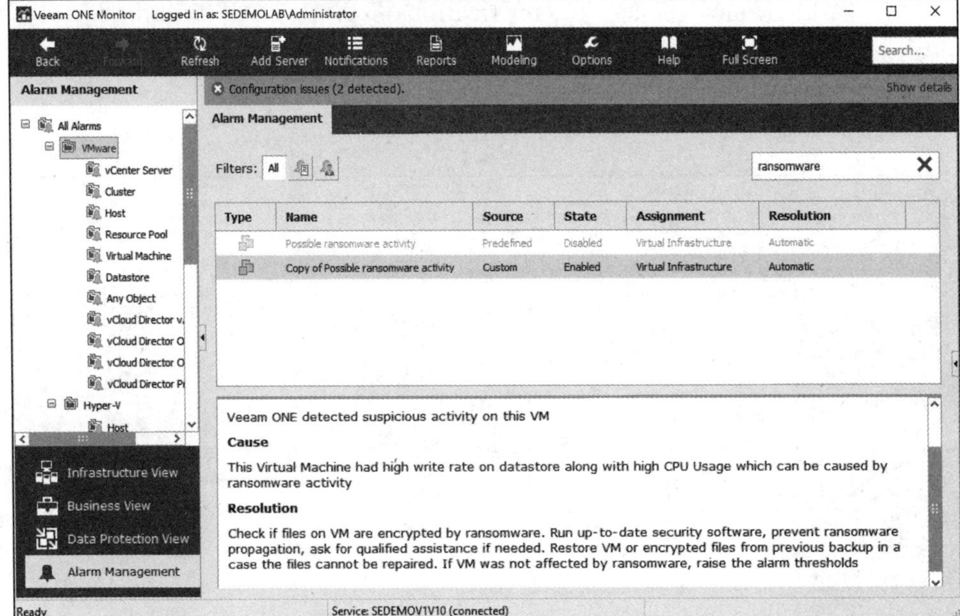
Veeam ONE Monitor
Logged in as: SEDEMOLAB\Administrator
Back
Refresh
Add Server
Notifications
Reports
Modeling
Options
Help
Full Screen
Search...
Alarm Management
Configuration issues (2 detected).
Show details
All Alarms
VMware
vCenter Server
Cluster
Host
Resource Pool
Virtual Machine
Datastore
Any Object
Hyper-V
Host
Alarm Management
Filters: All
ransomware
Type
Name
Source
State
Assignment
Resolution
Possible ransomware activity
Predefined
Disabled
Virtual Infrastructure
Automatic
Copy of Possible ransomware activity
Custom
Enabled
Virtual Infrastructure
Automatic
Veeam ONE detected suspicious activity on this VM
Cause
This Virtual Machine had high write rate on datastore along with high CPU Usage which can be caused by ransomware activity
Resolution
Check if files on VM are encrypted by ransomware. Run up-to-date security software, prevent ransomware propagation, ask for qualified assistance if needed. Restore VM or encrypted files from previous backup in a case the files cannot be repaired. If VM was not affected by ransomware, raise the alarm thresholds
Infrastructure View
Business View
Data Protection View
Alarm Management
Ready
Service: SEDEMOV1V10 (connected)

图 9-9

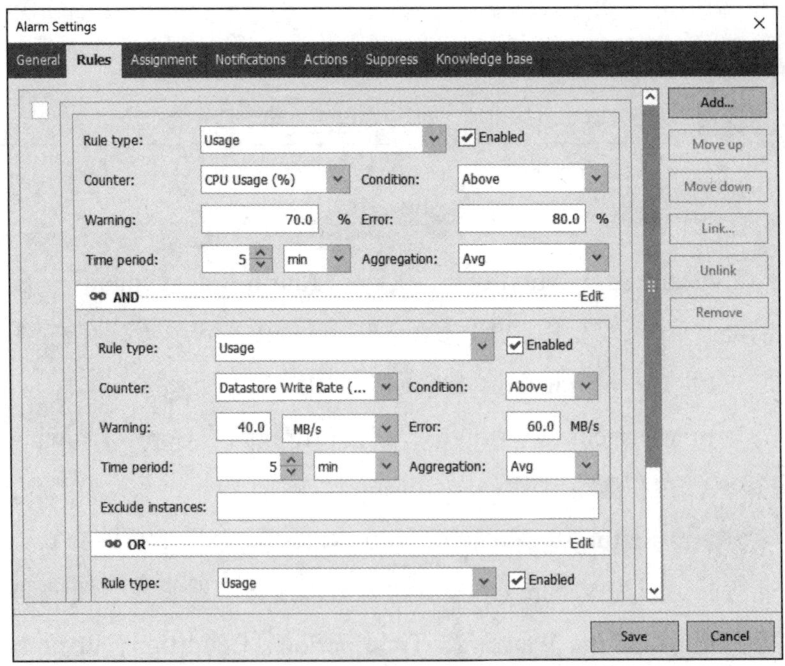
Alarm Settings
General
Rules
Assignment
Notifications
Actions
Suppress
Knowledge base
Rule type:
Usage
Enabled
Counter:
CPU Usage (%)
Condition:
Above
Warning:
70.0
%
Error:
80.0
%
Time period:
5
min
Aggregation:
Avg
AND
Edit
Rule type:
Usage
Enabled
Counter:
Datastore Write Rate (...
Condition:
Above
Warning:
40.0
MB/s
Error:
60.0
MB/s
Time period:
5
min
Aggregation:
Avg
Exclude instances:
OR
Edit
Rule type:
Usage
Enabled
Add...
Move up
Move down
Link...
Unlink
Remove
Save
Cancel

图 9-10

11）在“Alarm Settings”界面的“Assignment”标签下，可为关键应用业务事件设置通知规则，点击“Add”按钮添加“Bussiness View”，如图 9-11 所示。

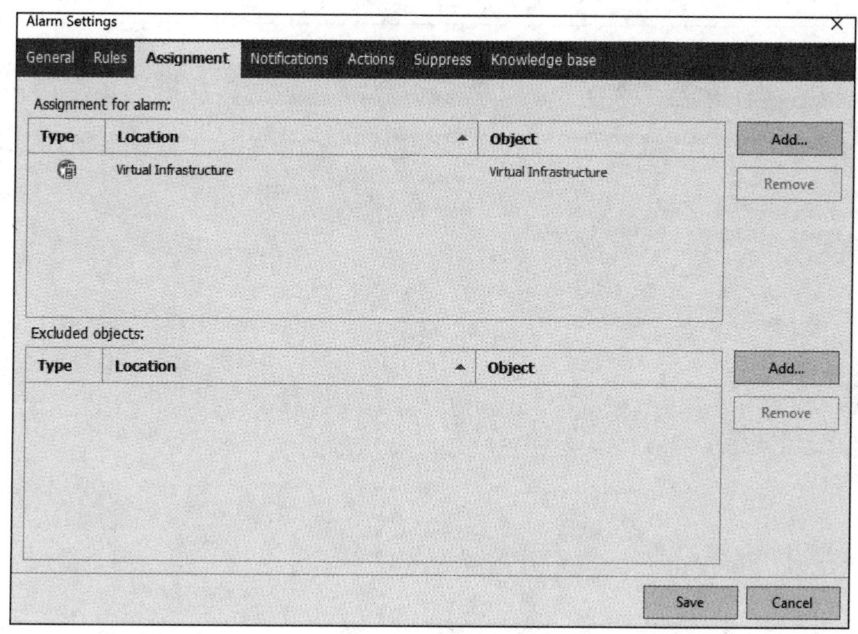


图 9-11

12）在“Bussiness View”步骤中，为关键应用业务设置通知规则并点击“Assign”按钮，如图 9-12 所示。

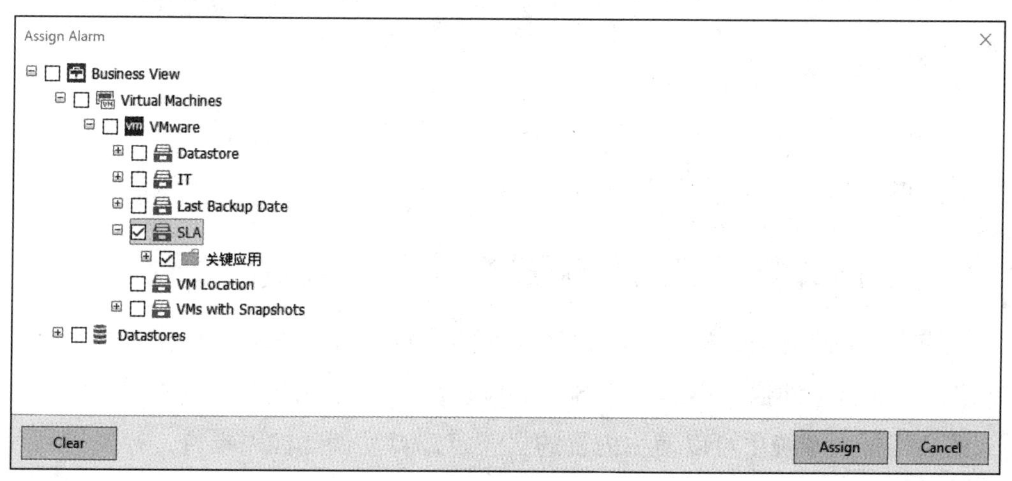


图 9-12

13）在“Alarm Settings”界面的“Notifications”标签下，点击“Add”按钮添加发现勒索软件时的邮件通知内容，如图 9-13 所示。

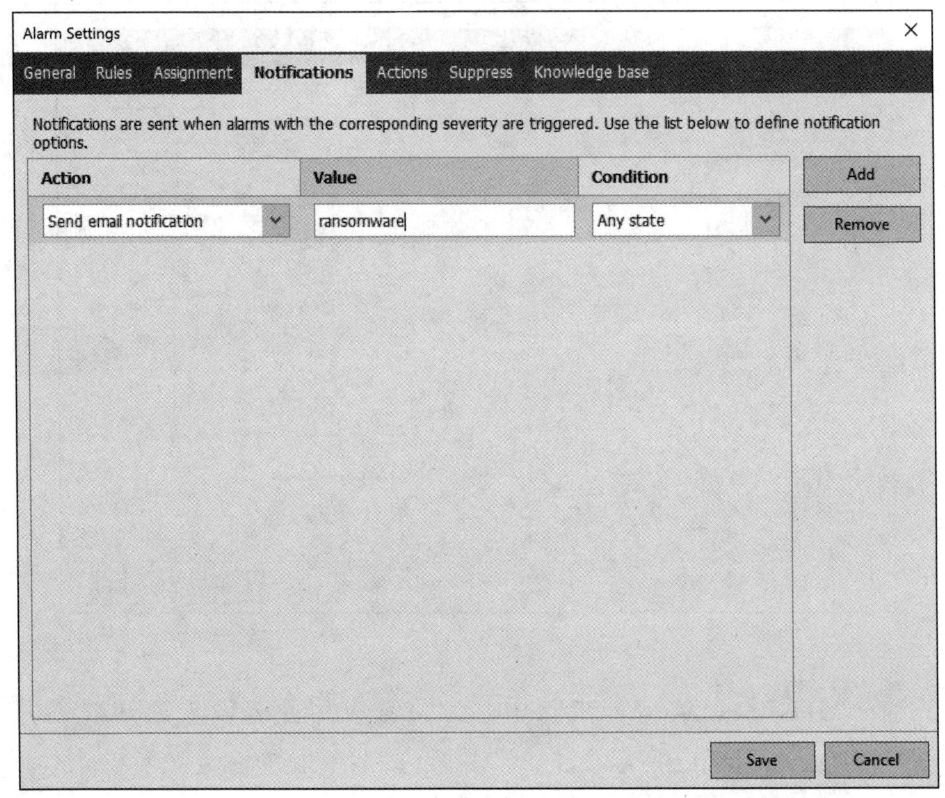


图 9-13

14）在“Alarm Settings”界面的“Knowledge base”标签下，IT 管理员可以定义有关通知内容的模板，如图 9-14 所示。

### 9.3.2 示例二十：配置僵尸虚拟机检测的月度监控报告

数据中心资源自动分配过程中存在着资源浪费的潜在风险，管理员希望为他的基础架构实现自动的僵尸虚拟机检测，确保资源在分配后被正确地使用，在 Veeam ONE 的文档报表系统中可以使用内置的报表定期自动创建检测报告，并发送到管理员的邮箱。

图 9-14

## Veeam ONE Reporter 的配置过程

1）打开 Veeam ONE Reporter 界面，选中“WORKSPACE”标签，并选择在“My Reports”目录下创建“月度监控报告”，如图 9-15 所示。

2）选中“月度监控报告”，点击“Schedule folder”按钮打开“Scheduling Folder Administration”窗口，如图 9-16 所示。

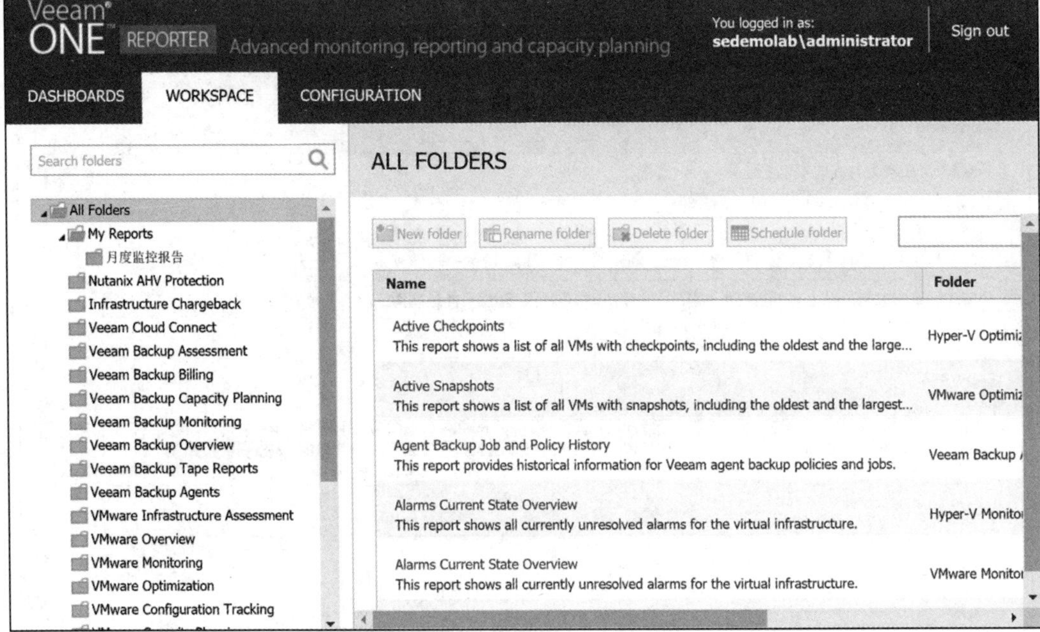
Veeam ONE REPORTER
Advanced monitoring, reporting and capacity planning
You logged in as:
sedemolab\administrator
Sign out
DASHBOARDS
WORKSPACE
CONFIGURATION
Search folders
ALL FOLDERS
All Folders
My Reports
月度监控报告
Nutanix AHV Protection
Infrastructure Chargeback
Veeam Cloud Connect
Veeam Backup Assessment
Veeam Backup Billing
Veeam Backup Capacity Planning
Veeam Backup Monitoring
Veeam Backup Overview
Veeam Backup Tape Reports
Veeam Backup Agents
VMware Infrastructure Assessment
VMware Overview
VMware Monitoring
VMware Optimization
VMware Configuration Tracking
New folder
Rename folder
Delete folder
Schedule folder
Name
Folder
Active Checkpoints
This report shows a list of all VMs with checkpoints, including the oldest and the large...
Active Snapshots
This report shows a list of all VMs with snapshots, including the oldest and the largest...
Agent Backup Job and Policy History
This report provides historical information for Veeam agent backup policies and jobs.
Alarms Current State Overview
This report shows all currently unresolved alarms for the virtual infrastructure.
Alarms Current State Overview
This report shows all currently unresolved alarms for the virtual infrastructure.

图 9-15

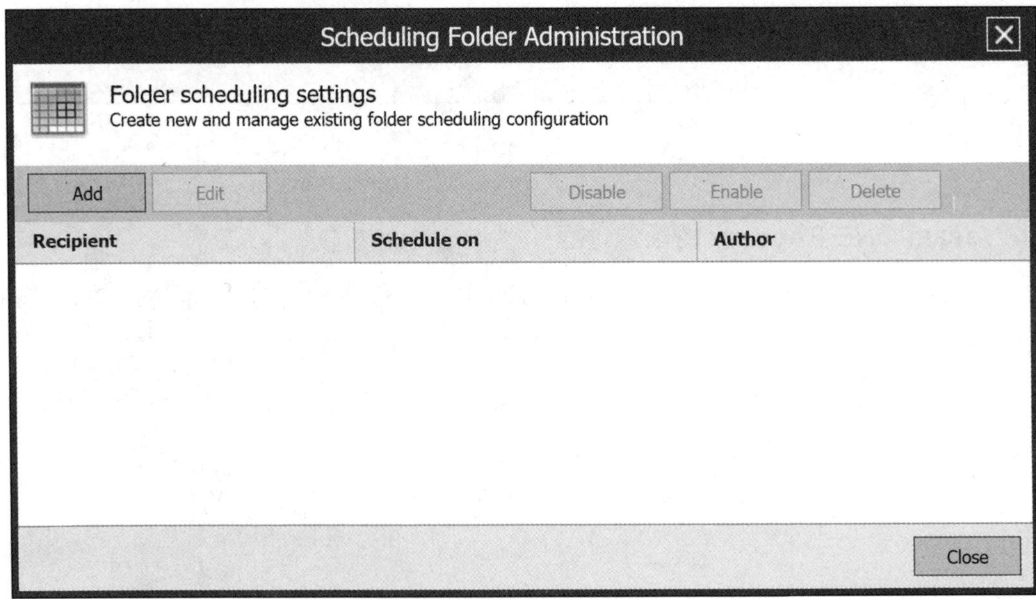
Scheduling Folder Administration
Folder scheduling settings
Create new and manage existing folder scheduling configuration
Add
Edit
Disable
Enable
Delete
Recipient
Schedule on
Author
Close

图 9-16

3）在“Scheduling Folder Administration”窗口中，点击“Add”按钮打开“Scheduling”窗口，设置“Schedule on”为月，“Recipient”为通知 clouddata@mycompany.com，最后点击“Apply”按钮，如图 9-17 所示。

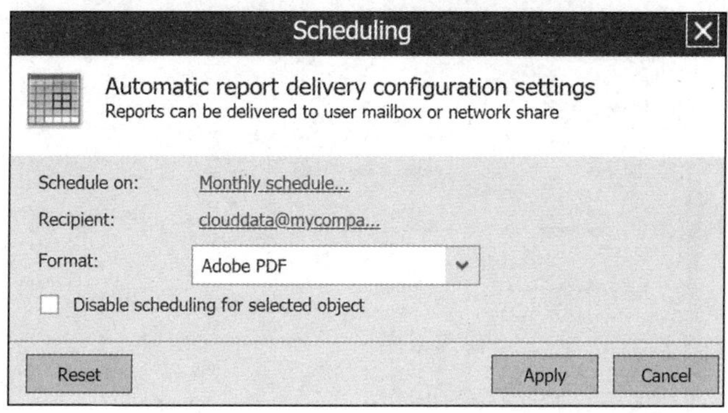


图 9-17

4）在“WORKSPACE”标签下选中“VMware Optimization”文件夹，找到“Idle VMs”文件，如图 9-18 所示。

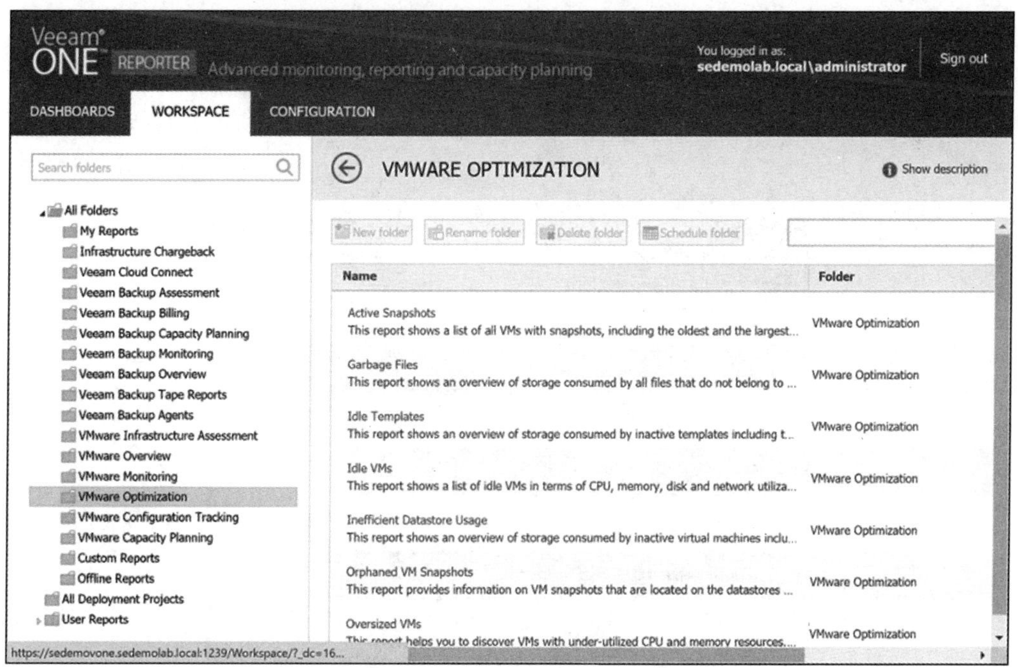


图 9-18

5）在“IDLE VMS”中，设置“Interval”为“Months”，如图 9-19 所示。

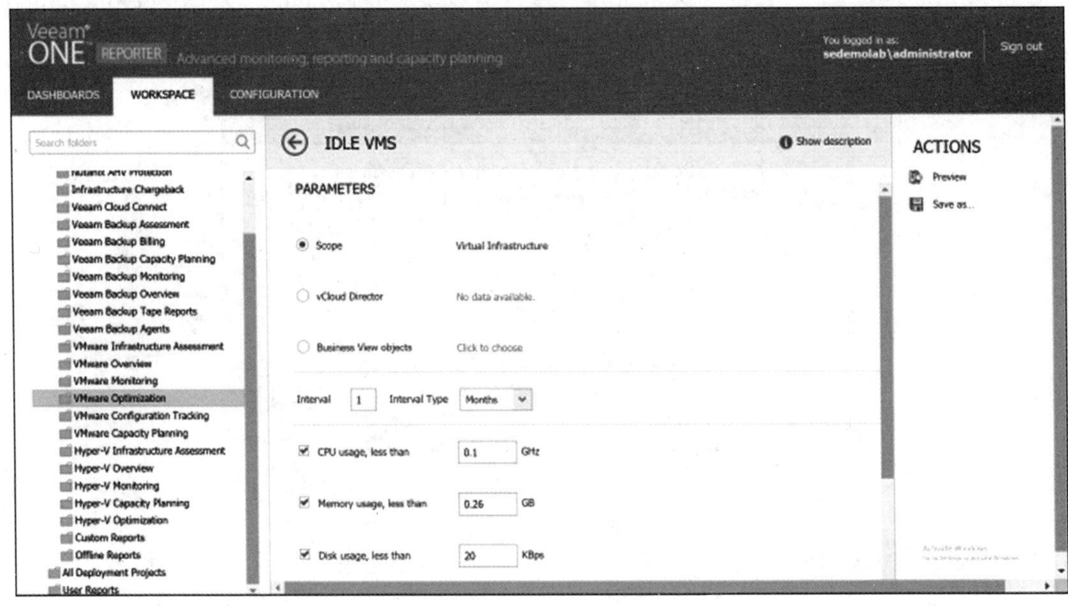


图 9-19

6）在右侧的“ACTIONS”中，点击“Save as”图标，会弹出如图 9-20 所示的界面，确认无误后，点击“OK”按钮。至此，僵尸虚拟机检测的月度监控报告就配置完成了。

Save Report

Report description
Specify name, folder and description for the report

Name: 测试开发和业务部门资源空闲虚拟机报告

Put in folder: My Reports/月度监控报告

Description:

Open this report in the specified folder

OK Cancel

图 9-20

# 9.4 云数据管理安全加固

恶意攻击和勒索不仅发生在生产数据中心，越来越多的黑客和勒索软件开始把目标转向备份和灾备数据，这些破坏者为了达成自己的勒索和攻击目的，会优先选择攻击和破坏备份数据，进而在后续攻击生产数据的时候，能够确保勒索和破坏的成功率。云数据管理安全不仅包含生产数据中心的安全加固，更重要的是需要对备份数据进行同样的加固和保护，以避免备份数据遭受破坏。备份数据的破坏，对于数据中心的打击是毁灭性的，可以说是破坏了它的最后一道防线。

然而，安全加固往往不是一件简单的事情，从数据保护的底层架构上需要做一些必要的措施，同时在数据保护软件层面也需要配置相应的功能，才能确保数据的有效和可靠。

## 9.4.1 备份基础架构安全加固

Veeam 基础架构加固通常包含以下几个方面：

- 基础架构安全设计；
- 删除不必要的组件；
- 限制控制台访问；
- 用户角色和权限；
- 密码管理；
- 安全补丁和升级；
- 加密。

### 1. 基础架构安全设计

基础架构整体设计得越复杂，管理和维护难度越大，攻击者也越容易藏匿。IT 基础架构的安全和任何安防理念一样，整个架构越简单越透明，就越不容易被攻击者利用，因此保持简单的架构设计是第一个最基本的原则。

云数据管理架构中最核心的组件 VBR 主服务器可能是攻击者首选的攻击目标，往往也是攻击者最关注的对象，因此比较好的做法是严格限制对 VBR 服务器的访问。由于 VBR 处于核心地位，因此它也是吸引攻击者的最好的工具，可有意识、有技巧地将攻击者的注意力引向 VBR 服务器，同时做好、做扎实对 VBR 的防护和管控，从而为防止攻击者渗透其他组件赢得时间。

### 2. 删除不必要的组件

由于每个服务器都有特定角色、特定功能，因此在部署、规划服务器的时候，可以根据需要安装相关的组件，这不仅包括 Windows 和 Linux 服务器的基础角色，还包括 VBR 本身的一些服务和组件。与系统安全加固类似，对于不必要的 VBR 组件，也可以从相关的服务器中单独移除掉。

默认情况下，VBR 本地服务器上必然会被安装 VBR 控制台，如果绝大多数情况下都是远程访问 VBR 服务器，那么可以从 VBR 服务器上删除掉这个控制台，删除方法如下。

在服务器的 cmd 中输入以下命令，可获取所安装的产品列表：

```
wmic produc list brief > install.txt
```

这样，安装在这台服务器上的所有软件和产品的编码都会被记录在 install.txt 文件中。可以使用以下命令来删除相关产品：

```
msiexec /x {产品编码}
```

具体示例如下所示：

```
msiexec /x {D0BCF408-A05D-45AA-A982-5ACC74ADFD8A}
```

如果 VBR 服务器在未来不承载挂载服务器（Mount Server）的任何服务，那么可以在 VBR 上禁用 vPower NFS Services。

如果要删除 VBR 控制台，首先需要将所有的 Veeam 浏览器从系统中删除。

### 3. 限制控制台访问

比较好的做法是，将 VBR 控制台放置到隔离区的集中管理服务器上，一般来说，这个服务器会提供绝大多数的管理控制操作，很多可以通过客户端访问的管理控制操作都会在这个服务器上进行。不建议在灾备管理员的本地桌面上安装 VBR 控制台，以避免灾备管理员的本地桌面被攻击时造成的不必要损失。

### 4. 用户角色和权限

合理部署访问控制策略，确保合适的人访问合适的操作。与任何 IT 基础架构一样，最小软件权限原则是必须被严格遵守的。在精细化管理时，为每个用户分配独立的用户名并且将其放置到对应的分组中，这样做能很好地控制用户的所有操作。而很不幸的情况下，当攻击者获取了某些账号的权限时，灾备管理员也能够精准地追踪账号的行为，阻止攻击者进一步扩大攻击范围。以下是一些常用的标准化控制手段：

- 不要使用用户账号进行系统管理访问，这样能降低事故和事件的发生；
- 为每一个灾备管理员分配独立的账号，并将其加入合适的安全组中进行账号管理，追踪账号行为；
- 仅为各个账号分配必要的访问权限，回收一切该账号不应具有的权限；
- 限制能访问远程桌面或者 VBR 控制台的用户；
- 使用双因素认证来提升身份认证级别；
- 持续监控所有账号的可疑行为。

### 5. 密码管理

一定要严格管理好所有的密码，黑客通常会在猜出简单的密码后发动第一轮攻击，密码被攻破几乎是大部分攻击的主要源头，而对于备份系统来说，密码管理尤为重要，因为从备份系统中更容易获取所有生产系统的副本信息。

综上，要确保密码是无规则的并且使用了超过 10 个字符的多种类型组合。对于重要的关键管理账号，非常有必要使用双因素认证来确保安全；而因为服务账号通常不会被频繁使用，所以建议使用超过 25 位字符的超长复杂密码，并将密码记录在安全的密码管理系统中，当需要临时使用时，可以采用拷贝粘贴的方式，避免手工录入。

另外，对于账号密码，还需要有一定的锁定机制，避免被黑客无限制地使用密码词典进行撞库攻击，在密码多次输入错误后，可以锁定账号一段时间，当然这时候一定要注意平衡，过长时间或者永久锁定可能会对正常的使用造成影响。

### 6. 安全补丁和升级

及时更新操作系统、软件和服务器固件也是非常必要的。对于安装在 Windows 服务器上的 VBR 组件，需要及时安装相关的补丁来降低安全风险。而对于其他系统，也需要及时更新 Windows 补丁，曾经有过这样的攻击案例，即企业基础架构中仅有某一台 Windows 服务器没有更新补丁，而就是因为这台 Windows 服务器存在漏洞，最后整个环境中的所有机器都被攻陷。对于 Linux 来说，尽量选择强加密算法的 SSH 认证机制，以确保访问安全可靠。

### 7. 加密

加密有很多层面，在整个数据管理生命周期中，会需要用到非常多的加密场景。在生产系统中，现有的很多虚拟化平台的存储技术都能够为这些场景提供数据加密，黑客即使获取到物理硬件设备，也无法从中提取他们需要的数据。对于数据保护来说，由于备份软件需要从生产系统提取数据并存放数据，因此涉及提取数据的传输过程和数据的存储过程，这两个过程都会遭受黑客攻击，比较好的做法是，在传输数据前确保数据在网络中是加密传输的，只有这样，才能防止数据在传输过程中被截获；另外，数据经传输后被存放到备份存储的时候，也需要进行加密存放。而对于备份基础架构配置文件的备份，必须要求以加密的方式进行存储，以确保黑客无法获取其中数据，进而无法攻陷整个备份架构。

### 8. 分区网络中 VBR 的部署实例

大型数据中心网络通常会被分割成多个区域，以确保数据访问的安全性，降低核心数据被攻击的风险。通常来说，没有一种能适应所有场景的万能架构，也没有绝对安全的架构设计，因此追求相对安全和不断根据环境优化的安全措施显得尤为重要。对于 VBR 的各个组件，根据数据访问的要求，可以被分发到各个不同的区域中。如图 9-21 所示，以一个比较经典的分区网络部署实例来详细剖析 VBR 的安全部署架构。

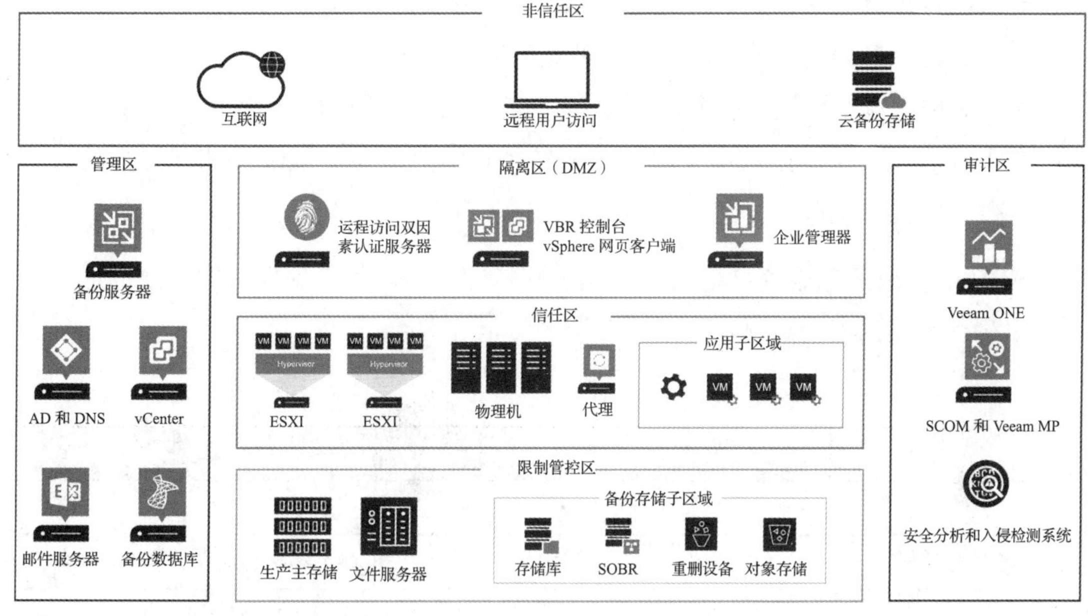


图 9-21

当前数据中心网络根据安全访问要求被分为六大区域，分别是非信任区、隔离区、信任区、限制管控区、管理区和审计区。区和区之间都是通过严格的防火墙进出规则进行管控的，仅进行已知有限的必要访问通信。

- 非信任区：这是属于数据中心安全管控之外的区域，一般来说，比较难以控制的终端设备、远程访问都会被归为这一区域，这一层的身份验证将会非常严格，通常进行多因素认证等复杂的识别检验机制，以确保进入内部访问的操作和权限是可信的。
- 隔离区：通常也称为 DMZ 区域，数据中心内需要直接被非信任区访问的所有应用都会放置在这一区域，企业的各种 Web 服务和 App 访问服务也会架设在这一层。
- 信任区：绝大多数的内网服务器、数据库都会放置在信任区，因此也会把这一区域叫作内网，内网中的机器开放有限的服务供隔离区的机器进行访问，而内网中的所有机器互联互通，没有阻碍。

- 限制管控区：这里放的是底层存储网络，存放的是最核心的数据，一般来说，仅允许基础架构和管理服务访问特定的服务和端口。
- 管理区：这个区域的服务器为整个基础架构提供基本的管理功能。
- 审计区：在这个区域中采集并分析整个环境的状况，以确保基础架构的透明度，监控管理解决方案通常会放置在这一区域。

VBR 的各个角色服务器根据本身的不同特性，可以被分别放置在不同的区域之中，以确保数据的安全可靠。

表 9-1　不同的 VBR 角色服务器所属的网络分区

| 区　　域 | VBR 角色服务器 | 作　　用 |
| --- | --- | --- |
| 非信任区 | 无 | |
| 隔离区 | VBR 控制台、企业管理器 | 能够连接管理区的管理服务器 |
| 信任区 | 备份代理、客户交互代理 | 用于和 ESXI 或者应用程序交互 |
| 限制管控区 | 所有 Veeam 的存储库以及其中必要的网关服务器和挂载服务器 | 用于数据存放 |
| 管理区 | VBR 服务器以及供 VBR 使用的 SQL 服务器 | 管理 |
| 审计区 | Veeam ONE | 监控 |

各区之间的 Veeam 角色服务器，根据 Veeam 的要求开放有限的服务端口，以确保通信是在可控的范围内。

### 9.4.2　Windows 备份存储库加固

由于 Veeam 数据存档的特性，它可以完全不依赖备份基础架构，因此做好 Veeam 备份存储库的安全加固，能够很好地抵御黑客攻击。Windows 备份存储库的最佳实践可以根据以下原则来实现：

1）保持最简单明了的设计原则；

2）使用独立服务器，不加入企业的 AD 域中；

3）确保存储库服务器的物理安全；

4）使用本地管理账户；

5）为存储库文件夹设定本地账户的权限；

6）设定防火墙规则，仅限 Veeam 服务访问；

7）禁用 RDP 远程桌面；

8）使用 Veeam 加密方式存放备份数据。

### 1. 独立服务器

服务器加入 AD 域后容易被管理，但是在最坏的情况下，当整个网络被攻陷的时候，连备份数据都会被破坏，因此独立且物理安全的备份服务器是需要首先考虑的。这里非常推荐使用独立的不加入 AD 域的服务器来作为备份存储库，它的账户体系完全独立于 AD 域的管理，使用本地账户时，从安全性来说，他人能接触到这个账户的可能性最小。如上一节提到的，服务器的网络会被放置在存储专用的限制管控区内，这时候从安全角度来说，对它的访问是被严格控制的。

### 2. 本地账户和管理员权限

最简单和最好的账户使用方式是，使用 Windows 内置的管理员账户来访问备份存储库，为了避免被攻击者猜出管理员账户名进而使用密码词典撞库来破解密码，比较好的做法是，对管理员账户进行重命名，将其修改为复杂且难以猜透的用户名，同时启用复杂密码。另外，对于多个备份存储库来说，它们各自使用自己的本地账户，即使某个备份存储库的账户和密码遭泄露，也不会导致其他系统同时被攻破，备份存储库中的数据还能处于相对安全的状态。

### 3. 为文件夹设定本地账户的权限

为了更精准地控制权限，对于 Windows 备份存储库的每个本地文件夹，可以设定精细的权限，以确保数据安全，设定步骤如下：

1）先打开整个逻辑分区的安全属性，比如 E 盘，删除安全选项中除了这个用户本身和 SYSTEM 账户之外的所有权限，确保最小化访问权限。对于新添加的用户账户，确保完全控制权限是启用的，如图 9-22 所示。

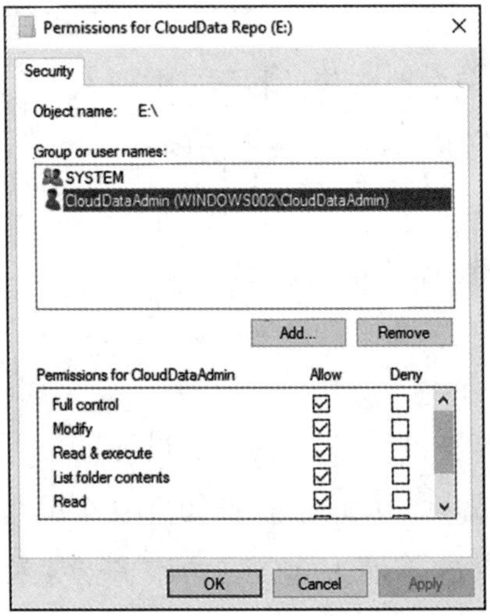

图 9-22

2）在安全的高级设定中，同样删除所有不必要的权限，仅留下 SYSTEM 账户和唯一的管理员，如图 9-23 所示。

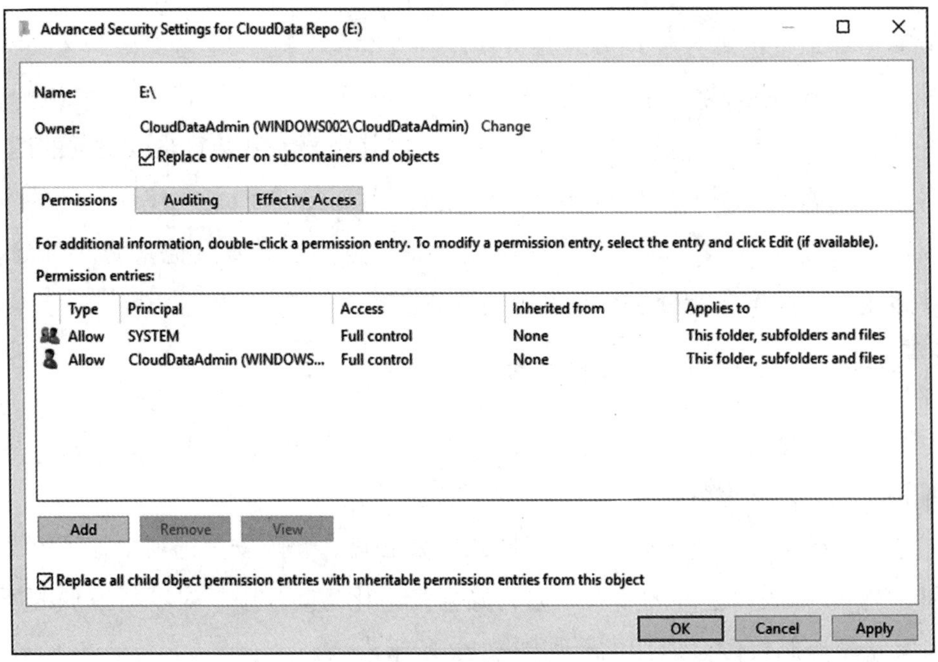


图 9-23

### 4. 修改防火墙规则

对于没有加入 AD 域的 Windows 操作系统，默认情况下，防火墙会拒绝所有的 445 端口的访问，确保开启防火墙是很不错的选择，这在很大程度上能够防止攻击，对于特定的程序，比如 Veeam，只需要允许特定的 IP 和特定的应用程序进行访问。做法非常简单，只需要通过下面 3 条命令为 Windows 添加 3 条仅供 Veeam 使用的防火墙策略即可。对于非 Windows 内置的其他防火墙，原理类似。

```
netsh advfirewall firewall add rule name=" Veeam (DCOM-in)"  dir=in action=allow
    protocol=TCP LocalPort=135 enable=yes program=" %systemroot%\system32\svchost.
    exe"  service=RPCSS remoteip=<VBR Server IP-address>

netsh advfirewall firewall add rule name=" Veeam (SMB-in)"  dir=in action=allow
    protocol=TCP LocalPort=445 enable=yes program=" System"  remoteip=<VBR Server
    IP-address>

netsh advfirewall firewall add rule name=" Veeam (WMI-in)"  dir=in action=allow
    protocol=TCP LocalPort=RPC enable=yes program=" %systemroot%\system32\svchost.
    exe"  service=winmgmt remoteip=<VBR Server IP-address>
```

添加完这 3 条防火墙策略后，其实不用做任何其他事情，直接推送安装 Veeam 的相关组件，添加至 Veeam 的备份基础架构中即可。

另外，如果想更方便一点，可直接把这 3 条命令写成 .bat 文件，然后分发到每一台有添加需求的服务器上运行即可。

### 5. 禁用远程桌面访问

其实对于仅用作存储库的 Windows 系统来说，日常没有太多维护工作，通常也并不需要远程桌面访问，因此禁用远程桌面能更进一步提升系统的安全级别，推荐在部署完成后关闭远程桌面访问，避免不必要的不安全操作。

## 9.4.3 Linux 备份存储库加固

由于 Veeam 数据存档的特性，它可以完全不依赖备份基础架构，因此做好 Veeam 备份存储库的安全加固，能够很好地抵御黑客攻击。Linux 备份存储库的最佳实践可以根据以下原则来实现：

1）保持最简单明了的设计原则；

2）为备份存储库创建专用的账户；

3）为备份存储库的文件夹设定单独的访问权限且仅限备份账户访问；

4）不需要 root 账户，也不需要 sudo 权限；

5）开启防火墙，设定 Veeam 专用的访问端口；

6）使用 Veeam 加密存放备份数据；

### 1. 设定备份存储库的专用账号

Veeam 在使用 Linux 备份存储库时，由于不需要任何 root 权限和 sudo 命令，因此只需要一个普通的 user 账户就足够了。在设定存放数据的文件夹和账户时，只需要为备份文件夹设定专用的账户即可。接下来举例说明整个过程：

1）首先在需要用作备份存储库的 Linux 服务器上创建一个用户：

```
useradd -d /home/CloudData -m CloudData
passwd CloudData
```

2）挂载用于存放备份数据的备份卷至 /mnt/CloudData 文件夹。

```
chown CloudData.CloudData /mnt/CloudData
chmod 700 /mnt/CloudData
```

此时，通过这样的设置，能访问 /mnt/CloudData 文件夹的只有 CloudData 这个用户，其他任何用户都无法访问这个文件夹。

3）在 VBR 中，可以通过以下所示的账户设置来访问这个 Linux 备份存储库，可以注意到，这里不需要 root 账户，也不需要使用 sudo 以及 su 命令，如图 9-24 所示。

### 2. 修改防火墙规则

对于 Linux 存储库来说，开启防火墙，需要启用的端口如表 9-2 所示。

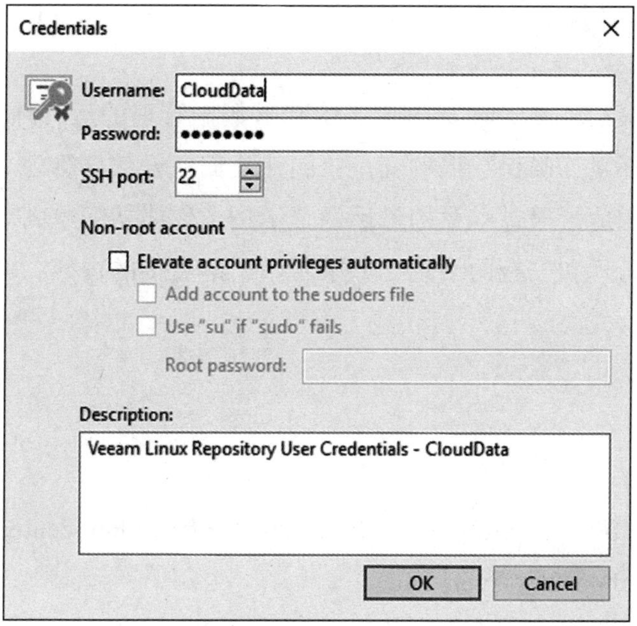

Credentials

Username: CloudData
Password: ●●●●●●●●
SSH port: 22
Non-root account
Elevate account privileges automatically
Add account to the sudoers file
Use "su" if "sudo" fails
Root password:
Description:
Veeam Linux Repository User Credentials - CloudData
OK Cancel

图 9-24

表 9-2 对于 Linux 存储库来说，需要启用的端口

| 源 | 目 标 | 协 议 | 端 口 |
| --- | --- | --- | --- |
| 备份服务器 | Linux 存储库 | TCP | 22 |
| 备份服务器 | Linux 存储库 | TCP | 2500～5000 |
| Linux 存储库 | 备份服务器 | TCP | 2500～5000 |
| 备份代理 | Linux 存储库 | TCP | 22 |
| 备份代理 | Linux 存储库 | TCP | 2500～5000 |
| Linux 存储库 | 备份代理 | TCP | 2500～5000 |
| Windows 存储库 | Windows 存储库 | TCP | 2500～5000 |
| Windows 存储库 | Linux 存储库 | TCP | 2500～5000 |
| Linux 存储库 | Windows 存储库 | TCP | 2500～5000 |
| Linux 存储库 | Linux 存储库 | TCP | 2500～5000 |

## 9.5 本章小结

这是本书的最后一章，本章讨论了承载云数据管理的运行环境的管理和安全，管理好这些运行环境，确保数据的安全，能让我们在云数据管理之旅上安心、放心地走下去。我们相信，通过本章的最后两个示例，你能从简单高效的配置中掌握管理的精髓。对于管理和安全的话题，如果希望了解更多的内容，可以阅读参考文献推荐的内容。

## 参考文献

[1] Veeam ONE 10 – Monitor User Guide [OL]. https://helpcenter.veeam.com/docs/one/monitor/about.html?ver=100.

[2] Veeam ONE 10 – Reporter User Guide [OL]. https://helpcenter.veeam.com/docs/one/reporter/about.html?ver=100.

# 结 束 语

感谢读完本书，我们相信通过这9章的学习，你已经对云数据管理有了自己的认识，希望本书内容让你有所收获。

也许你还没有开始规划和实施云数据管理，也许你已经处于云数据管理某个特殊的阶段，我们希望本书能给你带来一些新的思路和思考，帮助你更好地管理你的数据资产，发挥它们的重要价值。

本书是 Veeam Software 中国区精英工程师团队多年来对云数据管理深度理解的总结，工程师们在实践中总结出的一些方法和实例都收录在本书的各个章节中。这些实例都不是很复杂，简单明了地利用 Veeam 的工具和软件实现了云数据管理的一系列目标。

当然，撰写本书的过程，对于我们的写作团队来说，也是一个不断学习、不断挑战自我的过程。为了追求每一个细节的准确性，我们会反复在实际环境中测试所有涉及的功能，而在这个过程中，又经常会有新的认知，这是完全无法从软件使用手册和 PPT 中学习到的内容。IT 技术日新月异，特别是在云计算领域，这让我们的团队不断地思考新技术带来的新场景和新变化，尽可能在书中保留了最新技术的应用。

最后感谢为本书的出版默默付出的作者团队的家人和朋友们，因为你们的支持和付出，本书变得更有价值。

# 推荐阅读

## Kubernetes进阶实战（第2版）

作者：马永亮 ISBN：978-7-111-67186-2 定价：149.00元

马哥教育CEO马哥（马永亮）撰写，全面升级，涵盖Kubernetes全新特性与功能，渐进式讲解、大量实操案例、随时动手验证。

## 公有云容器化指南：腾讯云TKE实战与应用

作者：邱宝 冯亮亮 ISBN：978-7-111-66936-4 定价：109.00元

面向公有云容器产品学习者和使用者的实战指南，腾讯云资深云计算技术专家撰写，详细总结公有云容器化的方法和经验，配备大量应用案例，指导企业轻松学会上云容器化，快速迈向云原生。

## 云计算和边缘计算中的网络管理

作者：张宇超 徐恪 译者：张宇超 ISBN：978-7-111-66983-8 定价：69.00元

清华大学计算机系徐恪教授和北京邮电大学张宇超副教授合著，揭示云计算网络应用请求处理过程以及边缘计算与存储中的关键挑战，并结合真实案例提供有效解决方案。